"十三五"高校计算机应用技术系列规划教材

丛书主编 谭浩强

Internet 技术与应用

（第三版）

尚晓航　主编

陈明坤　张宇宏　副主编

U0310480

中国铁道出版社有限公司

CHINA RAILWAY PUBLISHING HOUSE CO., LTD.

内 容 简 介

本书采用了由浅入深和目标驱动的写作方法，从 Internet 最新的应用和实用工具出发，将全书分为两个独立篇：Internet 与网络基础篇和计算机网络应用篇；全书分为 11 章，较为全面地介绍了 Internet 的发展，以及所涉及的基本概念、术语、资源、服务和应用技术。此外，还介绍了一些必要的与 Internet 密切相关的网络基础知识、小型有线和无线局域网技术、系统维护与安全技术，以及网页制作和基于模板的网站快速开发方式。跟随本书的学习，将会带领读者逐步进入 Internet 的世界。

本书层次清晰，内容丰富，实用性强，其特点是既有适度和必要的基础理论知识介绍，又有比较详细的实用技术指导；还注意吸收和引进大量最新的、主流应用技术和网址信息库。例如：书中的操作系统平台计算机采用了 Windows 7，ipad 采用了 iOS，智能手机采用了 Android；浏览器采用了 IE 11；静态网页和动态网页的制作工具采用了 Dreamweaver CS6。本书备有丰富的课堂示例及其操作插图，内容深入浅出。每章后面还附有大量习题；在能够开设实验的章节都安排了实训项目，并标明了实训条件要求及项目内容的实训建议。

本书适合作为高等院校非网络专业相关课程的教材，也适用于希望掌握最新 Internet 知识与应用技能的读者，对工作中需要接触和使用计算机或网络的读者也具有很好的参考价值。

图书在版编目（CIP）数据

Internet 技术与应用 / 尚晓航主编. —3 版. —北京：中国铁道出版社，2016.5（2020.7重印）
"十三五"高校计算机应用技术系列规划教材
ISBN 978-7-113-21764-8

Ⅰ. ①I… Ⅱ. ①尚… Ⅲ. ①互联网络—高等学校—教材 Ⅳ. ①TP393.4

中国版本图书馆 CIP 数据核字（2016）第 100082 号

书　　名：Internet 技术与应用（第三版）
作　　者：尚晓航

策　　划：周海燕　　　　　　　　　　读者热线：（010）51873090
责任编辑：周海燕　包　宁
封面设计：刘　颖
封面制作：白　雪
责任校对：汤淑梅
责任印制：樊启鹏

出版发行：中国铁道出版社有限公司（100054，北京市西城区右安门西街 8 号）
网　　址：http://www.tdpress.com/51eds/
印　　刷：三河市兴博印务有限公司
版　　次：2005 年 7 月第 1 版　　2009 年 4 月第 2 版　　2016 年 5 月第 3 版　　2020 年 7 月第 2 次印刷
开　　本：787 mm×1 092 mm　　1/16　　印张：19.5　　字数：462 千
书　　号：ISBN 978-7-113-21764-8
定　　价：41.00 元

序

信息技术的迅猛发展和对人类的深远影响使许多人目瞪口呆。在当今社会，每个人都在享受信息技术的成果，都在直接或间接地应用着信息技术。信息技术改变了世界面貌，改变了人类的生活方式，也改变了人们的思维方式。

早在 30 多年前，我国高等学校已经开始在全体大学生中开展计算机教育，计算机课程成为所有学生的必修课程，掌握计算机基本知识和应用能力成为对大学生的基本要求和毕业后求职的必要条件。近年来，大学中的计算机课程的设置和内容随着信息技术的发展而与时俱进，全社会对计算机基础教育的认识和支持率大大提高了，真是今非昔比。

高等学校中的计算机教育是由两部分组成的：一是计算机专业的教育，二是面向 95% 以上大学生的非计算机专业的计算机教育（称为高校计算机基础教育）。两者的培养目标、教学内容和教学方法是不同的。前者主要培养计算机专门人才，后者主要培养各行各业中广大的计算机应用人才。

过去，面向非计算机专业大学生的课程体系和教材往往是根据计算机专业的知识体系和教材来构建的，强调学科的系统性和完整性，强调理论，有的甚至是计算机专业课程的浓缩。事实证明这是不切合实际的，难以取得好的效果。

非计算机专业的大学生为什么要学习计算机？答案是不言而喻的：首先是因为计算机有用。如果没有用何必学习它呢？现代社会离开计算机寸步难行，使用计算机将是现代人的一项基本技能。现在有些老年人（包括一些老年知识分子）由于不会使用计算机而感到处处不便，他们的意识、习惯和工作明显落后于时代，影响了他们对社会的贡献，这是很可惜的。

有人轻视应用，以为应用就是操作，因此认为"理论高级，应用低级"，这是一种误解。应用是分层次的，应用有初级、中级和高级之分。搞理论的人只是少数，绝大多数人将来是搞应用的。大到两弹一星，小到网上购物，在各个领域，都可以看到计算机应用无所不在，所有的人都可以尽其所能，大显身手。

计算机基础教育在本质上是计算机应用的教育，应当以应用为目的，以应用为出发点来构建课程体系，明确提出应用能力的要求，编写出体现应用特点的教材。

计算机基础教育要综合考虑三方面因素：信息技术的发展、面向应用的需要以及科学思维的培养。在计算机基础教学中应当做到：讲知识、讲应用、讲方法，并且把三者紧密结合起来。首先要讲知识，因为知识是基础，应用和方法都需要知识支撑；同时要讲应用，因为计算机基础教育不是纯理论的学习，要面向应用，提高应用能力；还要注意向学生传授方法，使学生掌握规律，学会思考，培养科学的思维方法。

对多数人来说，学习计算机的目的是利用这个现代化工具处理面临的各种问题，使自己能够跟上时代前进的步伐，同时在学习过程中努力培养自己的信息素养，使自己具有信息时代所要求的科学素质，站在信息技术发展和应用的前列，推动我国信息技术的发展。

学习计算机课程有两种不同的方法：一是从理论入手；二是从实际应用入手。不同的人有不同的学习内容和学习方法。大学生中的多数人将来是各行各业中的计算机应用人才。对他们来说，不仅需要"知道什么"，更重要的是"会做什么"。因此，在学习过程中要以应用为目的，注重培养应用能力，大力加强实践环节训练，激励创新意识。

由于全国各地区、各高等院校的情况不同，需要有不同特点的教材来满足不同学校、不同专业教学的需要。因此，在教材建设上应当提倡百花齐放，推陈出新。应当提供不同内容、不同风格的教材，供不同院校选用。

根据培养应用型人才的需要，我们组织编写了这套"'十三五'高校计算机应用技术系列规划教材"。这套教材的特点是突出应用技术，面向实际应用，强调培养应用能力，学以致用。在选材上，根据实际应用的需要决定内容的取舍，重视实践环节，不涉及过多的理论，坚决舍弃那些现在用不到、将来也用不到的内容。在叙述方法上，采取"提出问题—解决问题—归纳分析"的三部曲，这种从实际到理论、从具体到抽象、从个别到一般的方法，符合人们的认知规律，相信会在实践过程中取得很好的效果。

本丛书可以作为应用型大学的计算机应用技术课程的教材，程度较高的高职高专学校也可从中选择适用的教材，也可作为广大计算机爱好者的自学教材。

本丛书由浩强创作室与中国铁道出版社共同策划，由有丰富教学经验的高校老师编写而成。中国铁道出版社以很高的热情和效率组织了这套教材的出版工作。在组织编写及出版推广过程中，得到各高等院校老师的大力支持，对此谨表衷心的感谢。

本丛书如有不足之处，请各位专家、老师和广大读者不吝指正。希望通过本丛书的出版，能为我国计算机教育事业的发展和人才培养做出贡献。

全国高等院校计算机基础教育研究会荣誉会长
丛书主编

谭浩强

前言（第三版）

本书主编自 1994 年开始使用 Internet，从 1998 年以来，一直从事网络方面的管理、教学科研和创作工作，曾主编或参与创作了几十本计算机网络基础、网络技术、网络管理与网络应用方面的著作。主编的教材或创作的书籍，曾先后获得 2009 年度普通高等教育精品教材、第五届全国优秀科普图书类三等奖和提名奖，先后两次获得北京高等教育精品教材称号；此外，还在多个出版社先后出版了多本普通高等教育"十五""十一五""十二五"国家级规划教材。

作者曾尝试在各类本专科的计算机科学与技术、通信工程、信息工程、自动化、网络传媒、计算机应用、网络服务与应用、办公自动化、计算机网络管理员、计算机网络与应用等多个专业的学生中开设过有关 Internet 应用、网络技术和网络基础的课程。例如，Internet 技术基础、Internet 实用技能、计算机网络原理、计算机网络与应用、电子商务基础等课程，均获得良好的社会效果并受到学生的普遍欢迎。作者还曾在某外企担任计算机和网络部门的主管。本书就是作者结合教学、科研，以及自己在组网和 Internet 方面的实践经验编写而成的。考虑到本书的实用性和可操作性，采用了由浅入深和目标驱动的方法，逐步将读者引导到 Internet 的王国。

《Internet 技术与应用（第二版）》自 2009 年 4 月出版以来，受到了广大读者的喜爱，先后多次重印。由于 Internet 及其涉及的网络技术、信息技术、计算机软硬件技术发展飞速，各种新技术、新应用层出不穷，因此，作者根据近几年的技术与应用的发展状况，参考了 CNNIC（中国互联网信息中心）发布的最新数据，广大读者的反馈意见，以及教学的实践，对第二版教材进行了较全面的修订。这次修订的主要工作如下：

- 修改与完善了计算机网络基础和 Internet 技术基础的理论部分；
- 增加了组建无线工作组网络的内容；
- 引入了计算机/笔记本、智能手机、平板电脑多种终端设备；
- 使用了较新版本的终端设备操作系统和其他软件的客户端软件，如 Windows 7、iOS 9.1、Android 4.3、Dreamweaver CS6；
- 使用了较新版本的浏览器、下载软件、网上交流和安全软件，如 IE 11 浏览器、360 安全浏览器 7.1、迅雷 7、微信 6.37、QQ 5.95 等；
- 改写了部分实训题目，新增了多个实训题目；
- 对本书第二版的部分章节进行了完善，对存在的一些问题加以纠正；
- 减少了 Internet 五大传统服务的篇幅；
- 根据 CNNIC 的应用统计数据增加了 Internet 流行的多种应用技术。

为了便于不同学时、不同专业、不同课程的灵活选择，本书将全书的 11 章划分为两篇；各篇与各章的主要安排和内容简介如下：

第 1 篇 Internet 与网络基础篇：介绍了互联网和局域网中所涉及的基本知识与技术，包括计算机网络概述、Internet 技术基础和接入 Internet 与组建工作组网络等 3 章。第 1 章主要介绍了计算机网络的定义与功能、计算机网络的组成与分类、数据通信系统的基本概念与技术指标，以及网络协议等内容；第 2 章主要介绍了 Internet 的起源、发展与特点，提供的主要服务资源与服务，以及 Internet 的管理机构等与 Internet 密切相关的基础知识，还介绍了计算机网络中实际应用的 TCP/IP 参考模型、IP 地址、域名系统、TCP/IP 的参数设置与管理、IPv6 协议及 Internet 中常用的术语等与 Internet 相关的基本理论知识；第 3 章比较详细地介绍了：Internet 的主要接入技术和设备，以及小型局域网的组建，有线、无线接入 Internet 的技术与相关概念。

第 2 篇　计算机网络应用篇：全面而深入地介绍了互联网中的基本服务与应用技术，涵盖了 Web 信息搜索技术、电子邮件、文件传输技术与工具、即时交流、电子商务基础与应用、移动互联网、系统维护与安全技术和网页制作与网站建设等 8 章。第 4 章详细介绍了 WWW 信息浏览的基础概念、Web 客户端软件浏览器的应用技能、搜索引擎的分类与应用、快速获得信息的方法，以及提高网页浏览速度方面的知识与技能；第 5 章详细介绍了电子邮件的基础知识及邮件客户端软件的基本应用与技巧；第 6 章全面介绍了互联网中文件传输的基本知识、原理、各种协议、云技术、云应用等多种与文件传输相关的最新传输技术的相关概念，并较为详细地介绍了专用下载工具的基本技术与应用技巧，以及与云技术相关的概念与应用技术；第 7 章介绍了即时通信与交流中的术语、工作方式、聊天工具等基本知识，以及腾讯公司的两大聊天工具 QQ 与"微信"的基本应用技术等内容；第 8 章较为详细地介绍了电子商务的定义、特点、交易特征、基本类型、电子商务系统的组成、物流配送和支付等基本理论与概念，以及电子商务网站 B2C 与 C2C 的基本应用技巧；第 9 章介绍了近年来发展较快的移动互联网的相关概念、技术与主要应用类型，其中包括移动商店、移动搜索、移动导航系统、移动支付系统与手机导航系统等相关概念与应用；第 10 章从网络系统的安全性出发，详细介绍了上网设备的日常维护方法与安全技术；第 11 章从网页的本质出发，比较全面地介绍了在静态页面上添加多种网页元素的方法、基于自助建设平台快速开发手机网页，以及基于模板进行网站快速建设的技术。

两篇的选材新颖、内容丰富、相对独立，分别包含了不同层次的教学内容，便于教师根据自身的教学需求进行取舍与组合。推荐的学时分配如下：

推荐的学时分配表

篇号	序号	授课内容	学时分配	
			讲课	实训
第 1 篇 Internet 与网络基础篇	第 1 章	计算机网络概述	2	2
	第 2 章	Internet 技术基础	4	2
	第 3 章	接入 Internet 与组建工作组网络	4	6
第 2 篇 计算机网络应用篇	第 4 章	Web 信息搜索技术	4	4
	第 5 章	电子邮件	2	2
	第 6 章	文件传输技术与工具	4	6
	第 7 章	即时交流	2	6
	第 8 章	电子商务基础与应用	2	4
	第 9 章	移动互联网	2	4
	第 10 章	系统维护与安全技术	2	4
	第 11 章	网页制作与网站建设	4	8
合计	11 章		32	48

学习本课程的学生应当注意：首先，不应将 Internet 技术与应用作为一门理论类课程学习，而应将其当作一门应用技术的课程来学习；其次，只有将各种网络设备、智能终端设备、应用软件和各种技术基础理论密切结合在一起，才能更好地体会到互联网资源的浩瀚、技术的多变，以及网络带给我们的绚丽多彩的世界。在 Internet 技术与应用的学习过程中，只有那些将 Internet 的知识、理论与实践紧密结合，不断尝试、不断进取的人才能取得事半功倍的效果。

　　本书的可操作性很强，融入了作者多年来在 Internet 领域的丰富实践经验，书中备有大量的课堂练习和操作实例，其着眼点在于技能培训和自学。每章后面附有大量习题；在能够开设实验的章节都安排了实训项目，并标明了实训条件要求及项目内容的建议。

　　本书特别适合高等院校的非网络、非计算机专业的学生作为学习计算机网络技术、Internet 应用技术、计算机基础、网络基础等课程的教材，也适合一切希望学习和掌握最新 Internet 知识与应用技能的读者，对广大接触和使用计算机或网络的读者也具有很好的参考价值。

　　本书由尚晓航任主编，陈明坤和张宇宏任副主编。其中第 1～10 章主要由尚晓航、陈明坤编写；第 11 章由张宇宏编写。此外，郭正昊、马楠、郭文荣、王勇丽、郭利民、常桃英、余学生和余洋等同志也参与了本书部分章节的编写或其他辅助工作。全书由尚晓航定稿。

　　在本书的编写和出版过程中，得到了中国铁道出版社的大力支持，中国铁道出版社的编辑花费了大量的时间和精力，提供了很多支持与帮助，在此表示诚挚的感谢！

　　由于 Internet、计算机网络、硬件、软件、通信系统和信息技术的发展迅速，作者的学识和水平有限，时间仓促，书中难免存在不妥之处，恳请广大读者批评指正。

编　者

2016 年 2 月

目 录

第 1 篇　Internet 与网络基础篇

第 2 篇　计算机网络应用篇

第 1 篇

Internet 与网络基础篇

第 1 章 计算机网络概述

学习目标：

- 了解：计算机网络的发展、类型和功能。
- 掌握：计算机网络的定义与分类。
- 掌握：Internet 中用到的一些数据通信基本知识、技术和指标。
- 理解：网络协议的作用。

1.1　计算机网络发展的各个阶段

计算机网络是计算机和通信两大技术密切结合的产物，它代表了当代计算机体系结构发展的一个极其重要的方向。计算机网络技术包括硬件、软件、网络体系结构和通信技术。在计算机迅速普及的今天，网络平台是个人计算机使用环境的一种必然选择。一个国家、地区或单位计算机的网络化水平，几乎可以代表计算机的使用水平。随着信息高速公路的建设，Internet 的各种应用已经进入了千家万户，它已经对人们的生活和工作产生了极为重要的影响。目前，人们通常认为将计算机网络的形成与发展进程分为 4 代。

1. 第 1 代：面向终端的计算机通信网络

从 20 世纪 50 年代中期至 60 年代末期，计算机技术与通信技术初步结合，形成了计算机网络的雏形。此阶段网络应用的主要目的是提供网络通信、网络连通。

2. 第 2 代：初级计算机网络

从 20 世纪 60 年代末期至 70 年代后期，计算机网络在通信网络的基础上，完成了计算机网络体系结构与协议的研究，形成了计算机的初级网络。目前，这一阶段被认为是网络的起源，也是 Internet 的起源。这一阶段网络应用的主要目的是网络通信、网络连通、网络资源的硬件和数据共享。

3. 第 3 代：开放式的标准化计算机网络

在这个阶段中，计算机网络技术解决了计算机连网和网络互连问题，1977 年 ISO（国际标准化组织）提出了 OSI 体系结构（开放系统互连参考模型），这标志着计算机网络进入到第三个阶段，从而促进了符合国际标准的计算机网络技术的发展。在开放式网络中，所有的计算机和通信设备都遵循着共同认可的国际标准，从而可以保证不同厂商的网络产品可以在同一网络中顺利地进行通信。从 OSI 模型诞生之日起，它就面临着有着"事实上的国际标准"美称的 TCP/IP 体系结构的不断挑战。

4．第 4 代：新一代的集综合性、智能化、宽带、无线等特点于一体的高速安全网络

第 4 代是指 20 世纪 90 年代中期至 21 世纪初期这个阶段，计算机网络与 Internet（即因特网）向着全面互连、高速、智能化发展，并得到了广泛应用。此外，为保证网络的安全，防止网络中的信息被非法窃取，网络要求更强大的安全保护措施。目前由于 Internet 的进一步普及和发展，网络面临的带宽（即网络传输速率和流量）限制问题会更加突出，上网安全问题必将日益严重，多媒体信息（尤其是视频信息）传输的实用化和 IP 地址紧缺等各种困难也将逐步显现。因此，新一代计算机网络应满足高速、大容量、综合性、数字信息传递等多方位的需求。随着高速网络技术的发展，目前一般认为，第 4 代计算机网络是以 ATM、帧中继、波分多路复用等技术为基础的宽带综合业务数字化网络为核心来建立的。为此 ATM 技术已经成为 21 世纪通信子网中的关键技术。

随着信息高速公路建设的提速与发展，各种计算机、网络都面临着全面互连与接入 Internet。Internet、高速网络与各种基于 Web 和 Internet 的技术应用正在对世界的经济、政治、军事、教育和科技的发展产生着更大的影响，并全面进入到人们的社会生活中。

1.2　计算机网络的定义与功能

在 Internet 和网络技术发展的过程中，人们从不同的观点出发对计算机网络进行了定义，其中比较公认的"计算机网络"的定义是：为了实现计算机之间的通信、资源共享和协同工作，采用通信手段，将地理位置分散的、各自具备自主功能的一组计算机有机地联系起来，并且由网络操作系统进行管理的计算机复合系统就是计算机网络。

1．计算机网络涉及的 3 个要点

① 自主性：一个计算机网络可以包含多台具有"自主"功能的计算机。所谓的"自主"，是指这些计算机离开计算机网络之后，也能独立地工作和运行。这些计算机被称为"主机"（host），在网络中称为结点或站点。一般，网络中的共享资源（即硬件资源、软件资源和数据资源）就分布在这些计算机中。例如，人们通过自己的计算机接入 Internet。

② 有机连接：人们构成计算机网络时需要使用通信手段，把有关的计算机（结点）"有机地"连接起来。所谓"有机"地连接是指连接时彼此必须遵循所规定的约定和规则。这些约定和规则就是通信协议。每一个厂商生产的计算机网络产品都有自己的许多协议，这些协议的总体就构成了协议集。

③ 以资源共享为基本目的：建立计算机网络主要是为了实现通信，信息资源共享，计算机资源的共享或者是协同工作。一般将计算机资源共享作为网络的最基本特征。网络中的用户不但可以使用本地局域网中的共享资源，还可以通过远程网络的服务共享远程网络中的资源。

例如，人们通过自己的计算机接入 Internet 时，就成为 Internet 上的一个结点；离开 Internet 之后，自己的计算机仍然可以独立运行。此外，接入 Internet 的计算机采用和设置了 TCP/IP 协议，并以此为通信手段和规则来访问 Internet 上的各种资源，使用其提供的各类服务。

2．计算机网络的功能

为了达到计算机网络组建的目的，即实现计算机之间的通信、资源共享和协同工作，计算机应当实现下述基本功能：

① 实现通信：是指实现计算机之间和用户之间的通信，例如，实现 E-mail、网上的电话和视频会议。

② 实现资源共享：是指实现计算机的硬件资源、软件资源和数据与信息资源的共享。例如，共享各类软件、打印机和数据。

③ 实现协同工作：计算机之间或计算机用户之间协同工作，达到均衡使用网络资源、发挥共同处理能力的目的。例如，航空、火车、海运等联运的大型作业系统，采用客户/服务器的协同处理技术，将作业分解给不同的计算机共同完成任务。

④ 提供信息服务：随着 Internet 的普及，通过计算机网络可以向全球用户提供各类社会、经济、情报和商业信息。例如，Internet 上的各类电子商务网站、网上论坛、数字化图书馆、远程教育等信息服务系统五花八门、丰富多彩。

综上所述，网络的功能多种多样，但是其中最基本的功能就是资源共享，并由此引申出网络信息服务等许多重要的应用。例如，联网之后，网络上所有的硬件资源、软件资源都可以共享；为了提高工作效率，多个用户还可以联合开发大型程序。

1.3　计算机网络的组成与分类

对计算机网络进行分类的标准很多。例如，按拓扑结构分类、按网络协议分类、按信道访问方式分类、按数据传输方式分类，以及按网络段使用范围等。下面主要介绍两种。

1．按照网络的归属进行分类

按照计算机网络的归属和网络使用者的不同，可以分为下面两类：

（1）公用网（public network）

公用网通常是指用户可以租用的网络，如公用电话网、公用电视网、移动通信网络等。这类网络的特点是：由电信公司等大型单位出资建设的大规模网络，因此，归属于国家或大型单位所有。"公用"的含义是所有公众只要愿意出资都可以使用，因此又被称为"公众网"。

（2）专用网（private network）

专用网通常是指单位用户自行构建的网络，如学校、研究机构、电力、铁路等网络。这类网络的特点是：由单位用户出资建设，因此网络归属于其建设者，不向本单位以外的用户提供服务。

2．按照网络的作用范围分类

按照一种能反映网络技术本质特征的分类标准，即按计算机网络的作用范围进行分类，可以将其分为局域网、城域网、广域网和互联网等几类。表 1-1 大致给出了各类网络的作用范围。总的规律是作用范围越大，速率越低。例如，局域网距离最短，传输速率最高。一般来说，传输速率是关键因素，它极大地影响着计算机网络硬件技术的各个方面。又如，广域网一般采用点对点的通信技术，而局域网一般采用广播式通信技术。在距离、速率和技术细节的相互关系中，距离影响速率，速率影响技术细节。这便是按作用范围划分计算机网络的原因之一。

（1）局域网

局域网（local area network，LAN）就是局部区域的计算机网络。在局域网中，网络结点，如计算机及其他互连设备一般分布在有限的地理范围内，因此，局域网的本质特征是作用范围小、数据传输速率快。局域网的分布范围一般在几千米以内，最大距离不超过 10 km，它是一个部门或单位组建的网络。LAN 是在小型计算机和微型计算机大量推广使用之后才逐渐发展起来的计算机网络。一方面，LAN 容易管理与配置；另一方面，LAN 容易构成简洁整齐的拓扑结构。局域网速率极高（通常为 10 Mbit/s、100 Mbit/s、1000 Mbit/s 甚至更高），延迟小，并具有成本低、应用广、组网方便和使用灵活等特点，因此深受广大用户的欢迎。LAN 是目前计算机网络技术中，发展最快也是最活跃的一个分支。

表 1-1　各类计算机网络的特征参数

网络分类	英文表示	网络的近似作用范围	处理机所处的同一位置	速率（带宽）	应用实例
局域网	LAN	10 m	房间	10 Mbit/s～x Gbit/s	小型办公室网络、智能大厦、校园或园区网络
		100 m	建筑物		
		1 km	校园		
城域网	MAN	10 km	城市	56 Kbit/s～x Gbit/s	城市网络
广域网	WAN	100 km 或 1000 km	国家或洲际	64 Kbit/s～x Gbit/s	公用广域网、专用广域网
互联网	internet	1000 km	国家或洲际	64 Kbit/s～x Gbit/s	Internet

（2）广域网

广域网（wide area network，WAN），也称远程网。计算机广域网一般是指将分布在不同国家、地区、甚至全球范围内的各种局域网、计算机、终端等互连而成的大型计算机通信网络。广域网是 Internet 的核心。WAN 的特点是采用的协议和网络结构多样化，速率较低，延迟较大，通信子网通常归电信部门所有，而资源子网归大型单位所有。广域网覆盖的地理范围可以从几十千米到成百上千甚至上万千米，因此，可跨越城市、地区、国家甚至洲。

广域网的骨干网络一般是公用网，传输速率较高，能够达到若干 Gbit/s；但是，用户构建的专用广域网的传输速率一般较低，例如，2～1000 Mbit/s。

在专用的广域网中，网络之间的连接大多租用公用网的专线，当然也可以自行铺设专线。所谓"专线"，就是指某条线路专门用于某一单位用户，其他用户不准使用的通信线路。例如，租用公用分组交换网的线路构建起跨越城市、国家甚至洲际的远程公司网络就是一种专用广域网。

（3）城域网

城域网（metropolitan area network，MAN）原本指的是介于局域网与广域网之间的一种大范围的高速网络，覆盖的地理范围可以从几十千米到几百千米。城域网通常由多个局域网互连而成，并为一个城市的多家单位拥有。由于各种原因，城域网的特有技术没能在世界各国迅速推广；反之，在实践中，人们通常使用 LAN 或 WAN 技术构建与 MAN 目标范围、大小相当的网络。这样反而更加方便与实用。因此，本书将不对 MAN 作更为详细的介绍。

（4）互联网（internet）

互联网其实并不是一种具体的物理网络技术，而是将不同的物理网络技术，按某种协议统一起来的一种高层技术。互联网是广域网与广域网、广域网与局域网、局域网与局域网进行互连而形成的网络。它采用的是局部处理与远程处理、有限地域范围的资源共享与广大地域范围的资源共享相结合的网络技术。目前，世界上发展最快、也是最热门的互联网就是 Internet。它是世界上最大的、应用最广泛的互联网。

1.4　数据通信基础知识

无论在哪种网络中，通信的目的都是两台计算机之间的数据交换，其本质上是数据通信的问题。在介绍 Internet 应用技术时，有关数据通信的基本问题或多或少都必须涉及。为了使大家更好地理解网络的原理，这里将用比较通俗的语言集中地介绍一些数据通信方面的基本概念、名词、术语和技术。有了这些知识，读者就能更好地理解和掌握 Internet 相关的技术内容。

1.4.1　信息、数据和信号

在计算机网络中，通信的目的是交换信息。

1. 数据（Data）和信息（Information）

数据是记录下来的能够被鉴别的符号。对计算机而言，所有能够进行编码和通信的符号都属于数据。信息是对数据的解释。数据只有经过解释才会有意义，才能成为信息。数据是独立的，尚未组织起来的事实的集合；而信息则是按照一定要求，以一定格式组织起来的数据。凡是经过加工、处理，并已经换算成为人们想要获得的数据，即可称其为信息。因此，也可以说数据处理就是把数据加工成为所需要信息的过程。

信息的载体可以是数字、文字、语音、图形和图像等。计算机及其外围设备产生和交换的信息都是由二进制代码表示的字母、数字或控制符号的组合。为了传送信息，必须对信息中所包含的每一个字符进行编码。因此，用二进制代码来表示信息中的每一个字符就是编码。

2. 常用的二进制代码

在数据通信过程中，要进行编码，就要采用一定的编码标准，目前最常用的二进制编码标准为美国标准信息交换码（American Standard Code for Information Interchange，ASCII）。而 ASCII 码已被国际标准化组织（International Standards Organization，ISO）和国际电报电话咨询委员会（Consultative Committee International Telegraph and Telephone，CCITT）采纳，并已发展成为国际通用的标准交换代码。因此，它既是计算机内码的标准，也是数据通信的编码标准。ASCII 码用 7 位二进制数来表示一个字母、数字、控制字符或符号。任何信息都可以用 ASCII 码来表示。例如，一篇文章中的英文字母 "A" 的 ASCII 码是 "1000001"，数字 "1" 的 ASCII 码是 "0110001"；而通信过程中使用的控制字符 "SYN" 的 ASCII 码是 "0010110"。

3. 数据和信号（signal）

在二进制码代码的传输过程中，只须保证通信的正确性，而无须理解信息中的内容。因此，网络中所传输的二进制代码被统称为数据。如前所述，数据与信息的区别在于，数据仅涉及事物的表示形式，而信息则涉及这些数据的内容和解释。

对于计算机系统来说，它关心的是信息用什么样的编码方式表示出来，例如，如何用 ASCII 码表示字符、数字、符号、汉字、图形、图像和语音等；而对于数据通信系统来说，它关心的是数据的表示方式和传输方法，例如，如何将各类信息的二进制比特序列，通过传输介质，在计算机和计算机之间进行传递。

信号是数据在传输过程中的电磁波表示形式。通常，将数据的表示方式分为数字信号和模拟信号两种。从时间域来看，图 1-1（a）所示的数字信号是一种离散信号；而图 1-1（b）所示的模拟信号则是一种连续变化信号。

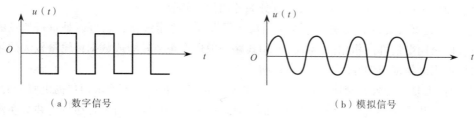

（a）数字信号　　　　　　　　　　　　　　（b）模拟信号

图 1-1　信号

4．信道（channel）及其组成

"信道"是数据信号传输的必经之路，一般由传输线路和传输设备组成。例如，上网的电话线路和上网时使用的 Modem（调制解调器）。

5．物理信道和逻辑信道

在计算机网络和 Internet 中，都有所谓物理信道和逻辑信道之分。

① 物理信道是指用来传送信号或数据的实际物理通路，它由传输介质及有关通信设备组成。

② 逻辑信道也是网络上的一种通路，当信号的接收者和发送者之间不仅存在一条物理信道，还在此物理信道的基础上实现了其他多路"连接"时，就把这些"连接"称为逻辑信道。因此，同一物理信道上可以提供多条逻辑信道；而每一条逻辑信道上只允许一路信号通过。例如，ADSL 通过电话线及设备建立了一条物理信道。在这条物理信道上，用户可以同时建立电话的语音模拟信号和 Internet 的数字数据信号两种逻辑信道的连接。

6．有线信道和无线信道

根据传输介质是否有形，物理信道可以分为有线信道和无线信道。

① 有线信道由双绞线、同轴电缆、光缆等有形传输介质及设备组成。

② 无线信道由无线电、微波和红外线等无形传输介质及相关设备组成，无线信号以电磁波的形式在空间传播。

例如，使用 Modem 和电话线连接到 Internet 时，用的就是有线信道；而通过手机上网时，用的就是无线信道。

7．模拟信道和数字信道

按照信道中传输数据信号类型的不同来分，物理信道又可以分为模拟信道和数字信道。

① 模拟信道中传输的是模拟信号，因此，能够传输模拟信号的信道被称为模拟信道。模拟信号的电平是随时间连续变化的，如语音信号就是典型的模拟信号。当在模拟信道上传输计算机直接输出的二进制数字脉冲信号时，就需要在信道两端分别安装调制解调器，以完成模拟信号与数字信号（A/D）之间的变换，因此，调制解调器的实质是 A/D 变换器。

② 数字信道中传输的是离散方式的二进制数字脉冲信号，因此，能够传输数字信号的信道就被称为数字信道。计算机中产生的数字信号是由"0"和"1"的二进制代码组成的离散方式的信号序列。利用数字信道传输数字信号时，不需要进行变换。但是，信道的两端通常需要安装用于数字编码的编码器和用于解码的解码器。

8. 专用信道及公用信道

如果按照信道的使用方式来分，又可以分为专用信道和公用信道。

① 专用信道又称专线，这是一种连接用户之间设备的固定线路，它可以是自行架设的专门线路，也可以是向电信部门租用的专线。专用线路一般用在距离较短或数据传输量较大的场合。例如，银行租用电信部门的专线而形成专用网络。

② 公用信道是一种公共交换信道，它是一种通过交换机转接、为大量用户提供服务的信道，因此又被称为公共交换信道。采用公共交换信道时，用户与用户间的通信是通过公共交换机之间的线路转接的。在接入 Internet 时，通常都会租用电信部门提供的各种公用信道。例如，人们通过电视网提供的光纤线路与光纤调制解调器接入互联网。

1.4.2　数据通信系统中常用的技术指标

在使用 Internet 时，常常遇到一些技术指标，例如，使用计算机网卡连接局域网的标称速率为 100 Mbit/s，以及通过 ADSL Modem 接入互联网的速率为 10～20 Mbit/s 等。为此，应当对数据通信系统中常用的技术指标有所了解。

1. 数据传输速率 S（比特率）、码元和波形调制速率 B（波特率）

在数据通信系统中，为了描述数据传输速率的大小和传输质量的好坏，需要运用比特率和波特率等技术指标。比特率和波特率是用不同的方式描述系统传输速率的参量，它们都是通信技术中的重要指标。

（1）比特率 S

比特率是一种数字信号的传输速率，它是指在有效带宽上，单位时间内所传送的二进制代码的有效位（bit）数。S 可以用：比特每秒 bit/s、千比特每秒 kbit/s（$1×10^3$ bit/s）、兆比特每秒 Mbit/s（$1×10^6$ bit/s）、吉比特每秒 Gbit/s（$1×10^9$ bit/s）或太比特每秒 Tbit/s（$1×10^{12}$ bit/s）等单位来表示。例如，使用 ADSL Modem 通过光纤线路上网时的可选最大速率为 20 Mbit/s。

说明：计算机领域与通信领域的数量单位中"千""兆""吉"和"太"等的含义有所不同，例如，在计算机领域中用大写的 K 表示 2^{10}，即 1024；而在通信领域中用小写的 k 表示 10^3，即 1000。有些书中用大写的 K 表示前者，而用小写的 k 表示后者；也有的书大写的 K 既表示 1024 也表示 1000。由于没有统一，因此并不是很严格。

（2）码元波特率 B

① 码元：是承载信号的基本单位。码元承载的信息量由脉冲信号所能表示的数据有效值的状态个数来决定。

② 波特：是码元传输的速率单位，它表示每秒传输的码元个数。

③ 波特率：是一种调制速率，也称为波形速率或码元速率。它是指数字信号经过调制后的速率，即经调制后的模拟信号每秒变化的次数。它特指在计算机网络的通信过程中，从调制解调

器输出的调制信号，每秒载波调制状态改变的次数。

在数据传输过程中，线路上每秒传送的波形个数就是波特率 B，其单位为波特（Bd）。因此，1Bd 就表示每秒传送一个码元或一个波形。

波特率就是脉冲数字信号经过调制后的传输速率，若以 T（秒）来表示每个波形的持续时间，则调制速率可以表示为：

$$B = \frac{1}{T} \text{（波特）}$$

④ S 与 B 的关系：如前所述，信息传输的速率为"比特/秒"，码元的传输速率为"波特"。比特率和波特率之间的关系如下：

$$S = B \log_2 n$$

其中，n 为一个脉冲信号所表示的有效状态数。在二相调制中，每个码元只携带一位二进制的信息量，其对应脉冲数字信号的"有"和"无"表示了 0 和 1 两种状态，因此，$n=2^1$，故 $S=B$，此时的比特率与波特率相等。而对于多相调制来说，每个码元能够携带的二进制信息量的数目不止一位，因此，$n \neq 2$，故 $S \neq B$。例如，当每个码元携带 2 位二进制的信息量时，由于 2 位二进制能够表示的二进制有效状态数目为 $n=2^2=4$，因此，被称为四相调制技术；此时，$S=2 \times B$。

波特率（调制速率）和比特率（数据传输速率）是两个最容易混淆的概念，它们在数据通信中很重要。为了便于读者理解，这里给出两者的数值关系，见表 1-2。两者的区别与联系如图 1-2 所示。

表 1-2　比特率和波特率之间的关系

波特率 B（Bd）	1200	1200	1200	1200
多相调制的相数	二相调制（$n=2$）	四相调制（$n=4$）	八相调制（$n=8$）	十六相调制（$n=16$）
比特率 S（bit/s）	1200	2400	3600	4800

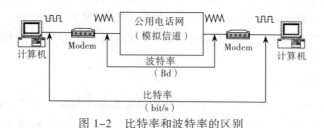

图 1-2　比特率和波特率的区别

2. 带宽

对于模拟信道，带宽是指某个信号或者物理信道的频带宽度，其本意是指信道允许传送信号的最高频率和最低频率之差，单位为：赫兹（Hz）、千赫（kHz）、兆赫（MHz）等，如电话语音信号的标准带宽是 3.1 kHz（300～3400 Hz）。

在计算机网络中，带宽常用来表示网络中通信线路所能传输数据的能力。因此，人们在描述网络时所说的"带宽"实际上是指在网络中能够传送数字信号的最大传输速率 S，此时的带宽单位就是比特每秒（bit/s），表示为 bit/s、kbit/s、Mbit/s、Gbit/s、Tbit/s 等。

3. 信道容量

信道容量一般是指物理信道上能够传输数据的最大能力。当信道上传输的数据速率大于信道所允许的数据速率时，信道就不能用来传输数据了。因此信道容量是一个极限参数。

4．带宽、数据传输速率和信道容量的关联

带宽、S 与 B 这几个术语都是用来度量信道传输能力的指标。如今，一个物理信道常常既可以作为模拟信道，又可以作为数字信道。例如，人们使用电话线（模拟信道）既可以传递语音模拟信号，也可以直接传递二进制的数字信号。另外，香农的"信道容量"计算公式指出数据的最大传输速率与信道带宽之间存在着明确的关系，所以人们既可以使用"带宽"，也可以使用"速率"来描述网络中信道的传输能力。

由于历史的原因，在一些论述计算机网络的中外文书籍中，B、S 和带宽这几个词经常被混用，并且都被用来描述网络中的数据传输能力。但是，从技术角度看，它们是不同的。为此，读者应当注意区别这几个不同而又相互关联的概念。

5．误码率 P_e

（1）误码率 P_e 的定义

误码率是通信系统中，衡量系统传输可靠性的指标。它是二进制比特在数据传输系统中被传错的概率，又称为"出错率"，其定义式如下：

$$P_e \approx \frac{N_e}{N}$$

式中：N 为传输的二进制位的总数，N_e 表示被传错的比特数。

（2）误码率的性质、获取与实用意义

① 性质：误码率 P_e 是数据通信系统在正常工作状况下，传输的可靠性指标。

② 获取：在实际数据传输系统中，人们通过对某种通信信道进行大量重复的测试，才能求出该信道的平均误码率。

③ 采用差错控制技术的意义：根据测试，目前电话线路在 300～2400 bit/s 传输速率时的平均误码率在 10^{-4}～10^{-6} 之间；在 2400～9600 bit/s 传输速率时的平均误码率在 10^{-2}～10^{-4} 之间。而计算机网络通信系统中对误码率的要求是在 10^{-9}～10^{-6}，即至少是平均每传送 1 兆二进制位，才能错一位。因此，在计算机网络中使用普通通信信道时，必须采用差错控制技术才能满足计算机通信系统要求的可靠性指标。

6．时延（delay 或 latency）

时延是信道或网络性能的另一个参数，其数值是指数据（报文、分组、比特）从网络的一端传送到另一端所需要的时间，其单位是秒 s、毫秒（10^{-3}s）ms、微秒（10^{-6}s）μs 等。时延是由传播时延、发送时延和排队延时等三部分组成的。

1.4.3　数据通信过程中涉及的主要技术问题

1．数据传输类型

在数据通信过程中，要解决的第一个问题是数据传输类型的问题。由于数据在计算机中是以二进制方式的数字信号表示的。但是在数据通信过程中，是以数字信号表示，还是以模拟信号表示，就是数据传输类型及数据编码和调制技术所要解决的问题。

2．数据通信方式

在数据通信过程中，要解决的第二个问题是数据通信方式的问题。当使用 Internet 时，还需要解决：传输数据时，是采用串行（按位顺序传输）通信方式，还是并行（多位同时传输）通信方式。

3．数据交换技术

数据通过通信子网的交换方式是计算机网络通信过程要解决的另一个问题，即当设计一个网络系统时，是采用线路（电话线路）交换方式，还是选择存储转发技术。

4．差错控制技术

我们已经知道，实际的物理通信信道是有差错的，为了达到网络规定的可靠性技术指标，必须采用差错控制。差错控制的主要内容包括差错的自动检测和差错纠正两方面，通过这两方面的技术达到数据准确、可靠传输的通信目的。因此，在网络的各层次中都有相应的差错控制任务及差错控制协议。

1.4.4　并行传输与串行传输

在进行数据传输时，有并行传输和串行传输两种方式。其中串行传输是指通信时的数据流以串行方式在信道上传输，并行传输是指数据以成组的方式在多个并行的信道上同时传输。串行传输是一位一位地传送，从发送端到接收端只要一根传输线即可。由于串行通信的收发双方只需要一条通信信道，易于实现，因此是目前采用的主要通信方式之一。

1．并行传输

并行传输可以一次同时传输若干比特的数据，从发送端到接收端的信道需要用相应的若干根传输线。常用的并行方式是将构成一个字符的代码的若干位分别通过同样多的并行信道同时传输。例如，计算机的并行口常用于连接打印机，一个字符分为 8 位，因此每次并行传输 8 比特信号，如图 1-3 所示。由于在并行传输时，一次只传输一个字符，因此收发双方没有字符同步问题。

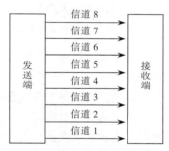

图 1-3　并行数据传输

2．串行传输

并行传输的速率高，但传输线路和设备都需要增加若干倍，一般适用于短距离、要求传输速度高的场合；虽然串行传输速率只有并行传输的几分之一（如 1/8），但可以节省设备，因而是当前计算机网络中普遍采用的传输方式，如图 1-4 所示。

图 1-4　串行数据传输

应当指出，由于计算机内部操作多采用并行传输方式，因此，在实际中采用串行传输方式时，发送端需要使用并/串转换装置，将计算机输出的并行数据位流变为串行数据位流，然后送到信道上传输。在接收端，则需要通过串/并转换装置，还原成并行数据位流。串行数据通信又有 3 种不同方式，即单工通信（只能从一个方向到另一个方向）、半双工通信（可以双向传递信息，但不能同时进行）和全双工通信（可以同时双向传递信息）。例如，通过 Modem 和电话线上网就是串行通信的方式。

1.4.5 多路复用技术概述

多路复用技术是指在同一传输介质上"同时"传送多路信号的技术。

1. 多路复用技术的定义

多路复用技术也就是在一条物理线路上建立多条通信信道的技术。在多路复用技术的各种方案中，被传送的各路信号分别由不同的信号源产生，信号之间必须互不影响。由此可见，多路复用技术是一种提高通信介质利用率的方法。

2. 多路复用技术的研究目的

人们研究多路复用的主要原因和目的如下：

① 通信工程中用于通信线路铺设的费用相当高。

② 无论在局域网还是在广域网中，传输介质的传输容量都超过单一信道传输介质的通信容量。因此，研究多路复用的目的就在于充分利用已有传输介质，减少新建项目的投资。

3. 多路复用技术的实质和工作原理

多路复用技术的实质就是共享物理信道，更加有效地利用通信线路。其工作原理如下所述：首先，将一个区域的多个用户信息，通过多路复用器（MUX）汇集到一起；然后，将汇集起来的信息群通过同一条物理线路传送到接收设备的复用器；最后，接收设备端的 MUX 再将信息群分离成单个信息，并将其一一发送给多个用户。这样，就可以利用一对多路复用器和一条物理通信线路来代替多套发送和接收设备与多条通信线路。多路复用技术的工作原理如图 1-5 所示。例如，ADSL 上网就是在一路电话线上同时传递了语音信号和数据信号；又如，使用电源线或电视线上网等都是复用技术的典型应用。

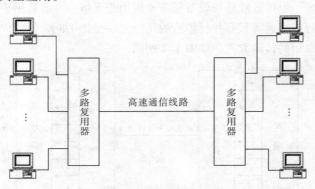

图 1-5　多路复用技术的原理

4. 物理信道和逻辑信道

如前述说，在计算机网络中，有物理信道和逻辑信道之分。由此可见，多路复用技术就是指在一条物理信道上，创建多条逻辑信道的技术。

例如，使用 ADSL 线路同时上网和打电话时，其设备、电话线路组成了物理信道。其中的电话语音信号建立的连接就是一路逻辑信道，而上网传递数据使用的是另外两个不同频率的逻辑信道。因此，可以在普通电话线上实现宽带上网的服务。

又如，电视线路及设备使用"光缆"建立其一条物理信道，其中的不同频道的信号就是在这条物理信道上建立起的多条逻辑信道。为此，同时传递的多路不同频率的电视信号就是多条逻辑信道。

1.4.6　网络协议

网络中的计算机之间进行通信时，它们之间必须使用一种双方都能理解的语言，这种语言被称为"协议"。因此，"协议"就是网络的语言，只有能够"讲"，而且可以理解这些"语言"的计算机才能在网络上与其他计算机彼此通信。正是由于有了协议，网络上的各种大小不同、结构不同、操作系统不同、处理能力不同、厂家不同的产品才能够连接起来，互相通信，实现资源共享。从这个意义上讲，"协议"就是网络的本质，这是初学者需要很好理解和掌握的基本知识。

协议定义了网络上的各种计算机和设备之间相互通信、数据管理、数据交换的整套规则。通过这些规则（又称约定），网络上的计算机才有了彼此通信的"共同语言"，在网络协议中，最著名、使用最为广泛的协议就是 TCP/IP 协议集。

习　　题

1. 计算机网络的发展有几个典型阶段？第三阶段的特点是什么？
2. 什么是计算机网络？计算机网络是如何定义的？
3. 为什么要建立计算机网络？它有哪些基本功能？试举例说明资源共享的功能。
4. 按网络的作用范围可以将计算机网络分为几类？其中局域网的基本特征是什么？
5. 按网络的归属可以将计算机网络分为几类？请举例常见的 3 种公用网。
6. 什么是数据和信息？两者的关系如何？
7. 网络中常用的性能指标有哪些？衡量计算机网络设计可靠性的指标是什么？
8. 什么是比特率？什么是波特率？比特率和波特率两者的关系如何？
9. 什么是带宽与数据传输速率，有何异同？
10. 什么是数据和信号？两者的关系如何？在网络中，有哪几种信号形式？
11. 什么是信道？常用的信道分类有几种？请举例说明什么是物理信道和逻辑信道。
12. 什么是公用信道和专用信道？请举例说明生活中的这两种信道的联系与应用。
13. 什么是串行传输？什么是并行传输？它们各自的应用场合是什么？
14. 什么是多路复用？多路复用技术的实质是什么？请举例说明多路复用技术的应用。
15. 什么是网络协议？它有什么用途？

第 *2* 章 | Internet 技术基础

学习目标：

- 了解：Internet 的发展、组成、资源和基本概念。
- 了解：Internet 在中国的管理机构的工作职能。
- 掌握：Internet/Intranet 的定义、技术特点与区别。
- 掌握：Internet 的基本服务。
- 了解：TCP/IP 协议模型。
- 掌握：TCP/IP 网络中的 IPv4 地址的分类与使用规则。
- 了解：IPv6 协议及其地址的表示规则。
- 掌握：Internet 中的域名系统。

2.1 Internet 的起源与发展

1. Internet 的起源与早期发展阶段

美国的 ARPANet 网络被认为是网络的起源，也是 Internet 的起源。为了方便美国各研究机构和政府部门使用，美国国防部的高级研究计划署（ARPA）于 1968 年提出了 ARPANet 的研制计划。

1969 年，4 个结点的实验性质的 ARPANet 问世后，其计算机的数目增长迅速。到 1983 年就已经发展到了三百多台计算机。

1984 年，ARPANet 分解为两个网络。一个网络沿用 ARPANet 的称谓，作用为民用科研网；另一个网络是 MILNET，其性质是军用计算机网络。

1985 年，美国国家科学基金会（National Science Foundation，NSF）提出了建立 NSFnet 的计划，该计划的主要任务是围绕着其五个大型计算机中心建设计算机网络。作为实施该计划的第一步，NSF 首先将全美的五大超级计算机中心利用通信干线连接起来，组成了全国范围的科学技术网 NSFnet，成为美国 Internet 的第二个主干网，传输速率为 56 kbit/s。

1986 年，NSF 建立起国家科学基金网 NSFNet，它是一个三级计算机网络，分为主干网、地区网和校园网，覆盖了美国主要的大学和研究所。NSFNet 后来接管了 ARPANet，并将网络改名为 Internet。

1987 年，NSF 采用招标方式，由三家公司（IBM、MCI 和 MERIT）合作建立了作为美国 Internet

网的主干网，由全美 13 个主干结点构成。

1991 年，Internet 的容量满足不了需要，于是美国政府决定将 Internet 主干网转交给私人公司来经营，并开始对接入 Internet 的单位收费。

1993 年，Internet 主干网的速率提高到 45 Mbit/s。

1996 年，速率为 155 Mbit/s 的 Internet 主干网建成。

2．Internet2 与全球互联网的发展

1996 年，美国国家科学基金会设立了"下一代 Internet（Internet2）"的研究计划，支持大学和科研单位，针对第一代 Internet 的不足，进行的高速计算机网络及其应用的研究。

Internet2 的核心任务是开发先进的网络技术，提供一个现有互联网无法提供的先进的、全国性的高性能网络基础设施和研究试验平台。开展的研究包括：网络中间件、安全性、网络性能管理和测量、网络运行数据的收集和分析、新一代网络及部署，以及全光网络等。

1998 年，美国 100 多所大学联合成立的 UCAID（University Corporation for Advanced Internet Development）联盟，该组织专门从事 Internet2 研究计划。为此，UCAID 还建设了一个独立的高速网络试验床 Abilene，并于 1999 年 1 月开始提供服务。Internet2 拥有先进的主干网，主干网带宽达到 $N \times 10$ Gbit/s，已经逐步升级到了 100 Gbit/s。Internet2 如今已拥有数百个正式会员，会员按照不同的性质，分成四类，包括：高等教育机构、地区教育和科研网、从事教育和科研的非营利组织（附属会员）和企业。Internet2 的主干网连接了 60 000 多个科研机构，并且和超过 50 个国家或地区的学术网互连。

随着 Interne 在全球的普及与发展，在某种程度上，Internet2 已经成为全球下一代互联网建设的代表名词。目前，中国发展的互联网主干线路的国际出口带宽为 x Gbit/s 数量级，而中国国内骨干网已经进入了 Internet2 的 100 Gbit/s 时代。

此外，全球互联网的发展日新月异，出现了 3 个崭新的特点：第一，传统互联网加速向移动互联网延伸，例如，更多的网民通过便捷的移动终端（智能手机、平板电脑）等访问互联网；第二，物联网的飞速发展与广泛应用；第三，"云计算"技术使网民获取信息的速度更快，手段更便捷。

2.2　Internet 在中国的形成与发展

1．Internet 在中国的发展阶段

回顾 Internet 在我国发展的历史，可以粗略地划分为以下两个阶段：

第一阶段为 1987—1993 年。在这一阶段，我国的一些科研部门初步开展了与 Internet 连网的科研课题和科技合作工作，通过拨号 X.25 实现了和 Internet 电子邮件转发系统的连接；此外，还在小范围内为国内的一些重点院校、研究所提供了国际 Internet 电子邮件的服务。

第二阶段从 1994 年开始到现在。在这一阶段，Internet 在我国得到了迅速的发展，不但实现了与 Internet 的 TCP/IP 方式的互联，还开通了 Internet 的各种功能的全面服务。此外，相继启动了多个全国范围的计算机信息网络项目。

2．骨干网（Internet backbone）

骨干网又称"主干网"，它是用来连接多个局部区域或地区的高速网络。在 Internet 中，为了

能与其他骨干网进行互连，每个骨干网中至少含有一个进行包交换的连接点。不同的供应商分别拥有属于自己的骨干网。简言之，主干网通常是指国家与国家、省与省之间的网络；中国目前的主干网的带宽在 40～100 Gbit/s。

3．Internet 在中国的发展阶段

中国在 20 世纪 80 年代中期开始与 Internet 进行初步联系。于 1994 年正式加入 Internet，并由 NCFC（中国国家计算机和网络设施）代表中国正式向 InterNIC（国际互联网络信息中心）进行了注册。从此中国开始了 Internet 的新纪元，并建立了代表中国的域名 CN，有了自己正式的行政代表与技术代表。这也意味着中国用户从此能全方位地使用和访问 Internet 中的资源，并能直接使用 Internet 的主干网 NSFnet。

说明：美国国家科学基金会（National Science Foundation，NSF）是美国的独立联邦机构。它成立于 1950 年，其任务是通过对基础研究计划的资助，改进科学教育、发展科学信息和增进国际科学合作等，以促进美国科学的发展。

（1）第一阶段：初步互联，研究试用

第一阶段是指从 1987—1993 年，在这一阶段，中国的一些科研部门初步开展了与 Internet 连网的科研课题和科技合作工作，通过拨号 X.25 实现了与 Internet 电子邮件转发系统的连接；此外，还在小范围内为国内的一些重点院校、研究所提供了国际 Internet 电子邮件的服务。

1989 年 11 月，我国建成了第一个公用分组交换网（CNPAC）。我国从此进入了网络和 Internet 发展的新时代。20 世纪末期，我国的公安、银行、军队和科研机构相继建立起自己的专有计算机局域网和广域网。这些网络的建成，形成了更大规模的信息资源共享，从而进一步推进了我国 Internet 和网络技术的发展、全面互连与应用。

1994 年 4 月，我国首条 64 kbit/s 的专线正式接入 Internet，从此拉开了我国互联网发展的序幕。

（2）第二阶段：全面互联与无线化，基于 Internet2 的各种新技术

第二阶段是指从 1994 年至今。在这一阶段，Internet2 在我国得到了迅速的发展，不但实现了与 Internet 的 TCP/IP 方式的互连，还开通了 Internet 的各种功能的全面服务，进入了全面互连、全无线化的长足和快速发展的阶段。中国的互联网是全球的第一大网，其网民人数最多，覆盖的区域最广。然而，由于中国互联网整体发展时间较短，网络的速度、可靠性、性能与安全技术等都处在不断完善与飞速发展的过程中。

总之，从发展趋势看，中国互联网的软硬件发展迅速。首先，中国的骨干网正向 Internet2 的 100～400 Gbit/s 带宽靠近，通信光缆的覆盖范围位列全球前列；全球互联网的最新关键技术，如物联网、云计算、移动互联正在我国蓬勃发展。

4．中国互联网络发展状况统计报告

（1）第 1 次中国互联网络发展状况统计报告

CNNIC 于 1997 年发布了《第 1 次中国互联网络发展状况统计报告》，那也是第一次对中国 Internet 的发展状况做出的全面、准确的权威性统计报告。该报告参照国际惯例，采用网上计算机自动搜寻、联机调查及发放用户问卷等多种方式进行统计；其统计方法先进，抽样范围广，从而保证了统计结果的准确性。

第一次统计报告的数据的截止日期是 1997 年 10 月 31 日。那时中国上网的计算机只有

29.9 万台，其中直接上网的计算机为 4.9 万台，拨号上网的计算机为 25 万台；全国 CN 下注册的域名仅 4066 个；WWW 站点数大约为 1500 个；国际出口线路的总（容量）带宽仅为 25.408 Mbit/s。

（2）第 35 次中国互联网络发展状况统计报告及基础数据

随着互联网的飞速发展，CNNIC 不断发布新的统计报告，截止到 2014 年 12 月底，CNNIC 在北京发布了《第 35 次中国互联网络发展状况统计报告》。其中，中国互联网基础资源的发展状况的对比状况参见表 2-1。CNNIC 第 35 次报告其他部分基础数据简述如下：

① 网民发展：中国网民规模继续呈现持续快速发展的趋势，截止到 2014 年 12 月，网民的规模达 6.49 亿；不但人数增长较快，人均周上网的时长高达 27.2 小时；网民的互联网普及率为 47.9%，其中，手机网民规模达 5.57 亿，较 2013 年增加 5672 万人，数据表明手机上网的人群占比由 2013 年的 81.0% 提升至 85.8%，可见手机上网是当前接入互联网的主要设备。

② 国际出口带宽的发展：中国国际出口带宽继续发展，目前中国国际出口带宽为 4 118 663Mbit/s，年增长率为 20.9%。

③ 网站的发展：中国（CN 下）网站数量为 158.29 万个，全年增长 27.16 万个，增长率为 20.7%。

④ 域名的发展：中国域名总数增至 1108.92 万个，相比 2013 年底增速为 2.4%。

⑤ IP 地址资源的发展：中国 IPv6 地址数量为 18 797 块/32，较去年同期大幅增长 12.8%。当前，各大运营商都在大力推进 IPv6 产业链的成熟，积极开展试点和试商用，逐步扩大 IPv6 用户和网络规模。

表 2-1　2013.12—2014.12 中国互联网基础资源对比

	2013 年 12 月	2014 年 12 月	年增长量	年增长率
IPv4（个）	330 308 096	331 988 224	1 680 128	0.5%
IPv6（块、32）	16 670	18 797	2 127	12.8%
域名（个）	18 440 611	20 600 526	2 159 915	11.7%
其中.CN 域名（个）	10 829 480	11 089 231	259 751	2.4%
网站（个）	3 201 625	3 348 926	147 301	4.6%
其中.CN 下网站（个）	1 311 227	1 582 870	271 643	20.7%
国际出口带宽（Mbit/s）	3 406 824	4 118 663	711 839	20.9%

5. 整体互联网应用状况

（1）互联网接入设备

在 2014 年，台式机、笔记本式计算机等传统上网设备的使用率保持平稳，移动上网设备（手机、平板电脑）的使用率进一步增长，新兴家庭娱乐终端——网络电视的使用率也达到一定的比例。通过台式机和笔记本式计算机接入互联网的比例分别为 70.8%、43.2%，与 2013 年底基本持平；通过手机接入互联网的比例继续增高，较 2013 年底提高 4.8%；平板电脑使用率达到 34.8%，网络电视使用率已达到 15.6%。由于平板电脑的娱乐性和便捷性等特点，使其成为很多网民的重要娱乐和上网设备。

（2）互联网接入场所

中国网民通常在家里、网吧、工作单位，大都通过计算机接入互联网；而在公共场所，如机场、咖啡馆、餐厅、旅馆等场所，由于无线网络环境的提供，很多网民会通过移动设备的 Wi-Fi

连入互联网。此外，随着家庭 Wi-Fi 使用率的迅速提高，家庭 Wi-Fi 的普及比例已经提升为 81.1%，促进了家庭中高龄成员的上网比率的提高。越来越多的网民在家中，会采用多种接入设备接入互联网。

（3）手机网民的发展状况

中国网民中，将手机作为互联网接入设备的比率迅速提高，手机网民的规模高达 5.57 亿，较 2013 年增加 5672 万人；使用手机上网的人群所占的比例提升至 85.8%；其中，农村网民的规模达 1.78 亿，较 2013 年底增加了 188 万人，其所占比例为 27.5%；而城镇网民的增长幅度较大，相比 2013 年底，增长了 2929 万人。

（4）网民对互联网使用的信任度

在 2014 年的统计中，网民中有 54.5% 的人表示出对互联网的信任，对互联网的信任度相对于 2007 年的 35.1% 有了较大提升；网民中有 60.0% 的人对于在互联网上的分享行为持积极态度；有 43.8% 的网民表示喜欢在互联网上发表评论。第 35 次调查报告还显示，网民中有 53.1% 的人认为自己依赖互联网，其中非常依赖的占 12.5%，比较依赖的占 40.6%。

（5）个人互联网使用安全状况

统计数据表明，个人互联网使用的安全状况令人担忧。在 2014 年，总体网民中有 46.3% 的网民遭遇过网络安全问题；在各种安全事件中，计算机或手机中病毒或木马、账号或密码被盗情况最为严重，分别达到 26.7% 和 25.9%，在网上遭遇消费欺诈的比例为 12.6%。

（6）互联网的应用类型与发展状况

互联网的各种应用参见表 2-2。

表 2-2　2013.12—2014.12 中国网民各类互联网应用的使用率

应用类型	2014 年		2013 年		全年增长率（%）
	网民规模（万）	使用率（%）	网民规模（万）	使用率（%）	
即时通信	58 776	90.6	53 215	86.2	10.4
搜索引擎	52 223	80.5	48 966	79.3	6.7
网络新闻	51 894	80.0	49 132	79.6	5.6
网络音乐	47 807	73.7	45 312	73.4	5.5
网络视频	43 298	66.7	42 820	69.3	1.1
网络游戏	36 585	56.4	33 803	54.7	8.2
网络购物	36 142	55.7	30 189	48.9	19.7
网上支付	30 431	46.9	26 020	42.1	17.0
网络文学	29 385	45.3	27 441	44.4	7.1
网上银行	28 214	43.5	25 006	40.5	12.8
电子邮件	25 178	38.8	25 921	42.0	−2.9
微博	24 884	38.4	28 078	45.5	−11.4
旅行预订	22 173	34.2	18 077	29.3	22.7
团购	17 267	26.6	14 067	22.8	22.7
论坛/BBS	12 908	19.9	12 046	19.5	7.2
博客	10 896	16.8	8 770	14.2	24.2

由表 2-2 可见，即时通信列为互联网应用的首位，网民使用率上升到 90.6%；电子商务类应用继续保持快速发展；电子邮件、论坛/BBS 等传统应用的使用率继续走低。

① 即时通信：网民使用率为最高的 90.6%，全年的增长率为 10.4%；

② 搜索引擎：网民使用率位列第 2，数值为 80.5%，全年的增长率为 6.7%；

③ 搜索新闻：网民使用率位列第 3，数值为 80.0%，全年的增长率为 5.6%；

④ 电子商务类应用：发展迅速，与其他类的应用相比涨幅最大，如团购、旅游预订、网络购物、网上支付和网上银行等的使用率与 2013 年底的相比，分别增长了 22.7%、22.7%、19.7%、17%和 12.8%，可见有更多网民参与到互联网的电子商务活动中。

⑤ 微博、电子邮件和博客等社交类应用：其使用率持续走低，如传统应用的电子邮件使用率出现负增长；微博的使用率位于负增长的首位，博客使用率则位于末位。

各类手机互联网应用的使用率的发展状况参见表 2-3。从表中可见，在 2014 年，我国网民的"手机即时通信"应用的使用率为 91.2%，位列第一位；在各种应用中，手机商务应用的发展很快，其中：手机网上支付、手机网上银行和手机网络购物等手机商务类应用的全年增长率分别为 73.2%、69.2%和 63.5%，远远超过其他手机应用的增长幅度。而长期处于低位的手机旅行预订，2014 年用户年的增长高达 194.6%，是增长最为快速的移动商务类应用；随着我国国民休闲体系的形成，手机旅行预订发展已经进入新阶段。

表 2-3　2013.12—2014.12 中国网民各类手机互联网应用的使用率

应用类型	2014 年		2013 年		全年增长率（%）
	网民规模（万）	使用率（%）	网民规模（万）	使用率（%）	
手机即时通信	50 762	91.2	43 079	86.1	17.8
手机搜索	42 914	77.1	36 503	73.0	17.6
手机网络新闻	41 539	74.6	36 651	73.3	13.3
手机网络音乐	36 642	65.8	29 104	58.2	25.9
手机网络视频	31 280	56.2	24 669	49.3	26.8
手机网络游戏	24 823	44.6	21 535	43.1	15.3
手机网络购物	23 609	42.4	14 440	28.9	63.5
手机网络文学	22 626	40.6	20 228	40.5	11.9
手机网上支付	21 739	39.0	12 548	25.1	73.2
手机网上银行	19 813	35.6	11 713	23.4	69.2
手机微博	17 083	30.7	19 645	39.3	−13.0
手机电子邮件	14 040	25.2	12 714	25.4	10.4
手机旅行预订	13 422	24.1	4 557	9.1	194.6
手机团购	11 872	21.3	8 146	16.3	45.7
手机论坛/BBS	7 571	13.6	5 535	11.1	36.8

6. 中国 Internet 的主干网

在 NCFC（教育与科研示范网络，即中国国家计算机网络设施）的基础上，我国建成了对内具有互联网服务功能、对外具有独立国际信息出口（连接 Internet 信息线路）的中国主干网。中国国际出口带宽反映了中国与其他国家或地区互联网连接的能力。在目前网民网络应用日趋丰富，各种视频应用快速发展的情况下，只有国际出口带宽持续增长，网民的互联网连接质量才会改善。目前，由国家投入大量资金开通多路国际出口通路，分别连接到美国、加拿大、澳大利亚、英国、德国、法国、日本、韩国等国家。

（1）中国各骨干互联网的国际发展概况

目前，由国家投入大量资金开通多路国际出口通路，分别连接到美国、加拿大、澳大利亚、英国、德国、法国、日本、韩国等国家。目前，中国已建成和正在建设中的骨干网络的出口带宽和负责单位如表 2-4 所示。

表 2-4　主要骨干网络的国际出口带宽

骨干网络名称	国际出口带宽数（Mbit/s）
中国电信	2 569 519
中国联通	1 037 023
中国移动	390 263
中国教育和科研计算机网（CERNET）	66 560
中国科技网（CSTNET）	55 296
中国国际经济贸易互联网（CIETNET）	2
合计	4 118 663

（2）中国的骨干网简介

有资料表明，在互联网发展的早期中国有四大骨干网，即 CHINANET、CERNET、CSTNET 和 CHINAGBN。早期的中国公用计算机互联网（即 CHINANET）被称为"邮电部互联网"，专指邮电部门经营管理的基于 Internet 网络技术的中国公用计算机互联网，它也是 Internet 的一部分。后来邮电部门不断进行合并和产业改组，最后只剩下中国移动、中国联通、中国电信 3 家，这 3 家都可以经营互联网业务；但是，中国移动、中国联通的主干线很多都是租用中国电信的网络。

目前，如表 2-4 所示，CNNIC 报告指出的中国骨干网包含六大骨干网，分别指：中国电信、中国联通、中国移动、CERNET、CSTNET 和 CHINAGBN。此外，当前的八大结点是由北京、上海、广州、沈阳、南京、武汉、成都、西安等 8 个城市的核心结点组成了中国互联网的核心层。

① China Telecom，CTCC，中国电信：全称为"中国电信集团公司"，其国际出口总带宽为 2 569 519 Mbit/s。目前中国电信集团公司的网络已覆盖 31 个省、自治区、直辖市，共有 31 个主干结点。中国电信可以在全国范围内提供电话业务、互联网接入及应用、数据通信、视讯服务、国际及中国港澳台地区通信等多种类业务，能够满足国际、国内客户的各种通信需求。

② China Unicom，CUCC，中国联通：全称为"中国联合网络通信集团有限公司"，国际出口总带宽为 1 037 023 Mbit/s。中国联通于 2009 年 1 月 6 日在原中国网通和原中国联通的基础上合并组建而成，在国内 31 个省（自治区、直辖市）和境外多个国家和地区设有分支机构。中国联通提供电话业务、互联网接入及应用、数据通信、视讯服务、国际及中国港澳台地区通信等多种类业务，能够满足国际、国内客户的各种通信需求；其涵盖了固定和移动两个领域，并在我国香港特别行政区、北美、欧洲、日本和新加坡设有境外运营公司。

③ China Mobile，CMCC，中国移动：全称为"中国移动通信集团公司"，其国际出口总带宽为 390 263 Mbit/s。

④ CERNET，中国教育与科研计算机网：其国际出口总带宽为 66 560 Mbit/s。该网络由教育部主管，负责连接和管理以"edu"为后缀的国内 500 多所高校和科研单位的网络。根据《国家教育事业发展"十一五"规划纲要》的要求，信息基础设施应达到国际领先水平，据此 CERNET 中长期发展目标（2020 年）是：加快 CERNET 主干网升级换代，提高 CERNET 的运行质量和服务水平，扩大 CERNET 的覆盖范围，建设成世界上先进的国家教育信息化基础设施。至 2020 年，传输网容量达到 800 G/1.6 T，覆盖所有省会城市；主干网升级到平均带宽 100 Gbit/s、总带宽 10 Tbit/s。核心结点接入能力达到支持 5000 个用户单位 1～10 Gbit/s 以上接入；建立可知、可控和可管的网络安全和运行保障系统；整合和共建新一代省、市教育网，覆盖全国大、中、小学。

⑤ CSTNET，中国科学技术计算机网：国际出口总带宽为 55 296 Mbit/s。该网络由中国科学院主管，并由中科院网络中心承担中国的国家域名服务功能。截止到 2014 年 12 月，其"CN"下的域名注册总数为 1109 万，年增长率为 2.4%；占中国域名总数比例的 53.8%。

⑥ CIETNET，中国国际经济贸易互联网：国际出口总带宽为 2 Mbit/s。

（3）中国各骨干网的发展

中国国内的骨干网在 2013 年为 40 Gbit/s，在 2014 年 100 Gbit/s 成为中国市场的主流技术并逐渐取代 40 Gbit/s。中国的电信、联通和移动三大骨干网先后签订并进行了 100 Gbit/s 骨干网的部署与建设，这标志着我国的宽带骨干网已经进入 100 Gbit/s 时代。

① 中国电信于 2014 年初部署的骨干网络涵盖了上海市及浙江、福建和广东三个省份，已于 2014 年完工；其在 2014 年 7 月启动的 100 Gbit/s DWDM/OTN 设备集中采购项目，其 100 Gbit/s 网络的部署将从东到西，从南到北，预计三年内可以实现全国 100 Gbit/s 光网络的覆盖。

② 中国移动于 2014 年上半年部署的 100 Gbit/s 骨干网主要涵盖了国家骨干网的东北环，包括北京、天津两个直辖市及河北、辽宁、吉林和黑龙江四个省份。

据不完全统计，目前全球来自 20 多个国家的 53 个运营商已经部署或正在考虑部署 400 Gbit/s 大容量路由器来扩容网络。在 2014 年，国内的电信、移动与联通三大运营商都也已经将 400 Gbit/s 路由器的部署提上日程。由此可见，400 Gbit/s 已成为我国运营商骨干网的建设与发展方向。

7. 中国互联网的未来

与发达国家相比，中国的互联网行业正在从模仿型向创新型转变，其主要发展趋势如下：

（1）全球争夺的最大市场

截止到 2014 年底，虽说我国网民规模已达 6.49 亿，但是，还有近 9 亿的庞大人群没有上网；这不但是中国互联网产业的财富，也是全球互联网产业中最大的潜在市场。因此，互联网的用户数量会进一步增加。

（2）互联网全面无线化

截止到 2014 年底，手机网民的规模高达 5.57 亿，使用手机上网的人群所占的比例提升至 85.8%。当前，计算机已不再是互联网的主要接入设备，更多用户会采用各种智能接入设备。此外，随着手机和 PC 平台的融合，移动互联网的时代将会迅速到来。今天的所谓移动互联网，很多只是性质单一的移动增值业务，或者只是简单地将 PC 平台上的互联网转移到手机上，并不能真正适合移动互联网用户的需求。今后，无线互联网将得到长足发展，即将到来的无线互联网将给中国互联网业带来巨大的发展空间。

（3）进入"物物相连"的物联网时代

从技术发展趋势看，只要有人类的地方就会有互联网。未来，互联网将无限扩张，它将真正从媒体转变为人类生活中不可或缺的一种工具。人们将进入全新的物联网时代，其网络的管理将更加自动化。

① 物联网（Internet of things）：是新一代信息技术的重要组成部分，也是"信息化"时代的重要发展阶段。顾名思义，物联网就是物物相连的互联网。这有两层意思：其一，物联网的核心和基础仍然是互联网，是在互联网基础上延伸和扩展的网络；其二，其用户端延伸和扩展到了任何物品与物品之间，进行信息交换和通信，也就是物物相息。物联网通过智能感知、识别技术与普适计算等通信感知技术，广泛应用于网络的融合中，也因此被称为继计算机、互联网之后世界信息产业发展的第三次浪潮。

② 物联网的定义：物联网是一个基于互联网、传统电信网等信息承载体；它是一个让所有能够被独立寻址的普通物理对象实现互连互通的网络。它具有智能、先进、互连三个重要特征。总之，物联网利用局部网络或互联网等通信技术把传感器、控制器、机器、人员和物等，通过新的方式连在一起；形成人与物、物与物相连，实现信息化、远程管理控制和智能化的网络。物联网是互联网的延伸，它包括互联网及互联网上所有的资源，兼容互联网所有的应用，但物联网中所有的元素（所有的设备、资源及通信等）都是个性化和私有化。

（4）新的产业和商业发展模式

随着云技术、物联网、移动互联网等互联网技术的不断更新与快速发展，以及我国互联网普及地区的差异呈稳定下降趋势，传统的商业、产业等必将升级，以进入全新的发展模式。有数据表明，我国互联网经济将由快速发展转变为高速发展，预计未来几年年均增速将达 22.6%～31.2%。到 2020 年，电子商务规模将达到 50 万亿～70 万亿，接近传统有形市场规模，电子商务经济对 GDP 的贡献将超过 15%，成为全球规模最大、最具国际竞争优势的电子商务经济体。

（5）安全问题的应对措施与技术

互联网发展的同时，也吸引了很多黑客，针对我国境内网站的仿冒钓鱼站点成倍增长，境外攻击、控制事件不断增加，黑客攻击行为、网上盗窃、网上欺诈、网络病毒等层出不穷。为此，针对网络的安全措施与技术会进一步发展，所需的安全人员必将大幅增加。

（6）政府对互联网的监管

在中国互联网产业高速发展的同时存在着各种问题，如互联网的资源、互联网市场经营模式、管理方面、业务规范、上网行为规范等方面都存在一些问题。为此，政府针对互联网的监管力度也将进一步加强。

2.3　Internet 的基本概念

Internet 是世界上最大的网络。它是当今社会中最大的信息资源库，也是全球信息高速公路的基础。正是通过 Internet，世界各国的信息才得以沟通和交流。Internet 是使用网络上的公共语言（TCP/IP 协议）进行通信的全球范围的计算机网络。它类似于国际电话系统，本身以大型网络的工作方式相连接，但整个系统却又不为任何人所拥有或控制。

1．Internet 的名称与定义

Internet 的中文译名为"因特网"，又称"国际互联网"。

Internet 的简单定义：Internet 是由多个不同结构的网络，通过统一的协议和网络设备（即 TCP/IP 协议和路由器等）互相连接而成的、跨越国界的、世界范围的大型计算机互连网络。Internet 可以在全球范围内，提供电子邮件、WWW 信息浏览与查询、文件传输、电子新闻、多媒体通信等服务功能。Internet 的定义至少包含以下三个方面的内容：

① Internet 是一个基于 TCP/IP 协议簇的国际互联网络。实际上，Internet 就是将全世界各地存在着的各种不同的网络和终端设备，如移动设备（手机、平板电脑）、计算机、局域网、广域网、数据通信网及公用电话交换网等，通过统一协议和互联设备建立起来的一个跨越国界范围的庞大的网络。因此，人们使用"互联网"来形象地表示 Internet。

② Internet 是一个各种网络用户的集合，各种用户通过 Internet 来使用网络资源，同时也成为该网络的成员。

③ Internet 是包含了所有可以访问和利用的信息资源的集合。

2．建立 Internet 的原因

建立 Internet 的最主要目的就是在计算机之间交换信息和共享资源，例如：通过 Internet 浏览、检索和传递软件、信息资源和电子邮件。因此，Internet 是当今世界上最大的信息数据库，也是最为经济的联络与沟通途径。

3．Internet 的语言——TCP/IP 协议

TCP/IP 协议及其包含的各种实用程序，为 Internet 上的各种不同用户和计算机提供了互连和互相访问的能力。因此，若要充分利用 Internet 上的各种资源，必须熟练掌握该协议的安装、配置、检测和使用技术。

4．Internet 的主要特征

首先，Internet 需要将分布在全球范围内的各种类型的计算机和网络连接起来。在 Internet 中解决互连不同类型网络的问题时，有两种解决方案：其一，选择一种满足能够满足任何组织需要的网络技术，所有用户都使用同样的网络技术；其二，允许各个组织选择适合自身需求的网络技术，再通过各种互连技术将完全不同类型的网络互连在一起。显而易见，最佳选择为第二种方案。

Internet 正是通过 TCP/IP 协议将不同类型的计算机和网络通过广域网的资源互连起来。因此，Internet 的主要特征有以下几点：

① Internet 的核心是 TCP/IP 协议簇，它是目前唯一可供网络上各种计算机连接使用的通信协议集。TCP/IP 协议的主要技术特点包含以下几个方面：

- Internet 提供了当今时代广为流行的、建立在 TCP/IP 协议基础之上的 WWW（World Wide Web）浏览服务。
- Internet 采用了 HTML、SMTP 及 FTP 等各种公开标准。其中，HTML 是 Web 的通用语言，SMTP 是电子邮件使用的协议，FTP 是文件传输协议。
- Internet 采用的 DNS 域名服务器系统，巧妙地解决了计算机和用户之间的"地址"翻译问题。

② Internet 通过路由器、广域网进行不同类型网络的远程互连，如通过分组交换网进行远程

连接两个不同国家的网络。

③ Internet 不属于任何国家和部门所有，各个成员的互连是自愿的，并遵从统一规则。

5. Internet2 "下一代互联网"的特点

为了解决传统 Internet 所面临的地址空间、带宽、安全、质量保证等问题，美国政府和多个科研机构联合推出了"下一代因特网"研究计划，即 Internet2。其主要特点如下：

① 更大：采用 IPv6 协议，使下一代互联网具有非常巨大的地址空间，网络规模将更大，接入网络的终端种类和数量更多，网络应用更广泛。

② 更快：100 Mbit/s 以上的端到端高性能通信。

③ 更安全：可进行网络对象识别、身份认证和访问授权，具有数据加密和完整性，实现一个可信任的网络。

④ 更及时：提供组播服务，进行服务质量控制，可开发大规模实时交互应用。

⑤ 更方便：无处不在的移动和无线通信应用。

⑥ 更利于管理：可提供更有序的管理、有效的运营、及时的维护。

⑦ 更有效：有盈利模式，可创造更大社会效益和经济效益。

2.4　Internet 的网络结构与组成

1. 现代的网络结构

现代的网络结构主要指 Internet 的物理结构。Internet 又称"网络的网络"，它是由各种类型的网络通过路由器，以及统一的 TCP/IP 协议互连而成的世界范围内的公用网络。根据 Internet 的定义，它是由分布在世界各地的、各种不同规模、不同物理网络技术通过路由器等网络互连设备组成的大型综合信息网络。

Internet 是多层次的网络结构。许多国家的 Internet 均为三层网络结构：

① 主干网：是 Internet 的基础和支柱，一般由政府提供的多个主干网络互连而成。

② 中间层网：由地区网络和商业网络构成。

③ 低层网：主要由基层的大学、单位、部门和企业等网络构成。

随着微型计算机的广泛应用，大量的个人计算机通过局域网、电话网、电视网、电力网或无线网等连入广域网，进而接入 Internet。在 Internet 中，各种网络之间的互连，如局域网与广域网、广域网与广域网等是通过路由器进行互相连接的。在 Internet 中，用户计算机往往先通过校园网、企业网或 ISP（Internet 服务商）的网络连入地区主干网；地区主干网再通过国家主干网连入国家间的高速主干网。这样逐级连接后，就形成了图 2-1 所示的由路由器和 TCP/IP 协议互连而成的大型、层次结构的 Internet 结构。

2. Internet 的组成

如图 2-1 所示，Internet 由通信网络、通信线路、路由器、主机等硬件，以及分布在主机内的软件和信息资源组成。

① 通信网络：分布在世界各地，主要指局域网、主机接入 Internet 时使用的各种广域网，如

X.25、帧中继、DDN、ISDN 等电信网络；以及移动通信、电视广播、电力等多种不同类型的网络。

② 通信线路：主要指主机、局域网接入广域网的线路，以及局域网本身的连接介质，如电话线路、电视线路和电力线路等。

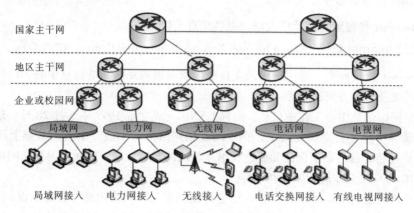

图 2-1　Internet 的 3 层网络结构示意图

③ 路由器：是指连接世界各地局域网和 Internet 的互连设备。由于 Internet 是分布在世界各地的复杂网络，在信息浏览时，目的主机和源主机之间的可能路径会有多条，因此，路由器的路选功能是 Internet 中必不可少的。所以，路由器是使用最多的局域网与通信网络或局域网和 Internet 的连接设备。

④ 主机：不但是资源子网的主要成员，也是 Internet 上各结点的主要设备。主机不但承担数据处理的任务，还是 Internet 上分布信息资源的载体，以及各种服务的提供者。主机的硬件可以是用户的普通微机，也可以是从小型机到大型机的各类计算机系统。此外，根据作用不同，主机又被分为服务器或客户机。

⑤ 信息资源：Internet 不但为广大互联网用户提供了便利的交流手段，更是一座丰富的信息资源宝库。它的信息资源可以是文本、图像、声音、视频等多种媒体形式，用户通过自己的浏览器（如 IE）以及分布在世界各地的 WWW 服务器来检索和使用这些信息资源。随着 Internet 的普及，信息资源的发布和访问已经称为局域网和个人微机必须考虑和解决的首要问题之一。

2.5　Internet 的管理机构

由于 Internet 是不属于任何国家和部门所有的世界范围的公用网络，因此，没有一个绝对权威的管理机构。Internet 只是一个通过统一协议和互连设备连接起来，遵守共同规则的联合体，它的管理机构是 Internet 协会，这是一个由各国志愿者组成的团体。Internet 的国际和国内主要组织如下：

1. Internet 体系结构委员会（IAB）

IAB 的职责是制定 Internet 的技术标准、制定并发布 Internet 工作文件、制定 Internet 技术的发展规划，并进行 Internet 技术的国际协调工作。该委员会的工程任务组（IETF）负责 Internet 的技术管理工作；而研究任务组（IRTF）负责 Internet 的技术发展工作。

2．Internet 网络运行中心（NOC）

NOC 负责保证 Internet 的日常运行，以及监督 Internet 相关活动等。

3．Internet 网络信息中心（NIC）

NIC 为 Internet 代理服务商及广大用户提供信息支持。

4．中国的 Internet 组织（China Internet Network Information Center，CNNIC）

由于 Internet 规模庞大，各国纷纷设立自己国家一级的互联网络信息中心，以便为本国的互联网用户提供更及时和方便的服务。

中国互联网络信息中心工作委员会，简称 CNNIC，成立于 1997 年 5 月 28 日。这是经国务院信息化工作领导小组办公室研究决定，在中国互联网络信息中心专家组的基础上组建的。组建 CNNIC 工作委员会的目的在于保证和促进我国互联网的健康发展，加强我国互联网域名系统的管理，对 CNNIC 的具体工作进行监督和评定。

CNNIC 官网网址为 http://www.cnnic.cn/，它行使国家互联网络信息中心的职责，作为中国信息社会基础设施的建设者和运行者，它负责管理、维护中国互联网地址系统，引领中国互联网地址行业发展，权威发布中国互联网统计信息，代表中国参与国际互联网社群。

CNNIC 的主要职责如下：

（1）国家网络基础资源的运行管理和服务机构

CNNIC 是我国域名注册管理机构和域名根服务器运行机构。负责运行和管理国家顶级域名.CN、中文域名系统，以专业技术为全球用户提供不间断的域名注册、域名解析和 WHOIS 查询等服务。它是亚太互联网络信息中心的国家级 IP 地址注册机构成员。它负责为我国的网络服务提供商（ISP）和网络用户提供 IP 地址和 AS 号码的分配管理服务，积极推动我国向以 IPv6 为代表的下一代互联网发展过渡。

（2）国家网络基础资源的技术研发和安全中心

CNNIC 构建全球领先、服务高效、安全稳定的互联网基础资源服务平台，支撑多层次、多模式公益的互联网基础资源服务，积极寻求我国网络基础资源核心能力和自主工具的突破，从根本上提高我国网络基础资源体系的可信度、安全性和稳定性。

（3）互联网发展研究和咨询服务力量

CNNIC 负责开展中国互联网络发展状况等多项互联网络统计调查工作，描绘中国互联网络的宏观发展状况，忠实记录其发展脉络。CNNIC 一方面将继续加强对国家和政府的政策研究支持，另一方面也会为企业、用户、研究机构提供互联网发展的公益性研究和咨询服务。

（4）互联网开放合作和技术交流平台

CNNIC 积极跟踪互联网政策和技术的最新发展，与相关国际组织以及其他国家和地区的互联网络信息中心进行业务协调与合作；承办国际重要的互联网会议与活动，构建开放、共享的研究环境和国际交流平台；促进科研成果转化和孵化，服务中国互联网事业发展。

2.6　Internet 提供的主要资源和服务

Internet 上提供的资源可以分为信息资源和服务资源两大类。随着 Internet 的发展，Internet

不但给使用者提供了越来越丰富的信息资源，还提供了越来越多种类的服务资源。

2.6.1　Internet 的主要资源

信息是 Internet 上最重要的资源，也是进入 Internet 的人们最希望得到的东西。不少人在 Internet 上查找自己所需要的信息资源时，往往只注意到通过计算机系统获取信息，却忽略了从 Internet 上"人"的资源那里获取信息。在 Internet 上，大量的信息资源存储在各个具体网络的计算机系统上，所有计算机系统存储的信息组成信息资源的海洋。所以，对于经常使用 Internet 的用户来说，一个重要的任务就是要积累信息资源的地址。因此，使用 Internet 资源时，应当知道存储信息的资源服务器（或数据库）的地址和访问资源的方式（包括应用工具、进入方式、路径和选项等）。

2.6.2　Internet 的主要服务

Internet 是当今世界上最大的数据库和最经济的联络和沟通手段。Internet 能为我们提供的常用服务类型如下：

1. 万维网（World Wide Web，WWW）服务

在 WWW 创建之前，几乎所有的信息发布都是通过传统服务 E-mail、FTP 和 Telnet 等。由于 Internet 上的信息无规律地分布在世界各处，因此除非准确地知道所需信息资源的位置（地址），否则将无法对信息进行搜索。

WWW，也被称为 Web，其中文译名为万维网或环球网，它是 Internet 提供的 6 大基本服务之一。WWW 的创建巧妙地解决了 Internet 上信息传递的问题。它提供了一种交互式的查询方式，通过超文本链接功能将文本、图像、声音和其他资源紧密地结合起来，并显示在浏览器中。万维网并非互联网，它是互联网提供的一种依赖互联网运行的服务。

WWW 信息服务是 Internet 上一种最主要的服务形式，它的工作模式是"浏览器/服务器"模式。WWW 系统中，有 Web 客户端和 Web 服务器两种程序。WWW 能够让 Web 客户端程序（如 IE 浏览器）访问浏览 Web 服务器上的页面。简言之，WWW 是一个由许多互相链接的超文本组成的系统，通过互联网进行访问。在 WWW 系统中，每个有用的事物，都被称为"资源"，所有的资源由一个全局的"统一资源标识符"（URL）标识；并通过"超文本传输协议"（HTTP）传给用户。用户在客户端程序上，通过单击 Web 中的链接来获取所需的资源。这样，人们使用各自的浏览器，通过其中的 HTTP（超文本传输）协议，便可以轻松地访问五彩缤纷的网络世界。

2. 信息搜索

信息搜索是 Internet 提供的 6 大基本服务之一。Internet 是信息资源的宝库，对刚刚步入 Internet 的网络新手来说，要找到自己需要的信息资源，可谓是扑朔迷离，无从入手。因此，搜索的方法、途径与具体步骤是进行信息搜索前应当清楚的问题。当然，信息搜索服务、搜索引擎，以及快速搜索工具是网络用户最终的选择，只有熟练地掌握了信息搜索的工具，如搜索引擎，才能让我们从五彩缤纷的信息资源中，快速准确地找到所需的资源。

3. 电子邮件（Electronic Mail，E-mail）服务

电子邮件是 Internet 提供的 6 大基本服务之一。在 WWW 技术流行之前，Internet 用户之间的

交流大多是通过 E-mail 方式进行的。当前，E-mail 在我国的使用率逐年下降，但世界上许多公司或机构每天仍要在局域网内部发送电子邮件，机构、同事、朋友之间也会通过互联网的 E-mail 服务传递正式信息。

E-mail 所实现的信息传输方式与传统的信件相比有着较大的优势，其主要特点有：速度快、信息形式多样化、使用方便、价格低廉。理论上讲，E-mail 能够以非常高的速度被发送到世界上任何提供此服务的地方，随着互联网的普及与技术的不断发展，携带用户多种形式信息的电子邮件可以在瞬间发送到对方的邮件服务器上，在几分钟之内传递到收件人手中，而所需要的费用却是极其低廉的。

4．文件传输（FTP）服务

FTP 曾经是 Internet 中一种最主要的文件信息的交流形式，也是 Internet 提供的 6 大基本服务之一。人们常常通过 FTP 来从远程主机中下载所需的各类软件。当前，衍生出多种形式的文件传输方式，如 P2P、P2SP、P4S、云技术、网盘技术等。

Internet 是一座装满了各式各样计算机文件的宝库，其中有许多免费和共享软件、二进制的图片文件，声音、图像和动画文件，当然还有各种信息库、书籍和参考资料。对于上述内容，可以采用多种办法传输到本地计算机上，其中一种最基本的办法就是通过 FTP（文件传输协议）。使用这项服务，人们坐在家中，就可以查阅和下载图书馆里的资料。通过 Internet 的 FTP 服务，大量的文件和共享软件可以迅速被传递，而在此过程中所使用的动态查询技术是传统手段无法比拟和实现的。

5．远程登录（Telnet，Remote Login）服务

远程登录是 Internet 提供的 6 大基本服务之一。Telnet 是提供远程连接服务的终端仿真协议，通过它可以使用户的计算机远程登录到 Internet 上的另一台计算机上。此时，该用户的计算机就成为所登录计算机的一个终端，因此，可以远程使用那台计算机上的资源。例如，从国外可以远程登录到国内的局域网，并使用其中的数据和磁盘等资源。Telnet 提供了大量的命令，这些命令可用于建立终端与远程主机的交互式对话，可使本地用户执行远程主机的命令。现在，由于个人计算机的功越来越能强大，Telnet 服务器的安全性欠佳，使用起来不太方便，使用 Telnet 服务的用户也越来越少了。

6．电子公告板系统（Bulletin Board System，BBS）服务

电子公告板系统是 Internet 提供的 6 大基本服务之一，其涉及的主题相当广泛，如科学研究、时事评论等各个方面，世界各地的人们可以开展讨论，交流思想，寻求帮助。各个 BBS 站点都为用户开辟了一块展示"公告"信息的公用存储空间作为"公告板"。BBS 原先提供的功能为"电子布告栏"，但由于用户的需求不断增加，当今的 BBS 已不仅仅是电子布告栏了，各 BBS 站点的功能分类大体都为信件讨论区、文件交流区、信息布告区和交互讨论区几部分；很多 BBS 站点还为用户开设了闲聊区、软件讨论区、硬件讨论区、Internet 技术探讨、Windows 探讨、音乐音响讨论、电脑游戏讨论、球迷世界和军事天地等为数众多、各具特色的分区。

7．即时通信（Instant Messaging，IM）服务

即时通信是指能够即时发送和接收互联网消息的业务。IM 自 1998 年面世以来发展迅速，特别是近几年的发展尤为突出。截止到 2014 年底，IM 的网民使用率已位于各类应用的首位，因此，

IM 应当是目前互联网最重要的服务之一。

随着即时通信的快速发展，其功能日益丰富，逐渐集成了电子邮件、博客、音乐、电视、游戏和搜索等多种功能。当前，即时通信已不再是一个单纯的聊天工具（网络电话），它已经发展成为集多种应用为一体的综合化信息平台，其服务提供了聊天、电子邮件、即时消息、数据传输、资讯、娱乐、搜索、电子商务、办公、企业客户服务等多种功能。因此，掌握好即时通信的应用即可实现互联网的很多应用。

即时通信最初是由 AOL、微软、雅虎、腾讯等独立于电信运营商的即时通信服务商提供的。随着各类软件功能的日益丰富，IM 的应用越来越广泛，尤其是即时通信软件对 IP 电话（网络电话）的支持，吸引了大量网络用户，IM 已经在分流和替代传统的电信通话业务。这使得电信运营商不得不采取措施应对这种挑战，如中国移动推出"飞信"与"飞聊"，中国联通推出"超信"，然而其进入市场较晚，其用户规模和品牌知名度还比不上原有的即时通信服务提供商，如腾讯的个人即时通信软件 QQ 和"微信"。此外，还有随着电子商务的快速发展而兴起的电子商务即时通信，如阿里"旺旺"。

8. 电子商务（E-Commerce 或 Electronic Commerce，EC）

电子商务服务是指为电子商务应用提供的服务，即面向机构或个人的电子商务应用的服务，如软件服务（如电子商务 ERP\电子商务 CRM、促销软件、商品管理工具等）、营销服务（如精准营销、效果营销、病毒营销、邮件营销等）、运营服务（如代运营、客服外包等）、仓储服务（电商仓储、物流服务等）、支付服务等。表 2-2 的数据表明，电子商务是目前发展最快的服务，与其他类的应用相比涨幅最大，如团购、旅游预订、网络购物、网上支付和网上银行等的使用率与 2013 年底相比增长率最大。

电子商务系统由软件、硬件系统和通信网络三要素组成。它作为一种新的商务形式，具有的明显特征有：商务性、低成本、电子化、服务性、集成性、可扩展性、安全性等。

人们把主要基于因特网的商务活动称为现代电子商务。

9. 网络游戏（Online Game）

网络游戏，又称"在线游戏"，简称"网游"。网游是指以互联网为传输媒介，以游戏运营商服务器和用户计算机为处理终端，以游戏客户端软件为信息交互窗口，旨在实现娱乐、休闲、交流和取得虚拟成就的具有可持续性的个体性多人在线游戏。表 2-2 的数据表明，网游的使用率位于各类应用的第 6 位，增长率也位列前茅。总之，通过 Internet 和网络服务商，人们可以连接到世界上任何一个游戏网站，使得网络上的游戏迷可以通过网络与同是孤独的对方在一起，大过游戏之瘾；同时，许多最新的多用户在线游戏，使得众多的用户流连忘返。

10. 其他服务

Internet 还提供了网上的视频、音频、新闻、文学、地图、天气预报、购物商城、交易、远程教学……等五花八门的服务。

总之，以上列举的各种服务的前 6 项被称为 Internet 的传统服务；其他很多服务则是新兴的与人们生活密切相关的服务，所有基于互联网的服务正在促进相关产业的高速发展，同时也正在影响着我国产业结构及就业人员的结构变化。

2.7 Intranet

2.7.1 Intranet 概念

1. Intranet 的定义

Intranet 通称为企业内联网，又称企业内部网，虽然它并非只用于企业，却被简称为"企业网"。Intranet 由于局域网内部采用了 Internet 技术而得名。因此，Intranet 可以定义为：由私人、公司或企业等，利用 Internet 技术及其通信标准和工具建立的企业内部的 TCP/IP 信息网络。

2. Intranet 的逻辑结构

对于一个企业来说，其 Intranet 的系统逻辑结构如图 2-2 所示。

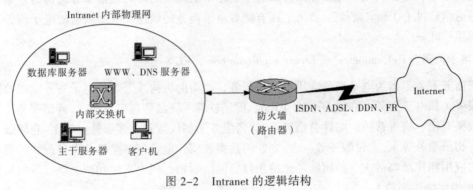

图 2-2 Intranet 的逻辑结构

3. Intranet 的技术

如图 2-2 所示，通常的 Intranet 都连入了 Internet；另外一些 Intranet 虽然没有连入 Internet，却使用了 Internet 的通信标准、工具和技术。例如，某公司组建的内部网络与 Internet 一样，都使用了 TCP/IP 协议，安装了 WWW（Web）服务器，用于内部员工发布公司业务信息、销售图表及其他公共文档，公司员工使用 Web 浏览器可以访问其他员工发布的信息。Intranet 基本技术特点除了与 Internet 类似的 3 点之外，还包含以下几个方面：

① Intranet 是把 Internet 技术应用于企业内部管理的网络。

② Intranet 提供了 6 项基于标准的服务：文件共享、目录查询服务、打印共享管理、用户管理、电子邮件和网络管理。

③ Intranet 具备了 Internet 的开放性和灵活性，它在服务于内部信息网络的同时，还可以对外开放部分信息。

4. Intranet 的特点

Intranet 具有以下显而易见的特点：

① Intranet 是一种企业内部的计算机信息网络。

② Intranet 是一种利用 Internet 技术开发的开放式计算机信息网络。

③ Intranet 采用了统一的基于 WWW 的服务器/浏览器（B/S）技术去开发客户端软件。Intranet 用户使用的内部信息资源访问方式，具有友好和统一的用户界面，与使用 Internet 时类似。因此，

文件格式具有一致性，有利于 Internet 与 Intranet 系统间的交换。

④ Intranet 使用的基于浏览器的瘦客户端技术，成本低，网络伸缩性好，简化了用户培训的过程。

⑤ Intranet 改善了用户的通信和交流环境，例如，其用户可以方便地使用和访问 Internet 上提供的各种服务和资源，同时 Internet 上的用户也可以方便地访问 Intranet 内部开放的不保密资源。

⑥ Intranet 为企业管理现代化提供了途径。例如，在企业内部不但可以传送电子邮件、各种公文、报表和各种各样文档，还可以实时传递"在线"的控制和管理信息，召开多媒体网络会议，使得企业的无纸办公成为可能。

⑦ Intranet 一般具有安全防范措施。例如，企业内部的信息一般分为两类，一类是供企业内部使用的保密信息；另一类是向社会开放的公开信息，如产品广告和销售信息等。为了保证企业内部信息及网络的安全性，通常需要使用防火墙等安全装置。

5. WWW 技术是 Intranet 的核心

Intranet 的核心技术是 WWW。WWW 是一种以图形用户界面和超文本链接方式来组织信息页面的先进技术，它的 3 个关键组成部分是 URL、HTTP 和 HTML。Intranet 的几个基本组成部分如下所述。

① 网络协议：以 TCP/IP 协议为核心。

② 硬件结构：以局域网的物理网络为网络硬件结构的基础。选择一定的接入技术与 Internet 互连。

③ 软件结构：其软件结构由浏览器、WWW 服务器、中间件和数据库组成。

2.7.2　Internet 和 Intranet 的关系

1. Internet 和 Intranet 的联系

① Intranet 是利用 Internet 技术组建的企业内部网络。Intranet 所使用的主要技术（如 WWW、电子邮件、FTP 与 Telnet 等）与 Internet 一致，这是 Internet 和 Intranet 的主要共同之处。

② Intranet 采用统一的基于 WWW 浏览器（Browser）的技术来开发用户端软件。因此，对于 Intranet 用户来说，他们使用的用户界面与 Internet 普通用户使用的界面、软件都是相同的。因而，Intranet 用户可以方便地访问 Internet 上提供的各种服务和资源；同时 Internet 用户也可以方便地访问 Intranet 上的允许访问的各种资源。

总之，两者使用了相同的技术和应用方式，Intranet 只有通过与 Internet 互连才能更加充分地发挥自身的作用。

2. Internet 和 Intranet 的区别

① Intranet 是由某个企事业单位自己组建的内部计算机信息网络，而 Internet 是一种面向全世界用户开放的不属于任何部门所有的公共信息网络，这是两者在功能上的主要区别之一。

② Internet 允许任何人从任何一个站点访问其中的资源；而 Intranet 上的内部保密信息则必须严格地进行保护，为此，Intranet 一般通过"防火墙"与外网（Internet）相连。

③ Intranet 内部的信息分为两类，一类是企业内部的保密信息，另一类是向社会公众开放的

企业产品广告等信息。前一类信息不允许任何外部用户访问，而后一类信息则希望社会上广大用户尽可能多地访问。

2.8　TCP/IP 参考模型

随着 Internet 的飞速发展，各种使用 Internet 技术的网络和软件广为流行，因此，越来越多的公司选择 TCP/IP 协议作为网络的主要协议。TCP/IP 协议已经成为事实上的工业标准，并且得到了所有主流操作系统和众多厂商的广泛支持。

TCP/IP（Transmission Control Protocol/Internet Protocol）的中文名称为"传输控制协议/网际协议"。它是一个 32 位的、可路由的工业标准的协议集，也是目前使用最为广泛的通信协议。为了规范网络中计算机的通信与连接，TCP/IP 模型中定义了许多通信标准。TCP/IP 协议是由上百个功能协议组成的"协议栈"。按照体系结构的层次化设计思想，TCP/IP 参考模型由上至下划分为图 2-3 所示的 4 层，即网络接口层、网际层、传输层和应用层。"协议栈"的总体目标就是把数据从物理层通过接口和电缆，传送到应用层的用户手中；或者反过来，把用户的数据通过应用层传送到物理层的电缆上。

应用层	Telnet	FTP	SMTP	HTTP	DNS	SNMP	TFTP
传输层	TCP				UDP		
	IP						
网际层		ARP		RARP			
网络接口层	Ethernet		Token Ring		X.25	其他协议	

图 2-3　TCP/IP 参考模型与各层协议之间的关系

TCP/IP 协议是世界上应用最广的异种网互连的标准协议，利用它，异种机型和使用不同操作系统的计算机网络系统就可以方便地构成单一协议的互连网络。TCP/IP 参考模型的 4 个层次中，只有 3 个层次包含了实际的协议。

1. 网络接口层

网络接口层为 TCP/IP 模型的底层（也被称为网络访问层或主机-网络层）。该层与 OSI 模型的最低两层相对应，即物理层与数据链路层，它没有定义具体的网络接口协议，但是可以与当前流行的大多数类型的网络接口进行连接。

2. 网际层

TCP/IP 模型的网际层也被称为 IP 层、互联网络层或网间网络层。网际层与 OSI 模型的网络层相对应。IP 层中各个协议的具体功能如下：

① IP（Internet Protocol，网际协议）：其任务是为 IP 数据包进行寻址和路由，它使用 IP 地址确定收发端，并将数据包从一个网络转发到另一个网络。

② ICMP（Internet Control Message Protocol，网际控制报文协议）：用于处理路由，助 IP 层实现报文传送的控制机制，为 IP 协议提供差错报告。

③ ARP（Address Resolution Protocol，地址解析协议）：用于完成主机的 IP（Internet）地址向物理地址的转换。这种转换又被称为"映射"。

④ RARP（Reverse Address Resolution Protocol，逆向地址解析协议）：用来完成主机的物理地址到 IP 地址的转换或映射功能。

3．传输层

TCP/IP 模型的传输层（TCP）在 IP 层之上，它与 OSI 模型中的传输层的功能相对应。传输层提供端到端的通信服务，即网络结点之间应用程序的通信服务，并确保所有传送到某个系统的数据能够正确无误地到达该系统。

（1）传输层的功能

传输层的两个主要协议都是建立在 IP 协议的基础上的，其功能如下所述。

① TCP（传输控制协议）：是一种面向连接的、高可靠性的、提供流量与拥塞控制的传输层协议。

② UDP（用户数据报协议）：是一种面向无连接的、不可靠的、没有流量控制的传输层协议。

（2）TCP/IP 的 TCP 或 UDP 端口

端口是计算机内部一个应用程序的标识符。端口直接与传输层的 TCP 或 UDP 协议相联系。端口号的长度为 16 位，因此端口号可以为 0～65 535 之间的任意整数。TCP/IP 给每一种应用程序分配了确定的全局端口号，这个端口号为默认端口号，每个客户进程都知道相应服务器的默认端口号。为了避免与其他应用程序混淆，默认端口号的值定义在 0～1023 范围内，例如，FTP 应用程序使用 TCP 的 20 和 21 号端口，SNMP 应用程序使用 UDP 的 161 号端口。

（3）套接字（Socket）

套接字是 IP 地址与 TCP 或 UDP 端口的组合。应用程序通过指定该计算机的 IP 地址、服务类型（TCP 或 UDP），以及应用程序监控的端口来创建套接字。套接字中的 IP 地址组件可以协助标识和定位目标计算机，而其中的端口则决定数据所要送达的具体应用程序。

4．应用层

TCP/IP 模型的应用层与 OSI 模型的上 3 层相对应。应用层向用户提供调用和访问网络中各种应用程序的接口，并向用户提供各种标准的应用程序及相应的协议。用户还可以根据需要建立自己的应用程序。

应用层的协议有很多种，主要包括以下几类：

（1）依赖于 TCP 协议的应用层协议

① Telnet：远程终端服务，也称为网络虚拟终端协议。它使用默认端口 23，用于实现 Internet 或互联网中的远程登录功能。它允许一台主机上的用户登录到另一台远程主机，并在该主机上进行工作，用户所在主机仿佛是远程主机上的一个终端。

② HTTP：超文本传输协议（Hypertext Transfer Protocol），使用默认端口 80，用于 WWW 服务，实现用户与 WWW 服务器之间的超文本数据传输功能。

③ SMTP：简单邮件传输协议（Simple Mail Transfer Protocol），使用默认端口 25。该协议定义了电子邮件的格式，以及传输邮件的标准。在 Internet 中，电子邮件的传递是依靠 SMTP 进行的，即服务器之间的邮件的传送主要由 SMTP 负责。当用户主机发送电子邮件时，首先使用 SMTP 协议将邮件发送到本地的 SMTP 服务器上，该服务器再将邮件发送到 Internet 上。因此，用户计算机上需要填写 SMTP 服务器的域名或 IP 地址，例如，新浪的 smtp.vip.sina.com。

④ POP3：邮件代理协议（Post Office Protocol），由于目前的版本为 POP 第三版，因此又称 POP3。POP3 协议主要负责接收邮件，当用户计算机与邮件服务器连通时，它负责将电子邮件服务器邮箱中的邮件直接传递到用户的本地计算机上。因此，用户计算机上需要填写 POP3 服务器的域名或 IP 地址，例如，新浪的 pop3.vip.sina.com。

⑤ FTP：文件传输协议（File Transfer Protocol），使用默认端口 20/21，用于实现 Internet 中交互式文件传输的功能。FTP 为文件的传输提供了途径，它允许将数据从一台主机传输到另一台主机上，也可以从 FTP 服务器上下载文件，或者是向 FTP 服务器上传文件。

（2）依赖于无连接的 UDP 协议的应用层协议

① SNMP：简单网络管理协议（Simple Network Management Protocol），使用默认端口 161，用于管理与监控网络设备。

② TFTP：简单文件传输协议，使用默认端口 69，提供单纯的文件传输服务功能。

③ RPC：远程过程调用（Remote Procedure Call）协议，使用默认端口 111，实现远程过程的调用功能。

（3）既依赖于 TCP 也依赖于 UDP 的应用层协议

① DNS：域名系统（Domain Name System）服务协议使用默认端口 53，用于实现网络设备名字到 IP 地址映射的网络服务功能。

② CMOT：通用管理信息协议。

（4）非标准化协议

即属于用户自己开发的专用应用程序，它们是建立在 TCP/IP 协议簇基础之上，但无法标准化的程序。例如，Windows sockets API 为使用 TCP 和 UDP 的软件提供了 Microsoft Windows 下的标准应用程序接口，在 Windows sockets API 上的应用软件可以在 TCP/IP 的许多版本上运行。

2.9　Internet 和 Intranet 中的地址

2.9.1　网络地址的基本概念

Internet 地址是指连入网络的设备，如计算机、路由器、交换机、智能终端等，在网络中的地址。常用的 Internet 地址有域名地址和 IP 地址两种。

1. 网络中地址的含义

在网络中，地址被用来标识网络中的各种对象，因此又称"标识符"。标识符有 3 类，即名字（name）、地址（address）和路由（route，即路径），它们分别告诉人们，对象是什么、去何处和怎样寻找对象。

2. 物理地址和逻辑地址

网络中的地址分为物理地址和逻辑地址两类。一般，前者由硬件来处理，后者由软件来处理。通常，物理地址是按照物理硬件定义的地址，因此是唯一的；而逻辑地址是人为规定的、为方便网络通信而定义的地址，通常是不唯一的。例如，某计算机网卡的物理地址只能是唯一的 MAC 地址，而为了便于网络管理，该计算机可能有很多逻辑地址，如 IP 地址、计算机名、主机域名等。

（1）物理地址

在任何一个物理网络中，各个站点的机器必须都有一个可以识别的地址，才能使信息在其中进行交换，这个地址称为物理地址（physical address）。在局域网中，物理地址体现在数据链路层，因此物理地址也被称为硬件地址或媒体访问控制地址，即 MAC 地址。它通常被固化在网卡中，在网络中它是唯一的，一般用 12 个十六进制数字表示，总共 48 位二进制数位，例如，某主机网卡的 MAC 地址为 00-51-20-DF-A0-81。

（2）逻辑地址

一般将网络层的 IP 地址、传输层的端口号及应用层的计算机名等称为逻辑地址，其中的 IP 地址又是最为典型的逻辑地址。

IP 协议提供了一种全网统一的地址格式。在统一方式的管理下进行地址的分配，从而保证了一个地址对应一台主机（包括路由器或网关）。这样，物理地址的差异就被 IP 层所屏蔽。这个地址就是 Internet 上使用的地址，简称为"IP 地址"。

2.9.2　IPv4 协议与地址

IPv4 网络协议是指当前广泛使用的协议，即 IP 协议的第 4 版，它是奠定互联网技术的基石。Jon Postel 于 1981 年在 RFC791 中定义了 IPv4 协议中使用的地址为 IPv4 地址，通常简称为 IP 地址。

1．IP 地址的表示

在使用 IPv4 协议的网络中，每台 TCP/IP 主机都必须分配唯一的地址，即 IP 地址。在 IPv4 中，IP 地址表示为 32 位二进制数，分为 4 段，每段用 8 位；书写时为四段，如 W.X.Y.Z。由于二进制数组成的 IP 地址不便理解和记忆，因此，在 Internet 中采用了"点分十进制"的表示方法，即每段的 8 位二进制数表示为一个十进制数（取值 1～255），段与段之间用圆点"."进行分隔，如 192.168.0.1。

2．IP 地址的结构

Internet 是使用 TCP/IP 协议，通过 IP 路由器或网关等设备，将各种物理网络互连而成虚拟网络。在 Internet 中，每一台计算机（主机）都有唯一的 IP 地址。这个 IP 地址在网络中的作用就像住户的地址，根据这个 IP 地址，可以找到该计算机所在网络的编号，以及其在该网络上的主机编号。IP 地址的结构如图 2-4 所示。每一个 IP 地址都由两部分组成，即网络地址（网络 ID 或网络编号）和主机地址（主机 ID 或主机编号）。在 IP 地址的网络地址中，前几位为 LB，它代表地址的类别。

（1）网络地址

网络地址也称网络编号、网络 ID 或网络标识。网络地址用于辨认网络，同一网络上的所有 TCP/IP 主机的网络 ID 都相同。

图 2-4　TCP/IP 网络中 IP 地址的结构

（2）主机地址

主机地址也称主机 ID、主机编号或主机标识，它用于辨认网络中的主机。

3．IP 地址的类别

每台运行 TCP/IP 协议主机的 IP 地址必须唯一，否则就会发生 IP 地址冲突，导致计算机之间不能很好通信。根据网络的大小，Internet 委员会定义了 5 种标准的 IP 地址类型，以适应不同规模的网络。在局域网中仍沿用这个分类方法，5 类地址的格式如图 2-5 所示。IP 地址的类型定义了网络地址（ID）使用哪些位，主机编号（ID）使用哪些位，同时也定义了每类网络中包含的网络数目和每类网络中可能包含的主机数目。

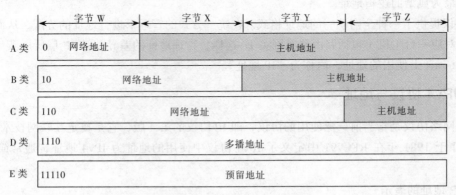

图 2-5　IP 地址的分类结构

（1）A 类地址

A 类地址分配给拥有大量主机的网络。A 类地址的"W"字段内高端的第 1 位为 LB，其值总为"0"，接下来的 7 位表示网络 ID。剩余的 24 位（即 X、Y、Z 字段）表示主机编号。它允许有 126 个网络，每个网络可以容纳大约 1700 万台主机。

（2）B 类地址

B 类地址一般分配给中等规模的网络。B 类地址的"W"字段内高端的前 2 位为 LB，其值为"10"，接下来的 14 位表示网络 ID。其余的 16 位（即 Y、Z 字段）表示主机编号。它允许有 16 384 个网络，每个网络可以容纳大约 65 000 台主机。

（3）C 类地址

C 类地址一般分配给小规模的网络。C 类地址的"W"字段内高端的前 3 位为 LB，其值为"110"，接下来的 21 位表示网络地址（ID）。其余的 8 位（即 Z 字段）表示主机编号。它允许有约 209 万个网络，每个网络最多有 254 台主机。

（4）D 类地址

D 类地址的"W"字段内高端的前 4 位为 LB，其值为"1110"。D 类地址用于多播，所谓多播就是把数据同时发送给一组主机，只有那些登记过可以接收多播地址的主机才能接收多播数据包。D 类地址的范围是 224.0.0.0～239.255.255.255。

（5）E 类地址

E 类地址的"W"字段内的高端的前 4 位为 LB，其值为"11110"。E 类地址是预留的，也可以作为实验目的，但是不能分配给主机使用。E 类地址的范围是 240.0.01～255.255.255.254。

表 2-5 归纳了 A、B、C 三类网络 IP 地址 W 段的取值范围、网络个数及主机台数。

表 2-5　A、B、C 三类网络的特性参数取值范围

网络类别	网络地址（W）的取值范围	网络个数（近似值）	主机台数
A	1.X.Y.Z～126.X.Y.Z	126（2^7-2）	2^{24}-2
B	128.X.Y.Z～191.X.Y.Z	16 384（2^{14}）	2^{16}-2
C	192.X.Y.Z～223.X.Y.Z	约 209 万个（2^{21}）	2^8-2

4．私有和公有 IP 地址

IPv4 地址又分为公有地址和私有地址两类。

（1）公有地址

为了确保 IP 地址在全球的唯一性，在 Internet（公网）中使用 IP 地址前，必须先到指定的机构 InterNIC（Internet 网络信息中心）去申请。申请到的通常是网络的 IP 地址，其中的主机地址通常由该网络的管理员进行管理。"公有地址"是指可以在 Internet 中使用的 IP 地址；因此，使用公有地址的 Internet 被称为公有网络。

（2）私有地址

在 Internet 上无效，只能在内部网络中使用的 IP 地址被称为"私有地址"。为此，使用私有地址的网络就被称为"私有网络"。私有网络中的主机只能在私有网络的内部进行通信，而不能与 Internet 上的其他网络或主机进行通信或互连。但是，私有网络中的主机可以通过路由器或代理服务器的"代理"与 Internet 上的主机通信。通过路由器或独立服务器提供的私有地址与公有地址之间的自动转换服务，私有网络中的主机既可以访问公网上的主机，也可以有效地保证私有网络的安全。

InterNIC 在 IP 地址中专门保留了 3 个区域作为私有地址，这些地址的范围如下：

① 10.0.0.0/8：8 表示 32 位二进制中的前 8 位是网络地址，IP 地址的范围是 10.0.0.0～10.255.255.255。

② 172.16.0.0/12：12 表示 32 位中的前 12 位是网络地址，IP 地址的范围是 172.16.0.0～172.31.255.255。

③ 192.168.0.0/16：16 表示 32 位中的前 16 位是网络地址，IP 地址的范围是 192.168.0.0～192.168.255.255。

5．IP 地址中网络地址的使用规则

无论在 Internet 上还是在局域网上，分配网络地址（即网络 ID）时，常用的 A、B 和 C 三类网络的取值范围参见表 2-5。配置和使用 IP 地址时，应遵循以下规则：

① 网络地址必须唯一。

② 网络地址中 W 字段的各位不能全为"1"（即十进制的 255）。255 为广播地址。

③ 网络地址不能以 127 开头。因为 127 保留给诊断用的回送函数使用。

④ 网络地址中 W 字段的各位不能全为"0"，0 表示本地网络上的特定主机，不能传送。例如，当主机或路由器发送信息的源地址为 200.200.200.1，目的地址为 0.0.0.2 时，表示发送到这个网络的 2 号主机上，即 200.200.200.2 主机会接收信息。

⑤ 网络地址的各位不能全为"1"，全为 1 时，仅在本网络上进行广播，各路由器均不转发。

6．IP 地址中主机地址的使用规则

① IP 地址中主机编号的各位不能全为 0，全 0 表示本网络的 IP 地址，如 200.1.1.0。

② IP 地址中主机编号的各位不能全为"1"，全 1 用作本网的广播地址，如 200.1.1.255。

③ 在网络地址相同时，即在同一网络中，主机地址（编号）必须唯一。

127.0.0.1 代表本地主机的 IP 地址，用于测试；因此，该地址不能分配给网络上的任何计算机使用。

7．IP 地址的分配和使用的基本原则小结

在 Internet 中，IP 地址的分配由指定的机构进行，通常申请到的是"公有地址"。虽然局域网或 Intranet 内的 IP 地址分配可以不受限制，但是通常使用"私有地址"范围内的 IP 地址。

由上面的分析可知，无论在 Internet 中，还是在局域网中，为了区分网络和主机，IP 地址的分配应遵循如下原则：

① 同一个网络内的所有主机应当分配相同的网络地址，而同一个网络内的所有主机必须分配不同的主机编号。例如，网络 132.112.0.0 中的 A 主机和 B 主机分别使用 IP 地址 132.112.0.1 和 132.112.0.2。

② 不同网络内的主机必须分配不相同的网络地址，但是可以分配相同的主机编号。例如：不同网络 132.112.0.0 和 152.112.0.0 中的 A 主机和 X 主机的地址分别为 132.112.0.1 和 152.112.0.1。

③ 因为仅使用 IP 地址无法区分网络地址和主机编号，因此，必须结合下面介绍的子网掩码一起使用。否则，上例中的 132.112.0.1，在局域网中，可以认为其网络地址为 132，也可以认为是 132.112；而在 Internet 上，其网络地址只能是 132.112。

2.9.3　IPv6 协议与地址

IPv6 是互联网协议的第 6 版；最初它被称为互联网新一代网际协议；目前，正式广泛使用的是 IPv6 的第 2 版。IPv6 协议的设计更加适应当前 Internet 的结构，它克服了 IPv4 的局限性，不但提供了更多的 IP 地址空间，也提高了协议效率与安全性。

1．解决 IPv4 地址耗尽的技术措施

为了解决 IPv4 地址即将耗尽的问题，人们采取了以下 3 种主要措施：

① 采用无类别编址（CIDR），使现有的 IPv4 地址分配与管理更加合理。

② 采用 NAT（网络地址转换）方法，以节省全球 IP 地址，即在局域网内部使用不受限制的私有地址，接入 Internet 时，再转换为在 Internet 有效的地址。

③ 放弃 IPv4 协议，采用具有更大地址空间的新版本 IPv6。

2．IPv6 协议的主要功能和特征

（1）增加 IP 地址的长度与数量

IPv6 地址从 IPv4 的 32 位增大到 128 位，使得 IP 地址的空间增大了约 2^{96} 倍。由于 IPv6 协议采用了 128 位的二进制（16 字节）的地址，因此，理论上可以使用有 $2^{128} \approx 10^{40}$ 个 IP 地址。

（2）技术改善与功能扩充

① 改变的协议报头：改善后的 IPv6 协议报头可以加快路由器的处理速度。

② 更加有效的地址结构：IPv6 地址结构的划分，使其更加适应 Internet 的路由层次与现代

Internet 网络的结构特点。

③ 利于管理：IPv6 支持地址的自动配置，简化了使用，提高了管理效率。

④ 安全性：IPv6 增强了网络的安全性能。

⑤ 良好的兼容性：IPv6 可以与 IPv4 向下兼容。

⑥ 内置安全性：IPv6 支持 IPSec 协议，为网络安全性提供了一种标准的解决方案。

⑦ 协议更加简洁：ICMPv6 具备了 ICMPv4 的所有基本功能，合并了 ICMP、IGMP 与 ARP 等多个协议的功能，使协议体系变得更加简洁。

⑧ 可扩展性：协议添加新的扩展协议头，可以很方便地实现功能的扩展。

3．IPv6 的冒号十六进制（colon hexadecimal）表示法

RFC2373 对 IPv6 地址空间结构与地址基本表示方法进行了定义，其中 RFC 是与 Internet 相关标准密切相关的文档。

（1）IPv6 地址"冒号十六进制"的完整形式

如前所述，IPv4 的地址长度为 32 位。书写 IPv4 时采用了"点分十进制"表示方法，如 8.1.64.128。对于 128 位的 IPv6 地址，考虑到 IPv6 地址的长度是原来的 4 倍，RFC1884 规定的标准语法建议把 IPv6 地址的 128 位（16 个字节）写成冒号十六进制表示方法，如 3FFE:3201:1401:0001:0280:C8FF:FE4D:DB39，即采用 8 个十六进制的无符号整数位段，每个整数用 4 位十六进制数表示；数与数之间用冒号"："分隔。

例 1：将二进制格式表示的 128 位的 IPv6 地址表示为"冒号十六进制"形式。

① 二进制表示：

00100001110110100000000000000000　00000000000000000000000000000000

00000001010101010000000000001111　1111111000001000100111000101 1010

② 十六进制完整表示：

• 分段：首先将 128 位的 IPv6 地址划分为每段 16 位二进制的 8 个位段，结果如下：

0010000111011010　0000000000000000

0000000000000000　0000000000000000

0000000101010101　0000000000001111

1111111000001000　1001110001011010

• 完整表示：

21DA:0000:0000:0000:02AA:000F:FE08:9C5A

（2）IPv6 地址表示为"冒号十六进制"前导零压缩形式

例 2：将"例 1"表示为"冒号十六进制"的前导零压缩形式。

结果：21DA:0:0:0:02AA:000F:FE08:9C5A

（3）IPv6 地址为"冒号十六进制"双冒号压缩形式

IPv6 协议规定可以用符号"::"表示一系列的 0，其规则是如果 IPv6 地址的几个连续位段的值为 0，则可以简写用"::"替代这些 0。

例 3：将"例 2"的数据表示为"冒号十六进制"双冒号压缩形式。

结果：21DA::02AA:000F:FE08:9C5A

例 4：将 1080::8800:200C:417A:0:A00:1 地址写为"冒号十六进制"的完整形式。

结果：1080:0000:8800:200C:417A:0000:0A00:0001。

（4）IPv6 地址表示时需要注意的几个问题

① 在使用零压缩法时，不能把一个位段内部的有效 0 也压缩掉。例如，不能将 FF08:80:0:0:0:0:0:5 简写为 FF8:8::5。

② "::"双冒号在 IPv6 地址中只能出现一次。例如，地址 0:0:0:2AA:12:0:0:0 不能表示为 "::2AA:12::"。

4．IPv4 到 IPv6 的过渡

（1）双协议栈

在完全过渡到 IPv6 之前，使一部分主机和路由器装有两个协议：一个 IPv4 协议和一个 IPv6 协议。

（2）隧道技术

在 IPv4 区域中打通一个 IPv6 隧道来传输 IPv6 数据分组。

2.10 域 名 系 统

在 Internet 或 Intranet 环境中，人们为了进行通信必须知道各自计算机的地址，但是那些枯燥的 IP 地址是很难记住的。而为了使用 Internet 或 Intranet 上的各种资源，又必须使计算机能够识别"IP 地址"或计算机的物理地址。人们通过 DNS 解决这些问题。

2.10.1 域名和域名系统

1．域名和域名系统的概念

① 域名（domain name，DN）：又称为主机识别符或主机名。由于数字型的 IP 地址很难记忆。所以 Internet 中实际上使用的是直观明了的、由字符串组成的、有规律的、容易记忆的名字来代表 Internet 上的主机，这种名字称为域名，它是一种更为高级的地址形式。例如，www.sina.com 或 www.sohu.com 等。

② DNS（domain name system）：域名系统由分布在世界各地的 DNS 服务器组成，担负着将形象的域名翻译为数字型 IP 地址的工作。

2．域名的层次结构

（1）域名

完整的域名由不超过 255 个英文字符组成。在 DNS 的域名中，每一层的名字都不得超过 63 个字符，而且在其所在的层必须唯一。这样，才能保证整个域名在世界范围内不会重复。

（2）域名的树状组织结构

在 Internet 或 Intranet 上整个域名系统数据库类似于计算机中文件系统的结构。整个数据库仿佛是一棵倒立的树，如图 2-6 所示。该树状结构表示出整个域名空间。树的顶部为根结点；树中的每一个结点只代表整个数据库的某一部分，也就是域名系统的域；域还可以进一步划分为子域。每一个域都有一个域名，用于定义它在数据库中的位置。在域名系统中，域名全称是从该域名向上直到根的所有标记组成的串，标记之间由"."分隔开。

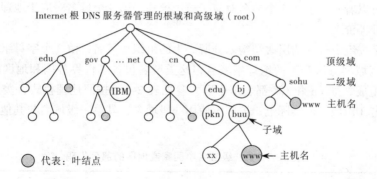

图 2-6　Internet 或 Intranet 的层次型域名系统树状结构示意图

3.DNS 服务器应具有的基本功能

为了完成 DNS 的工作，DNS 服务器必须具有以下基本功能：

① 具有保存了"主机"（即网络上的计算机）对应 IP 地址的数据库，即管理一个或多个区域（Zone）的数据。

②可以接受 DNS 客户机提出的主机名称对应 IP 地址的查询请求。

③ 查询所请求的数据，若不在本服务器中，能够自动向其他 DNS 服务器查询。

④ 向 DNS 客户机提供其主机名称对应的 IP 地址的查询结果。

2.10.2　互联网的域名规定

1.根域

如图 2-6 所示，位于域名系统结构顶部的为根域，它代表整个 Internet 或 Intranet，根名为空标记"/"，但在文本格式中被写成"."。根域由多台 DNS 服务器组成。根域由多个机构进行管理，其中最著名的有 InterNIC，负责整个域名空间和域名登录的授权管理，它由分布在各地的子机构组成。例如，中国的域名管理机构为 CNNIC。

2.第一级域名（顶级域名）

根域下面的即第一级域，英文为 top-level domain，其域名被称为顶级域名。该层由多个组织机构组成，含有多台 DNS 服务器，并分别进行管理。负责一级域名管理的著名机构是 IAHC，即 Internet 国际特别委员会，它在全世界 7 个大区，选择了不超过 28 个的注册中心来接受表 2-6 所示的通用型第一级域名的注册申请工作。

表 2-6　Internet 第一级域名的代码及意义

域 名 代 码	意　义	域 名 代 码	意　义
COM	商业组织	ORG	其他组织
EDU	教育机构	ARPA	临时 ARPAnet（未用）
GOV	政府部门	INT	国际组织
MIL	军事部门	<country code>	国家或地区代码（地理模式）
NET	主要网络支持中心		

由表 2-6 可以看出，前面 8 个域名对应于组织模式。第 9 个域名对应于地理模式（在主机名中，大小写字母等价）。

组织模式是按组织管理的层次结构划分所产生的组织型域名，由 3 个字母组成。地理模式是按国别或地理区域划分所产生的地理型域名，这类域名包含了世界各国和地区的名称，并且规定由两个字母组成，如 cn 和 CN 都表示中国，参见表 2-7。按照地理模式，美国所有的主机应归入第一级域名 US 域，但实际上，美国不使用一级域名，其第一级域名与其他国家的二级域名相仿。

表 2-7　第一级域名中国家或地区的部分代码

代码	国家或地区	代码	国家或地区	代码	国家或地区
AR	阿根廷	GL	希腊	NO	挪威
AU	澳大利亚	HK	中国香港特别行政区	PT	葡萄牙
AT	奥地利	ID	印度尼西亚	RU	俄罗斯
BE	比利时	IE	爱尔兰	SG	新加坡
BR	巴西	IL	以色列	EA	南非
CA	加拿大	IN	印度	ES	西班牙
CL	智利	IT	意大利	SE	瑞典
CN	中国	JP	日本	CH	瑞士
CU	古巴	KR	韩国	TW	中国台湾省
DK	丹麦	MO	中国澳门特别行政区	TH	泰国
EG	埃及	MY	马来西亚	UK	英国
FI	苏兰	MX	墨西哥	US	美国
FR	法国	NL	荷兰		
DE	德国	NZ	新西兰		

3．第二级域名

在顶级域名的下面可以细化为多个子域，由分布在各地的 InterNIC 子机构负责管理。第二级域名由长度不定的字符组成，该名字必须是唯一的，因此，在使用前必须向 InterNIC 子机构注册。例如，当用户需要使用顶级域名 cn 下面的第二级域名时，就应当向中国的域名管理机构 CNNIC 提出申请，如 cn 下面的 edu、com、bj、hb 等。由此可见，第二级域名名字空间的划分是基于"组名"（group name）的，它在各个网点内，又分出了若干个"管理组"（administrative group）。

4．子域名

第三级以下的域名被称为子域名，对于一个已经登记注册的域名来说，可以在申请到的组名下面添加子域（subdomain），子域下面还可以划分任意多个低层子域，例如 edu.cn 中的 tsinghua、buu 等，这些子域的名称又称为"本地名"。

5．主机名

主机名位于整个域名的最左边，一个主机名标志着网络上的某一台计算机，例如域名中的"www"通常用来标识某个子域中的 WWW 服务器，"ftp"常常用来标识文件服务器。

6．完整域名的组成

一般情况下，一个完整而通用的层次型主机名（即域名）由如下三部分组成：

本地名.组名.网点名

由于在子域前面还有主机名，因而最终的层次型主机名可表示为：

主机名.本地名.组名.网点名

说明：每个子域内部的名称是可以随便设置的，在 Internet 中，由五级以上的域组成的主机名或域名是很少见的。但是，在一个 Intranet 上使用的域名则可以不受约束。例如，北京联合大学信息学院域控制器的 DNS 域名是 "pii2kser.xinxi.buu.edu.cn"，自右向左，第一级域名是 cn，即中国；第二级域名是 edu，即中国的教育机构；作为 edu 的一个子域是 buu，即北京联合大学，而其后的下一级子域名为 "xinxi"，表示该学校下面的信息学院；最左边的主机名为 "pii2kser" 是服务器的计算机名。假定该主机对应的 IP 地址是 202.204.224.4。在 Internet 上访问该系统时，既可以使用上述的主机名或域名，也可以使用它的 IP 地址。

综上所述，IP 地址、域名（DN）和域名系统（DNS）担负着因特网上计算机主机的唯一定位工作。在 Internet 或 Intranet 环境中，人们为了进行通信必须知道各自主机的地址。

2.10.3　域名解析

Internet 利用地址解析的方法将用户使用的域名方式的地址解析为最终的物理地址，中间经历了两层的解析工作。

1．域名与 IP 地址之间的解析

Internet 或 Intranet 中 DNS 的域名解析包括正向解析，即从域名到 IP 地址；以及逆向解析，即从 IP 地址到域名两个过程。例如，正向解析将用户习惯使用的域名（如 www.sina.com）解析为其对应的 IP 地址；反向解析将 IP 地址解析为域名。

2．IP 地址与物理地址之间的解析

Internet 利用 IP 地址统一了各自为政的物理地址；然而，这种统一表现在自 IP 层以上使用了统一格式的 IP 地址，而将设备真正的物理地址隐藏了起来。实际上，各种物理地址并未改动，在物理网络的内部仍然使用各自的物理地址。由于物理网络的多样性，决定了网络物理地址的五花八门。因此，在使用 Internet 技术的网络中必然存在着两种地址，即 IP 地址和各种物理网络的物理地址。若想把这两种地址统一起来，就必须建立两者之间的映射关系。这种地址之间的映射就称为 "地址解析（resolution）"，前面所说的正向地址解析（ARP）协议和逆向地址解析（RARP）协议正是 TCP/IP 协议中完成 IP 地址与物理地址解析的具体协议。

从 IP 地址到域名或者从域名到 IP 地址的解析是由域名服务系统的 DNS 服务器完成的。通常在 UNIX 环境中，DNS 提供了集中在线数据库，把主机的域名解析成相应的 IP 地址。主机的域名比 IP 地址容易记忆，便于用户调用 Internet 上的主机。

域名系统是一个分布式的主机信息数据库，采用客户机/服务器模式。当一个应用程序要求把一个主机域名转换成 IP 地址时，该应用程序就成为 DNS 中的一个客户。该应用程序需要与域名服务器建立连接，把主机名传送给域名服务器，域名服务器经过查找，把主机的 IP 地址回送给应

用程序。

　　域名系统的工作方式与电话号码服务台相类似。一台域名服务器不可能存储 Internet 中所有的计算机名字和地址。一般来说服务器上只存储一个公司或组织的计算机名字和地址。例如，当中国的一个计算机用户需要与美国芝加哥大学的一台名为 midway 的计算机通信时，该用户首先必须指出那台计算机的名字。假定该计算机的域名为 midway.uchicago.edu，中国这台计算机的应用程序在与计算机 midway 通信之前，首先需要知道 midway 的 IP 地址。为了获得 IP 地址，该应用程序就需要使用 Internet 的域名服务器。它首先应当向中国的域名服务器发出一个请求。中国的域名服务器虽然不知道答案，但是它知道如何与美国芝加哥大学的域名服务器联系。

　　计算机名字的查找过程完全是自动的，即 Internet 上的计算机只需要知道本地域名服务器的地址即可。至于查找远程计算机 IP 地址的工作，域名服务器将会自动完成。

习　题

1. Internet 的发展经历了哪些主要阶段？它的起源是什么？
2. 什么是物联网？它是如何定义的？有哪 3 个重要的特征？
3. 什么是 Internet？它是如何定义的？
4. 为什么要建立 Internet？
5. 简述 Internet 在中国的发展阶段。
6. 简述 Internet 的主要技术特点。
7. 什么是 Internet2？它与第一代 Internet 相比有哪些特点？
8. 当前全球互联网发展出现的 3 个崭新特点是什么？
9. 什么是协议？Internet 中使用的主要协议有哪些？
10. 中国的哪些单位最早连入了 Internet？中国从何时开始正式连入 Internet？
11. 什么是骨干网？目前中国有哪些骨干网？它们的国际出口带宽各是多少？
12. Internet 现代网络结构包括哪 3 层网络结构？
13. 在 Internet 的物理网络结构中，各层网络互连时使用的主要设备是什么？
14. Internet 的主要管理机构有哪些？
15. 什么是万维网？它有什么作用？万维网与互联网有什么联系和区别？
16. Internet 上提供的主要资源是什么？主要服务有哪些？
17. Internet 中传统的 6 大服务是指哪些服务？新兴的主要服务又有哪些？
18. 写出 Internet 在中国管理机构的简称及其主要的职能。
19. 登录 CNNIC 官网，查询最新一期的中国互联网络发展状况统计报告，写出中国网民互联网应用使用率的前 6 名的名称与数值，以及增速最快的前 3 名的名称和数值？
20. 什么是 Intranet？它与 Internet 有哪些相同和不同？
21. 什么是 IP 地址？它包含哪两个主要部分，每个部分的使用规则是什么？
22. 什么是 DN？什么是 DNS？它们之间的关系是什么？
23. Internet 和 Intranet 采用的核心技术是什么，其特点又是什么？
24. 说明 Internet 和 Intranet 的中文名称。画出 Intranet 的逻辑结构图。

25. 现代网络的网络结构包括哪三个层次？

26. 什么是"物物相连"的物联网时代？

27. 在中国 Internet2 发展时期的 3 个崭新特点是什么？骨干网的带宽是多少？

28. 为什么将 Internet 称为"网络的网络"？

29. IP 地址的分配和使用的基本规则如何？网络地址和主机地址的使用规则有哪些？

30. IP 地址的是如何表示的？

31. 常用的 IP 地址分为几类？在 Internet 中，12.2.8.250 属于哪类网络的 IP 地址？该主机所在网络的地址是什么？该主机的主机地址又是什么？

32. 什么是私有地址和公有地址？

33. 什么是 InterNIC？写出 InterNIC 划分出的属于 A 类的私有地址范围。

第 *3* 章 | 接入 Internet 与组建工作组网络

学习目标：

- 了解：接入 Internet 的基本概念和需要解决的关键问题。
- 了解：接入 Internet 时可租用的广域网资源。
- 掌握：个人计算机和多种终端设备接入 Internet 的技术。
- 掌握：组建小型工作组网络的技术。
- 掌握：小型局域网通过 ICS 接入 Internet 的管理技术。
- 掌握：小型局域网通过路由器接入 Internet 的技术。

3.1 网络接入技术基础

随着网络的迅速普及，越来越多的 LAN 之间需要互连，各种终端设备层出不穷，并且都需要与因特网连接。因此，现代广域网技术应用的核心就是 Internet 的网络接入技术。在小型办公、企业或家庭网络中，通常是先组建起可以进行资源共享的网络，再以各种方式接入 Internet。

3.1.1 网络接入技术的基本概念

1. 网络接入技术

网络接入技术是指一个局域网与 Internet 相互连接的技术，或者是两个以上远程 LAN 间相互连接的技术。这里所指的"接入"，是指用户利用有线或无线等介质，以及其相关的网络设置，将个人或单位的终端设备（计算机、手机、平板电脑）与 Internet 连接，进而使用其中的资源；或者利用上述介质与设备连接两个或多个局域网，实现远程访问或通信。注意，有时网络接入常常专指"宽带接入"技术。因此，网络接入技术的实质就是各种终端设备进行的网络互连，并接入 Internet 的技术。

2. ISP 和 ICP

（1）ISP（Internet Service Provider，因特网服务提供商）

ISP 代表了 Internet 服务商，即向广大用户综合提供因特网接入业务、信息业务和增值业务的电信运营商。不同价格水平的 ISP，提供的服务也不相同。例如，有的 ISP 可以为人们提供电子邮件信箱或云盘。

（2）ICP（Internet Content Provider）

ICP 代表 Internet 信息服务商。它是因特网内容提供商，也是向广大用户综合提供因特网信息业务和增值业务的电信运营商。

（3）ISP 和 ICP 的区别与联系

ISP 是为用户提供 Internet 连接服务的组织或单位，而 ICP 提供的是信息访问的服务。ICP 需要在 ISP 连接之后才能进行，因此 ISP 是 ICP 的物质基础。没有 ISP 提供的连接 Internet 的途径，就无从使用 ICP 提供的 Internet 上的信息服务。

无论是个人还是单位，在上网之前，首先选择 ISP。之后，就会得到一个供上网登录和计费用的账号和密码。ISP 是每个使用 Internet 的团体或个人用户必须面临的首要问题。因此，在选择 ISP 时，会综合考虑价格及提供的服务类型。例如，选择了北京联通的 20 Mbit/s 速率的 ADSL 电话线路上网后，联通就是所选择的 ISP。之后，把 ADSL Modem 或路由器安装、设置好，就可以使用 ISP（联通）提供的用户账号与密码上网了。当然，使用服务的客户需要向 ISP 按时缴纳费用。

3. 提供广域网接入服务的网络类型

在个人微机或局域网接入 Internet 之前，首先选择连接的线路和方式，也就是选择一个 ISP，通常可以向电信部门租用到公用的广域网通信服务。

我国常用的、可租用的广域网通信服务有以下几种：

（1）PSTN（Public Switching Telephone Network，公用电话交换网）

PSTN 提供通过电话网的计算机通信服务，采用拨号呼叫方式，使用公用电话网进行远程通信时数据传输速率较低，最高速率为 56 kbit/s。它是以时间和距离计费的，因此，费用较高。在公用数据网出现之前，它是远程数据通信的唯一传输途径，目前应用不多。

（2）ISDN（Integrated Service Digital Network，综合业务数字网）

ISDN 俗称"一线通"，它采用数字传输和数字交换技术，将电话、传真、数据、图像等多种业务综合在一个统一的数字网络中进行传输和处理。它可以为用户提供包括：电话、传真、可视图文及数据通信等的经济有效的数字化综合服务。

① ISDN 的基本速率接口（BRI）：向用户提供 2 个 B 通道，一个 D 通道。其中一个 B 通道的数据传输速率为 64 kbit/s 用来传递数据；D 通道一般用来传递控制信号，其传输速率为 16 kbit/s。因此，普通的 ISDN 线路提供的最高数据传输速率为 128 kbit/s，当 D 通道也用来传递数据时，BRI 的最高传输速率可达 144 kbit/s。

② ISDN 的基群速率接口（PRI）：在不同地区和国家内的 PRI 提供的总传输速率有所不同，例如，在北美和日本的 PRI 提供 23B+D 的数据通信服务，其最高数据传输速率为 1.544 Mbit/s；而欧洲、中国与澳大利亚等地区，向用户提供 30B+D 的数据通信服务，最高数据传输速率则为 2.048 Mbit/s。目前，对于集团客户来说，这也是电信部门所能提供的具有较高速率、较高带宽的一种通信服务，具有较好的性能价格比。

（3）数字用户线路（Digital Subscriber Line，DSL）接入

数字用户线路是以铜质电话线为传输介质的传输技术组合，其中包括 HDSL、SDSL、VDSL、ADSL 和 RADSL 等，常统称为 xDSL。它们之间的主要区别是：信号传输速度与传输距离、上行速率和下行速率、对称性等方面有所不同。

在 xDSL 中应用最多的是 ADSL（非对称数字用户线路）。一代 ADSL 技术的下行方向传输速率为 32 kbit/s～8.192 Mbit/s，上行方向的传输速率为 32 kbit/s～1.088 Mbit/s；最新的"ADSL2+"技术可以提供高达 24 Mbit/s 的下行速率，与第一代 ADSL 技术相比，ADSL2+打破了 ADSL 接入方式带宽限制的瓶颈，在速率、距离、稳定性、功率控制、维护管理等方面进行了改进，其应用范围更加广阔。

ADSL 使用普通电话线作为传输介质，虽然传统的 Modem 也是使用电话线传输的，但传统的 Modem 只使用了 0 kHz～4 kHz 的低频段，而电话线理论上有接近 2 MHz 的带宽，ADSL 正是使用了 26 kHz 以后的高频带才能提供如此高的速度。目前，xDSL 技术发展非常迅速，其主要原因在于其较低的投入，它可以充分利用已有的电话通信线路，不必重新布线和改变基础设施。目前，在中国的 ADSL 个人用户使用光纤的最高速率为 20 Mbit/s，使用铜线入户的最高速率为 8 Mbit/s。适用于个人微机高速上网、小型局域网高速接入 Internet、小型网络的远程访问、远程教学，以及视频点播等场合。在接入 Internet 时，常采用虚拟拨号的接入方式。

（4）数字数据网（Digital Data Network，DDN）

DDN 是随着数据通信业务的发展而迅速发展起来的一种新型网络。DDN 的主干网的传输媒介有光纤、数字微波、卫星信道等。而用户端的传输介质多采用普通电缆和双绞线。DDN 利用数字信道传输数据信号，这与传统的模拟信道相比有着本质的区别。DDN 传输的数据具有质量高、速度快、网络时延小等一系列的优点，特别适合于计算机主机之间、局域网之间、计算机主机与远程终端之间的大容量、多媒体、中高速通信的传输，DDN 是中国大中局域网可选择的中、高速信息通道。DDN 可以向用户提供专线电路、帧中继、语音、传真及虚拟专用网等多种业务服务，其工作方式均为同步。

目前，DDN 网络的干线传输速率为 2.048～33 Mbit/s，最高可达 150 Mbit/s。向用户提供的数据通信业务分为低速（50～19.2 kbit/s）和高速两种，如北京用户可以选择的通信速率为 $N \times 64$ kbit/s（N=1～32），当然选择的 N 越大，速度就越快，租用费用也就越高。例如，在中国某地区申请 DDN 专线的价格为：速率 256 kbit/s（N=4）的 DDN 线路，费用为 2 800 元/月；速率为 512 kbit/s（N=8）的 DDN 线路，费用为 4 800 元/月。DDN 作为一种特殊的接入方式有着它自身的优势和特点，也有着它特定的目标群体，它较之 ISDN 有着速率高、传输质量好、信息量大的优点，而相对于卫星通信又有时延小、受外界影响小的优势，所以它是集团客户和对传输质量要求较高、信息量较大的客户的最佳选择。

（5）帧中继（Frame Relay）接入

帧中继是 20 世纪 80 年代初发展起来的一种数据通信技术，其英文缩写是 FR。它是从 X.25 分组通信技术演变而来的。帧中继的主要特点是使用了光纤作为传输介质，因此误码率极低，能实现近似于无差错的数据传输，从而减少了进行差错校验的开销，提高了网络的吞吐量。另外，帧中继使用的是宽带分组交换技术。在使用复用技术时，其传输速率可以高达 44.6 Mbit/s，因此十分适合于数据传输。但是，帧中继不适合用于实时传输的场合，如语音、电视等信息。目前，帧中继的主要应用是局域网之间的互连，特别适合于大中型局域网通过广域网进行互连或接入 Internet。这样，才能充分体现 FR 的低网络时延、低设备费用和高带宽利用率等优点。

3.1.2　接入线路

根据传输介质的不同，接入线路及接入设备的类型主要分为有线和无线两类。

1．有线介质接入

（1）电话铜线接入

电话铜线接入是指使用普通的电话铜线作为传输介质，使用各类调制解调器（Modem，俗称猫）作为接入设备的接入方式。为了提高铜线的传输速率，采用了各种先进的调制技术和编码技术。

① 电话铜线：早期的普通电话线只能提供最大 56 kbit/s 的传输速率，那时使用普通 Modem 作为接入设备。

② ADSL 线路：在普通电话线上采用频分多路复用技术，可以在单对电话线路向用户同时提供语音电话和数据的服务。ADSL 线路可以为用户提供较高的数据传输速率，其下行方向的传输速率为 32 kbit/s～8.192 Mbit/s，上行方向的传输速率为 32 kbit/s～1.088 Mbit/s；接入时可以使用 ADSL 猫或 ADSL 路由器作为接入设备。

（2）电视线路接入

电视线路接入是指将 HFC（Hybrid Fiber Coaxial，混合光纤同轴电缆）作为传输介质，使用同轴电缆调制解调器（Cable Modem，俗称电视猫）作为接入设备的接入方式；其下行方向的最大传输速率为 100 Mbit/s，上行方向的最大传输速率为 10 Mbit/s。北京地区歌华有线为个人用户提供的传输速率分为 4 Mbit/s、10 Mbit/s、30 Mbit/s 几档。

（3）光纤接入

光纤接入是指使用有线介质中带宽最宽的光纤作为传输介质，以光纤路由器接入的方式。如长城、方正等企业宽带网络，都可以向企业网用户提供光纤接入服务。对个人用户来说，目前有很多宽带网都向个人用户提供了光纤接入的服务，如北京网通的 ADSL，就向光纤入户的个人用户提供了最大 20 Mbit/s 的下行和上行 2.5 Mbit/s 的最大传输速率服务，这些用户使用的传输介质是光纤，接入设备是"光纤猫"。

（4）电力线接入

电力线接入是指使用电力线作为传输介质，以电力线通信调制解调器（Power Line Communication Modem，PLC Modem，俗称电力猫）作为接入设备的接入方式。电力猫是一种基于电力线传输网络信号的设备，它使同一电路回路的家庭或小办公室的电源线路来建构局域网。电力猫能够为每个电源出口提供高达 200 Mbit/s 的宽带速率。

2．无线接入

无线接入技术是指通过无线终端设备（台式机、笔记本、平板电脑、手机等），以及其他必要的无线装置（如无线网卡、无线上网卡、SIM、USIM 卡等）通过无线介质接入无线网络，进而接入 Internet 的方式。

（1）GSM（Global System for Mobile Communications，全球移动通信系统）

GSM 是世界上主要的蜂窝系统之一，俗称"全球通"。GSM 最初是由欧洲开发的数字移动电话网络标准，其开发目的是让全球各地共同使用一个移动电话网络标准，以便让用户使用一部手机就能在全球进行通信。

（2）CDMA（Code Division Multiple Access，码分多址）

CDMA 是数字技术的一个分支，它是在扩频通信技术上发展起来的一种成熟的无线通信技术。CDMA 提供的语音编码技术能够降低用户通话时周围环境的噪声，使用户能够得到更好的通话品质；此外，由于其传输时，是用"码"来区分用户的，其防盗听能力较强；因此比 GSM 有更高的安全性能。

（3）GPRS（General Packet Radio Service，通用分组无线业务）

GPRS 是无线网络通信的一种技术。GPRS 经常被描述成"2.5G"，也就是说这项技术位于第二代（2G）和第三代（3G）移动通信技术之间。它通过利用 GSM 网络中未使用的 TDMA 信道，提供中速的数据传递。使用 GPRS 时，浏览信息、发送邮件与语音通话可以同时进行。

（4）主流的无线上网方式

无线接入技术是指通过无线终端设备（如台式计算机、笔记本式计算机、平板电脑、掌上电脑、智能手机等），以及其他必要的无线装置（如无线网卡、无线上网卡、蓝牙等），先接入无线或有线网络，进而接入 Internet 的方式。当前常用的无线方式主要有以下几种：

① 智能手机通过 Wi-Fi 功能接入 Wlan 后接入互联网：带有 Wi-Fi 功能的智能手机，在检测到 Wlan 信号后，如检测到 Chinanet 的信号，即可通过该网络的账号及密码，以认证的方式进行连接，进而接入互联网。

② 计算机通过无线网卡接入移动网络后接入互联网：计算机或笔记本式计算机通过其无线网卡，以拨号方式接入移动网络后进而接入互联网。当前可以使用的移动网络，有 4G、3G 和 2G 网络；主要的运营商为中国联通、中国电信和中国移动。其中 2G 网络速度较慢，目前处于淘汰边缘，但仍有部分用户使用。中国的主要运营商有移动、电信、联通三家，它们均获得了 4G 网络的 TD–LTE 牌照，有关部门还对 TD–LTE 频谱规划使用做了详细说明：中国移动获得 130 MHz 频谱资源，分别为 1 880～1 900 MHz、2 320～2 370 MHz、2 575～2 635 MHz；中国联通获得 40 MHz 频谱资源，分别为 2 300～2 320 MHz、2 555～2 575 MHz；中国电信获得 40 MHz 频谱资源，分别为 2 370～2 390 MHz、2 635～2 655 MHz。

③ 计算机通过连接的手机接入移动通信网络后接入互联网：计算机通过专用连接线或以蓝牙方式连接手机；再将手机当作 Modem；最终以拨号的方式先接入移动通信网络，再接入互联网。

④ 各种终端设备通过无线路由器接入互联网：在有线宽带连接的网络中，第一，安装无线接入设备（无线路由器或 AP 无线接入点）；第二，将安装有无线网卡的计算机或具有无线连接功能的智能移动设备，如手机或 PAD，先通过 Wi-Fi 信号接入本地 Wlan，再接入互联网。

⑤ 智能移动设备以无线方式接入与互联网相连接的有线网后接入互联网：具有蓝牙功能的智能移动设备，如手机或 PAD 等，先以蓝牙方式连接到已接入互联网的计算机，再通过共享计算机的有线网络接入互联网。

（5）2.4 GHz 无线技术

2.4 GHz 是无线传输介质的一个工作频段，它是在世界范围内，可公开使用的通用频段。著名的 Wi-Fi 技术与蓝牙技术都使用了这一频段的无线电波作为传输信号。2.4 GHz 频段目前广泛用于无线网络，以及无线宽带路由器等室内通信场合，该频段所对应的技术是一种短距离的无线传输技术。

（6）WIFI（Wireless Fidelity，无线保真，又称 Wi-Fi）技术简述

Wi-Fi 技术是指基于 IEEE 802.11b 标准的无线局域网技术。实际上 Wi-Fi 只是无线局域网联盟（WLANA）的一个商标，此商标可以保障使用该商标的商品之间可以合作，因此 Wi-Fi 技术只是使用了无线局域网的标准，而与无线局域网标准的制定毫无关系。目前它支持的标准有 IEEE 802.11a 和 IEEE 802.11b 两个。Wi-Fi 技术使用了 2.4 GHz 附近的频段。Wi-Fi 技术属于短距离无线技术范畴，因此十分适合在办公室、家庭、旅馆等中小型局域网中使用，为此受到了众多厂商或用户的青睐与支持。

（7）移动电话行动通信网络（2G-3G-4G）

① 2G（Second Generation）：是指第二代移动通信技术。2G 网络主要指无线语音通信网络，因此，2G 手机以语音通信为主，只能提供打电话、发送短信、接收普通数据（网页浏览、接收电子邮件）等对带宽要求不高的服务，而无法进行视频通话等需要高带宽的服务。中国移动和中国联通的 2G 网络是 GSM/GPRS，从技术上看，GSM 用来实现语音通信，GPRS 用来实现数据传输；从传输速度看，GPRS 要高于 GSM；同理，中国电信对应的 2G 移动通信网络是 CDMA 和 CDMA1X。

② 3G（Third Generation）：是指第三代移动通信技术。3G 网络通常是指将无线通信与国际互联网等多媒体通信结合在一起的新一代移动通信系统，因此，3G 网络能够提供电话会议、电子商务、网络电视等多种不同媒体的信息服务。为此，3G 手机通过 3G 网络不仅能够实现 2G 手机能完成的所有功能，还能够处理图像、音乐、视频流等多媒体数据。目前中国的 3G 移动通信网络有：中国电信的 CDMA 2000/EVDO（从传输速度看 EVDO 要高于 CDMA 2000）、中国联通的 WCDMA、中国移动的 TD-SCDMA 等。

注意：3G 与 2G 的主要区别是在传输声音和数据的速度上的提升，有了足够的带宽，才能处理图像、音乐、视频流等多媒体数据；才能提供诸如电子商务、视频通话等多媒体信息服务。由于 3G 网络提供了高带宽、高网速，所以才能实现很多以前只有通过有线网络才能够实现的功能，如通过 3G 无线上网功能，用户可以观看网络电影，进行视频通话等。

③ 4G（Fourth Generation）：是第四代移动通信技术，该技术包括 TD-LTE 和 FDD-LTE 两种制式（严格意义上来讲，LTE 只是 3.9 GHz，尽管被宣传为 4G 无线标准，但它其实并未被 3GPP 认可为国际电信联盟所描述的下一代无线通信标准 IMT-Advanced，因此在严格意义上其还未达到 4G 的标准。只有升级版的 LTE Advanced 才满足国际电信联盟对 4G 的要求）。4G 是集 3G 与 WLAN 于一体，并能够快速传输数据、高质量的音频、视频和图像等。4G 能够以 100 Mbit/s 以上的速度下载，并能够满足几乎所有用户对于无线服务的要求。此外，4G 可以在 DSL 和有线电视调制解调器没有覆盖的地方部署，然后扩展到整个地区。很明显，4G 有着不可比拟的优越性。

总之，从用户应用的角度看，要弄清楚移动通信技术之间的区别，首先要清楚 G 的含义，G 就是 Generation（代），3G 就是第三代移动通信，4G 就是第四代移动通信；2G、3G 和 4G 移动通信网络的根本区别在于网络带宽和速度，当然每一代都使用了相应的技术和设备。例如，当前最新的 4G 通信技术是集 3G 与 WLAN 于一体的技术，它能够传输高质量的视频图像，其图像的传输质量与高清晰度电视不相上下；4G 系统能够以 100 Mbit/s 的速度下载，比拨号上网快 2 000 倍，上传速度也能达到 20 Mbit/s，因此，能够满足几乎所有用户对于无线服务的要求。

局域网用户应用较多的无线技术是：通过具有 Wi-Fi 功能的无线终端设备（台式机、笔记本式计算机、平板电脑等），连通无线局域网中的设备（AP 或路由器），进而连入 Internet。而个人用户无线应用较多的技术是通过手机的 GPRS/TD-SCDMA/TD-LTE（中国移动）、CDMA1x/WCDMA/TD-LTE 与 FDD-LTE 混合（中国联通）、CDMA2000/EVDO/TD-LTE 与 FDD-LTE 混合（中国电信）、Wi-Fi 等网络的服务功能，先接入移动通信广域网（如中国联通的 ChinaUnicom、中国移动的 CMCC、中国电信的 CHINANET）或无线局域网，再连入 Internet。

3.1.3　接入设备

根据对象的不同，Internet 的网络接入设备主要类型分为 3 类，即住宅接入、公司接入和移动端接入。

1. 住宅接入（residential access）

住宅接入主要指将家庭的端系统与 ISP 提供的互联网相连。将家庭端系统（如 PC）通过普通模拟电话线用拨号的 Modem 与 ISP 相连是一种最常用和最流行的形式。

2. 公司接入（company access）

公司接入是指将商业或教育机构中的端系统与所选择的 ISP 网络相连。通常是先将机构的多个端系统连接成局域网。例如，采用以太网技术（速率可高达 10 Mbit/s、100 Mbit/s、1 Gbit/s、10 Gbit/s），用双绞线、同轴电缆或光纤将端系统彼此连接；最后，通过路由器连接所选择的 ISP 的边缘路由器。

3. 移动接入（mobile access）

移动接入是指将移动端系统与 ISP 的网络相连。移动接入主要用于移动计算机、移动电话（手机）和 PDA 等移动设备的接入。移动接入系统主要有以下两种方式：

1）无线局域网（wireless LAN，WLAN）

组建家庭无线和有线混合的网络，并向局域网内的各种设备提供 Wi-Fi 服务。主要涉及的设备有：无线网卡、AP（无线接入点）、无线路由器。组建的步骤如下：

① 接入所选择的 ISP 网络，如使用 ADSL Modem 接入联通的 ADSL 网络。

② 使用小型路由器组建（有线与无线并存）局域网。例如，使用 IEEE802.11b 技术组建无线局域网；使用 100BASET 快速以太网技术组建有线局域网。

③ 使用上述的局域网与广域网、有线网与无线网的混合技术，在允许范围内向各种有线和无线终端（PC、笔记本式计算机、平板电脑、智能 PDA、智能手机）提供 Wi-Fi 接入服务，共享所选择的 ISP 的带宽。

2）移动互联网（Mobile Internet，MI）

移动互联网就是将移动通信技术和互联网结合起来，成为一体。MI 是互联网的技术、平台、商业模式和应用与移动通信技术结合并实践的活动的总称。4G 时代的开启以及移动终端设备的飞速发展已为移动互联网的发展带来了更大的发展契机。

无线移动通信网络涉及的接入部件有：无线上网卡、SIM 卡、USIM 卡等。下面将介绍一些常见的无线网络部件，以及无线网络设备的具体应用。

（1）SIM（Subscriber Identity Module，客户识别模块）卡

在移动通信网络中，SIM 卡的主要作用是：用户身份鉴权、数据信息存储、利用 STK 提供增值服务等三方面。SIM 卡芯片上存储了数字移动电话客户的信息、加密的密钥，以及用户的电话簿等内容。因此，GSM 的 SIM 卡可以鉴别 GSM 网络的客户身份，并对客户通话时的语音信息进行加密。含有 GPRS 数据流量或开通了移动无线网络（如移动的 CMCC）的手机虽然可以连入 Internet，但使用移动无线网络的手机都应具有 Wi-Fi 功能。

（2）USIM（Universal Subscriber Identity Module，全球用户识别）卡

USIM 卡是升级版的 SIM 卡，被称为第三代手机卡。USIM 卡除了包含 SIM 的基本功能外，还是访问 3G 网络应用所必须具有的构件。它除了能够支持更多的网络应用、具有更大的存储空间外，还提高了安全性能，增加了卡对网络的认证功能，这种卡的双向认证可以有效防止黑客对卡的攻击。

（3）无线上网卡

① 无线上网卡的作用：用于连接无线广域网，其功能与有线网络中的调制解调器类似，完成信号转换的功能。无线上网卡可以在拥有无线电话信号覆盖的任何地方，利用 USIM 或 SIM 卡来连接到互联网上。无线上网卡的作用、功能就好比无线化了的调制解调器（MODEM）。其常见的接口类型有：PCMCIA、USB、CF/SD、E、T 等；它可以在拥有无线电话信号覆盖的任何地方，利用手机的无线上网卡（如 SIM 卡）来连接互联网。

② 国内无线上网卡支持的网络类型有：中国移动、中国电信和中国联通三家运营商推出的四类无线上网卡，即 WCDMA、CDMA、EDGE、TD-SCDMA 四类；购买之前可以登录到三大运营商的相关网站进行功能与资费的查询。

- 中国移动无线上网卡：制式有 2G 的 GSM、3G 的 TD-SCDMA、4G 的 TDD-LTE&EDGE、与 GPRS。
- 中国电信无线上网卡：有 2G 的 CDMA、3G 的 CDMA2000 和 4G 的 TDD-LTE/FDD-LTE。
- 中国联通无线上网卡：有 2G 的 GSM、3G 的 WCDMA、4G 的 EDGE、TDD-LTE/FDD-LTE。

③ 国内无线上网卡的安装和使用：各种类型的无线上网卡本身会有详细的使用说明，下面仅以一种 4G 无线上网卡为例进行简单介绍。4G 无线上网卡设备的外形如图 3-1 所示，它通常会包括 4G 上网的资费卡（SIM 卡）和"无线上网卡"设备本身，先将 4G 上网资费卡（手机的 SIM 卡）插入到"无线上网卡"设备后，再将"无线上网卡"与笔记本式计算机或其他上网终端设备的 USB 接口连接；最后，根据提示安装驱动。完成安装后，即可使用笔记本式计算机或平板电脑通过所连接的移动无线网络访问 Internet。

说明：

① 外形：早期的无线上网卡是整体直接插到 PAD 或笔记本式计算机等专用接口的一张卡；现在大部分的无线上网卡的外形如图 3-1 所示，类似 USB 接口的 U 盘，其中安装有手机 SIM 卡，作用与手机上网相似，只是用途不一样。

② 无线网卡与无线上网卡的区别："无线网卡"多指无线局域网卡，它只能在有无线路由器的环境里用，离开了局域网环境就无法上网了；而"无线上网卡"多指带有账号的广域网卡，它的供应商有电信、移动、联通三家，通常有手机信号的地方都可以使用。两者的区别是无线网卡

不带有账号，通常价格很低，如，一般售价几十元，不能随时随地使用；而"无线上网卡"内通常包含有预充值的金额，售价较高，如，几百元到几千元不等，只有"无线上网卡"才能真正实现网络的无处不在和移动办公。

（4）随身 Wi-Fi

① 功能："随身 Wi-Fi"从功能上看相当于一款微型、操作简单的超便捷的无线路由器，其作用是将已连网的笔记本式计算机、台式机、平板电脑的网络通过无线方式共享给周围的智能终端使用，如共享给手机、iPad 或其他笔记本式计算机使用；此外，其辐射很小，只是普通无线路由器的 1/6～1/8。

② 结构："随身 Wi-Fi"的造型小巧，便于随身携带，其外形如图 3-2 所示。它分为 USB 接口和直插 SIM 卡两种。前者依赖于计算机网络来创建无线网络，所以只要计算机可以上网（有线或无线方式），"随身 Wi-Fi（USB 口）"即可正常使用，其操作简单、价格便宜；"随身 Wi-Fi（SIM 卡）"一般带有电源、路由、Wi-Fi 接收与发送等装置，价格较贵。

图 3-1　4G 无线上网卡设备与 SIM 卡安装示意图

图 3-2　"随身 Wi-Fi"外形图

③ 操作：使用普通路由器时，其设置较为复杂，很多普通用户很难独立完成，而使用"随身 Wi-Fi"，其操作非常简单，只需将其插进已连接 Internet 的计算机 USB 口。

总之，"随身 Wi-Fi"是一种可以将已连接的有线、2.5G、3G、4G 网络或计算机连接的 ISP 网络的连接转换成 Wi-Fi 信号的设备。简言之，"随身 Wi-Fi"就是通过已有网络创建一个热点，共享给一同出差、旅游的其他人使用。

【应用实例】最典型的应用就是"境外随身 Wi-Fi"，又称"出国 Wi-Fi"。它是一个随身携带的"随身 Wi-Fi"，是专门为出国人士提供的、方便在境外上网的无线路由设备，其体积小、可充电，方便携带，一台设备一般可以供 3～5 台上网终端设备上网。但是，到不同国家，需要内置有相应国家的 3G 或 4G 的 SIM 上网卡；通常在机场可以租用到一些指定国家的"随身 Wi-Fi"，其目的是享受到国外当地的高速、经济的网络信息服务。由于国家会经常变更，因此，"出国 Wi-Fi"通常采用租用的形式。例如，一种"欧洲 35 国通用，移动 3G 上网，不限流量，全国城市机场自取的随身 Wi-Fi"的日租金为 49.5 元。

（5）智能手机作为"无线热点"设备

① 无线热点（Hotspot）：是指在公共场所提供无线局域网（WLAN）接入 Internet 服务的地点。这类地点多数是咖啡馆、机场、车站、商务酒店、高等院校、大型展览会馆等。这些热点有的是收费的，有的则是免费的。在无线热点覆盖的地区，用户可以通过使用装有内置或外置无线网卡

的笔记本式计算机、带有 Wi-Fi 功能的平板电脑或手机，来实现对 Internet 的接入。

② 手机作为"无线热点"设备：是指某台已通过（4G、3G 或 GPRS）网络上网的手机，在开启自己的手机热点后，其他手机、iPad 等终端设备，即可以 Wi-Fi 方式连接到开启热点的手机，这样所有的设备就可以共享热点手机的网络，一起上网了。

提示：手机作为无线热点设备需要得到手机硬件和软件的支持，支持 Wi-Fi 功能的手机不一定都支持"Wi-Fi 热点"，但是新型的智能手机一般都支持热点。此外，带有无线网卡的计算机，安装 Wi-Fi 热点软件后，也可以作为热点设备使用。

3）无线网络的接入方式

常用的无线上网方式有以下几种，用户可以根据自己的实际情况进行选择。

① 2G、3G 或 4G 手机购买流量或流量套餐后，即可接入 Internet。

② 带 Wi-Fi 功能的智能手机、计算机（含无线网卡）检测到无线信号后，通过账号认证方式接入局域网，进而接入 Internet。

③ 在笔记本式计算机或平板电脑中安装无线上网卡后，即可拨号上网。

④ 安装和设置好宽带无线路由器（如支持 ADSL 的路由器）后，计算机、平板电脑、智能手机等设备即可通过带有无线 AP 的路由器提供的 Wi-Fi 信号上网。

⑤ 计算机通过手机蓝牙无线上网：是指将手机用作接入设备 Modem，计算机通过拨号上网。但必须注意的是该手机卡已购买了足够的上网流量，如购买了 4G 流量的包月或包年套餐，否则会有巨额流量消费。

4. 在网络接入技术中应考虑的因素

① 带宽或速率的要求，可以指定上行和下行方向不同速率的带宽或速率。

② 即连即用，需要上网时即可连入 Internet。

③ 投资和运行费用合理、适宜。

④ 可靠性较高，必要时设计双重接入通道，例如，一个主通道（高带宽），一个备用通道（低带宽）等。

3.2　接入 Internet 的技术方案

3.2.1　单机拨号方式接入 Internet

1. 拨号用户连入 Internet 的条件

个人用户常常使用各类 Modem 和相应的线路接入 Internet。例如，可以使用普通 Modem、ADSL Modem、ISDN Modem、Cable Modem 等设备，通过 PSTN（公用电话交换网）的普通电话线、ADSL 电话线路、ISDN 电话线路、电视线路等多种设备和线路接入 Internet。

2. 个人微机与 Internet 的连接方式

个人用户使用广义 Modem 接入 Internet 时，硬件连接方式如下上述：

（1）PC 与 Internet 连接

家庭用户连入 Internet 时，通常使用图 3-3 所示的拨号方式，通过 Modem 和接入线，将计算机与连入 Internet 的 ISP 主机连接起来，整个通信过程都采用了 TCP/IP 协议。

（2）PC 与 Modem 的连接方式

使用个人计算机拨号上网的用户，需要连接计算机、接入线路（如 ADSL 电话线）、ADSL 调制解调器与稳压电源。按照图 3-3 所示的连接图和 ADSL Modem 的说明书，将线路和设备连接在一起。

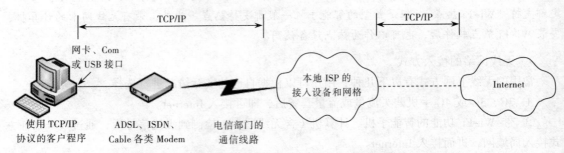

图 3-3　PC 通过广义 Modem 与 Internet 的连接示意图

（3）用户支付的费用（拨号方式）

用户支付和维持上网的费用由 ISP 规定。例如，ADSL 上网有限时、不限时、包月或包年等多种。

（4）广义 Modem 接入的应用特点

广义 Modem 是指用于连接 ADSL、ISDN、Cable、光纤等各类线路及计算机的信号变换设备。

① 优点：所需设备简单，实现容易，投资和维持费用低廉。

② 缺点：速度可以选择，传输信号质量低，性能一般，可靠性不太高。

③ 适用场合：此方式适用于数据通信量较小的局域网或单机接入 Internet。

3.2.2　小型单位拨号方式接入 Internet

要求不太高的小型办公室网络客户接入 Internet 时，也可以采用拨号方式。其软硬件条件、连接方式和费用消耗等情况与单机接入 Internet 时相仿，现将不同之处简述如下：

1．LAN（局域网）拨号接入的多种方法

小型单位的 LAN 也可以使用各类 Modem 作为接入设备接入 Internet。与个人微机接入 Internet 不同的是，小型局域网内的所有用户需要通过网络中的代理服务器、ICS 服务器、NAT 服务器等的代理或转换服务才能接入 Internet。局域网用户通过软件接入 Internet 的方式主有以下几种：

① ICS 宽带接入：是指将某台连接了一条宽带线路的计算机作为 ICS（Internet 连接共享）服务器，而网络中的其他计算机通过该 ICS 服务器共享的宽带接入 Internet 的方式。ICS 服务器是安装了 Windows 各种版本的计算机，如安装了 Windows 7/Server 2008 的计算机。

② NAT 宽带接入：是指将某台连接了一条或多条宽带线路的计算机作为 NAT 服务器（或软件路由器），网络中的其他计算机通过该 NAT 服务器共享的宽带接入 Internet 的方式。NAT 服务器只能是安装了 Windows Server 2008 的计算机。

③ 代理服务器接入：是指将某台连接了一条或多条宽带线路的计算机作为代理服务器，网络中的其他计算机通过该代理服务器代理接入 Internet 的方式。代理服务器上一般需要安装第三方代理服务器软件，如 WinGate 或 SyGate 等。

2．接入的硬件条件

电话拨号上网的用户只需具备一台调制解调器、一条电话线（外线或分机内线）、集线器或交换机、代理服务器（网卡和 Modem 的连接端口）、其他计算机（网卡）及双绞线等。小型办公室的 LAN 接入 Internet 时的网络系统硬件结构如图 3-4 所示，其中的接入设备 Modem 为广义调制解调器，是一种信号变换设备，负责进行计算机与 ISP 间的信号转换。在计算机中，Modem 通常以拨号的方式与 ISP 进行连接。

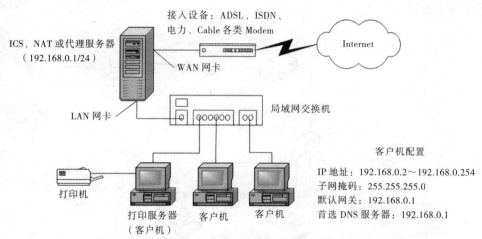

图 3-4　通过代理服务器和调制解调器拨号接入 Internet

3．适用场合

这种方式仅适用于数据通信量较小的局域网使用。此外，局域网的用户还可以在异地，通过计算机上的调制解调器进行拨号，远程连接到局域网内，并访问其中的资源。

4．软件条件

① 服务器端：与接入设备 Modem 连接的计算机，在网络中充当"代理"（ICS 或 NAT）服务器。因此，该计算机除了需要使用操作系统中内置的连网和通信软件的功能外，还需要安装"代理"软件，如安装外置软件 WinGate、SyGate 或 WinRoute 等，或配置微软操作系统内置的 ICS 或 NAT 功能，以便代理局域网内的其他计算机用户访问 Internet。

② 客户端或单机用户：通常使用桌面操作系统的内置连网、协议和通信等软件的功能。例如，使用 Windows 7 等的内置功能。

3.2.3　通过硬件路由器方式接入 Internet

对于局域网用户来说，通常使用硬件 Router（路由器）作为接入 Internet 的连接设备。

1．通过租用的广域网线路接入 Internet

大中型局域网用户接入 Internet 时，经常使用的接入设备是 Router，常用的硬件连接结构如图 3-5 所示，网络结构采用了"集线器（交换机）+路由器"方式。

① 硬件系统：图 3-5 是一个中小型局域网连接广域网的实例，其广域网接入采用了 ADSL 线路。因此，所选路由器的 WAN 接口的类型应与之匹配，如带宽为 20 Mbit/s 的 ADSL 接口。局

域网采用了快速以太网，其 LAN 接口则必须采用与之匹配的端口，如 100 Mbit/s 的 RJ-45 端口。目前市场上的小型 ADSL 有线或无线路由器的价格仅为 150～400 元，上面还带有一个 4 口或 8 口的交换机或集线器。对于较小的局域网，可以将多台计算机直接接入 ADSL 路由器的 RJ-45 端口。对于较大的局域网，可通过路由器的 LAN 端口（如 RJ-45）级联下一级的交换机或集线器。局域网接入时，主要的硬件设备有路由器、集线器（交换机）、计算机（有线或无线网卡）、5 类 UTP、RJ-45 连接器和 ADSL 线路等，连接和设置的主要参数可以参照图 3-5；设置依照先路由器，后客户机的步骤分别进行。

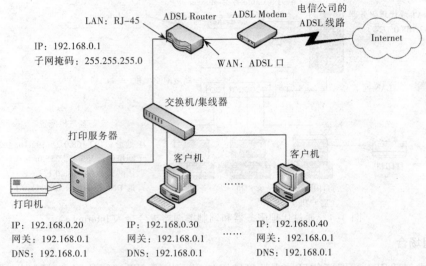

图 3-5　局域网通过 ADSL 路由器接入 Internet 的硬件结构

② 软件系统：一般可利用各计算机自身的桌面操作系统（Windows XP/7/Server 2008）中的内置连网功能。例如，分别安装和设置好每台主机网卡的 TCP/IP 协议中的 IP 地址、子网掩码、DNS 地址和默认网关地址（即路由器 LAN 端口的 IP 地址）等参数。

2. ADSL 接入的费用构成

ADSL 接入的费用包括"一次性投资"与"运行和维持"费用两部分。一次性投资主要指建网初期所支付的设备和人工费用，运行和维持费用是指网络建成后的网络维护、运营和 ISP 的使用费。

3. ADSL 接入技术的特点

（1）优点

① 不需要架设专用网络，也不需要改造信号传输线路，可以利用当今世界上分布最广的电话铜线作为传输介质。它利用多路复用技术，在一对铜质双绞线（电话线）上得到 3 个通信信道，因此可以充分利用原有的普通铜质电话线。普通电话用户配上专用的 ADSL Modem，局域网用户安装 ADSL 路由器，之后即可在原有的电话线上同时传送数据和语音信号。

② 使用 ADSL 接入技术时，线路有良好的抗干扰性能。

③ ADSL 接入技术具有安装简单的优点，用户只需在现有的电话线上安装 ADSL Modem 或 Router、配置好网卡，再设置好相关的软件，即可完成安装任务。

④ 费用低廉，由于并不占用电话线路，再加上一般都采取有限时和无限时的包月制或包年制，使得其费用可以为广大普通用户所接受。

（2）缺点

① 易受电话线路的干扰。

② 传输距离有限，因此，ADSL 接入方式不适合在偏远地区使用。

4．ADSL 设备的安装

ADSL 设备的安装包括局端线路的调整和用户端设备的安装两个方面。

① 局端线路的调整。指将用户原有的电话线路接入 ADSL 局端设备。

② 用户端设备的安装。当前，由于用户端 ADSL 设备必须由电信部门提供并负责安装，因此，对于广大用户来说，用户端的 ADSL 调制解调器的安装比普通的 Modem、ISDN 终端设备的安装都要简单。

5．ADSL 的接入结构及软件设置

① 用一根 ADSL 电缆（两芯电话线）连接滤波器和 ADSL 调制解调器。

② 用一根两头接有 RJ-45 水晶头的 UTP 直通双绞线连接 ADSL 调制解调器和计算机上的网卡。

③ 设置好 TCP/IP 协议中的 IP 地址、DNS 卡和网关等参数。

6．ADSL 接入速率

ADSL 接入的速率有多种选择。例如，个人用户速率有 2 Mbit/s、4 Mbit/s、8 Mbit/s、10 Mbit/s、20 Mbit/s 等，有计时收费、限时包月、不限时包月与包年等。

总之，当前一般用户可以选择的常用宽带接入技术主要是 ADSL、Cable Modem（有线通）和小区宽带三种。在中小型网络中，以 ADSL 为主的 xDSL 技术是铜质双绞线上的主流技术，此外，小区宽带，即光纤到社区，双绞线或同轴电缆入户技术也是当前的主流接入技术。

3.2.4　局域网接入 Internet 的方案小结

① 小型路由器接入方式：随着路由器硬件的普及及价格的降低，小型网络通常使用小型路由器连接各种终端设备，如台式机、笔记本式计算机、智能终端（手机、PAD）；并通过其连接的 ISP，如 ADSL Modem，接入 Internet，这是当前应用最多的形式。

② 小型局域网软件接入方式：使用"交换机+共享（代理、软件路由）服务器软件"，使小型办公室或家庭网络，以单机接入共享的方式接入 Internet。这种方式是前几年家庭或小型局域网常用的方式。

③ 大中型局域网接入方式：通过"局域网设备（交换机）+大中型路由器"接入 Internet，适用于大中型局域网接入 Internet。

通常将第 2 种接入方式称为"软件接入"方式；而将其他两种接入方式称为"硬件接入"方式。下面将重点介绍硬件接入方式的实现技术。

3.3 通过路由器接入 Internet

随着网络的普及，各种网络设备不断推新，而价格却在不断降价。因此，越来越多的小型局域网接入已经不再使用代理、ICS 或 NAT 服务器接入 Internet，而是使用路由器来组建小型工作组网络，并接入 Internet。在计算机通过路由器接入 Internet 时，局域网计算机的硬件有哪些？IP 地址应当如何设置呢？平板电脑或手机能否通过路由器接入 Internet 呢？

3.3.1 局域网通过有线和无线路由器接入 Internet

无线路由器在小型局域网（如家庭或小办公室）接入 Internet 时的产品如图 3-6 所示。这种路由器通常都有若干 LAN 口，以及至少一个 WAN 口，是组建小型有线和无线网络的首选设备。这种小型路由器是一个集有线和无线交换机，以及路由器两种功能的复合设备，它既可以用于有线或无线局域网的连接，也可以代理有线网络和无线网络中的计算机及其他终端设备接入 Internet，其应用时的连接结构如图 3-7 所示。下面仅以图 3-6 所示的 D-Link DI-624+A 型路由器的设置为例进行讲解，其他型号的设备可以参照本书所述的步骤与说明书进行设置。

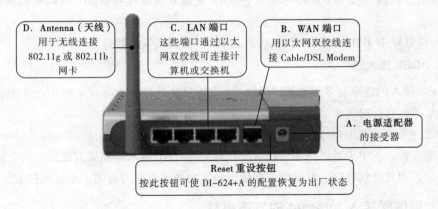

图 3-6 D-Link DI-624+A 型无线路由器

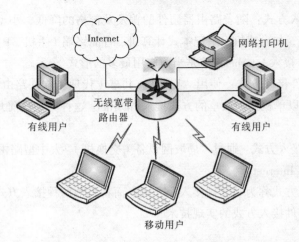

图 3-7 小型无线宽带路由器接入 Internet

1. 小型路由器的管理流程

通过小型路由器接入 Internet 分为路由器（服务器）和计算机（客户机）两个方面。其中的客户机可以是台式机、笔记本式计算机、平板电脑，以及有 Wi-Fi 功能的手机。客户计算机中的设置与前一节基本相同，因此，这里只对不同之处做简要设置。

家庭和小办公室使用的小型路由器的设置比专业路由器要简单，其基本流程如下：

（1）进行硬件连接

无线路由器实现小型局域网的 ADSL 接入时的硬件连接示意如图 3-7 所示。每台计算机应当连接无线或有线网卡。

（2）路由器的初始配置

小型无线路由器允许组成有线局域网或无线局域网。初始配置时，需要先将本地计算机以有线的方式连接到路由器进行初始化设置，如设置管理员用户密码、管理端口的 IP 地址等。之后，才能使用 Web、Telnet 等网络方式进行配置。

（3）路由器有关 LAN、WAN 和 WLAN 的配置

在网络的任何一台计算机中通过 Web 方式登录路由器，分别进行 LAN、WAN 和 WLAN 的设置。

2. 初始连接与设置

【操作实例 1】小型路由器的连接与设置。

① 按照图 3-7 或图 3-5 连接好各计算机和网络设备，为了实现初始 Web 方式的配置，至少要连接一台通过网线连接的计算机。

② 在硬件连接的基础上，按照图 3-5 所示设置好各主机的 TCP/IP 参数，注意路由器中 LAN 口的参数，本例的 IP 地址为 192.168.0.1，子网掩码是 255.255.255.0；为此，其网络编号为 192.168.0，因此，所有计算机的网络编号、子网掩码、首选 DNS 服务器、默认网关的设置都是相同的；而每台计算机的主机号都应当不同，路由器占据了 "1"，其他主机只能使用 2～254，即 IP 地址设置为 192.168.0.2～192.168.0.254。

③ 在任何一台有线连接的计算机上，打开浏览器，输入 http: //192.168.0.1 与路由器以 Web 方式进行连接。正常连接时显示图 3-8 所示的 "登录" 窗口，输入路由器的管理员账户名和密码后，单击 "确定" 按钮，打开图 3-9 所示的界面。

3. 自动设置

【操作实例 2】小型路由器的自动、手动设置与检测。

① 小型路由器内一般都有设置向导，跟随向导即可完成全部的设置任务。在图 3-9 所示的路由器的首页中，单击 "联机设定精灵" 按钮，打开图 3-10 所示的界面。

② 单击 "下一步" 按钮，跟随设置向导即可完成 LAN、WAN、WLAN、路由器信息等各项目的设置，主要步骤参见图 3-11～图 3-14。

③ 在图 3-14 所示的 "重新激活" 界面，单击 "继续" 按钮，返回图 3-9 所示的界面。

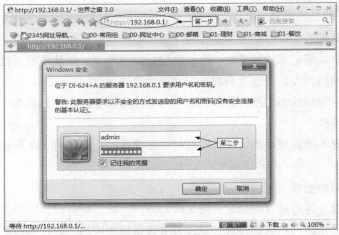

图 3-8　浏览器中宽带路由器的登录窗口

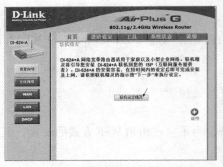

图 3-9　路由器的首页

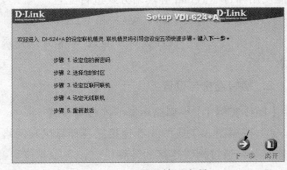

图 3-10　联机精灵向导

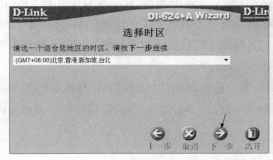

图 3-11　路由器的"选择时区"界面

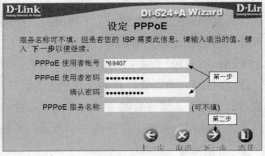

图 3-12　路由器的"设定 PPPoE"界面

图 3-13　路由器的"设定无线通讯联机"界面

4．手动设置

首次设置后，如需修改参数，则可在图 3-15 所示左侧的目录中，选中要设置的项目，即可进行手动设置，如选中"LAN"选项，可以设置或查看路由器在 LAN 中的 IP 地址、子网掩码等信息。

图 3-14　路由器的"重新激活"界面

图 3-15　路由器的 LAN 设置界面

3.3.2　网络基本配置

在配置各种网络时，虽然网络操作系统或桌面操作系统各不相同，网络的模式各不相同，但是配置时存在许多共同之处。这些共同之处是：有关网络硬件、系统软件、网卡的安装、网络组件的安装和配置，以及网络中常规信息等部分的配置。这些部分的设置是完成网络连通性的关键，也是管理其他网络服务的起点和不可缺失的步骤。

1．配置网络功能或网络组件

由于同一台计算机的不同网卡可能会连接到不同的网络，因此网络功能（组件）是针对网卡进行设置的。为此，管理员必须针对网卡所连接的网络进行相应的设置。另外，Windows 7/Server 2008 以前的版本，如 Windows Server 2003/XP，将"网络功能"称为"网络组件"。最基本的网络功能就是协议、客户和服务。

（1）网络协议

网络中的"协议"是网络中计算机之间通信的语言和基础，是网络中相互通信的规程和约定。在 Windows XP/7 中常用的协议和功能如下：

① TCP/IP 协议：是为广域网设计的一套工业标准，也是 Internet 上唯一公认的标准。它能够连接各种不同网络或产品的协议。它也是 Internet 和 Intranet 的首选协议。其优点是：通用性好，可路由，当网络较大时路由效果好；其缺点是速度慢，尺寸大，占用内存多，配置较为复杂。TCP/IP 协议有 IPv4 和 IPv6 两个版本，当前经常设置的是 IPv4。

② AppleTalk 协议：使用该协议可以实现 Apple 计算机与微软网络中的计算机和打印机通信。该协议为可路由协议。

③ Microsoft TCP/IP 版本 6：用于兼容 IPv6 设备。

④ NWlink IPX/SPX/NetBIOS Compatible Protocol：用于与 Novell 网络中的计算机，以及安装了 Windows 9x 的计算机通信。

⑤ 可靠的多播协议：用于实现多播服务，即发送到多点的通信服务。

⑥ 网络监视器驱动程序：用于实现服务器的网络监视。

对常用的协议有所了解之后，应当能够对其进行正确的选择。由于只有协议相同才能相互通信，因此，选择和配置协议的原则是协议相同。服务器上应当选择所有客户机上需要使用的协议，客户机应当安装服务器中有的协议。例如，某台安装了微软操作系统的计算机需要与 Novell 网通信时，必须选择它支持的协议，如 NWlink……协议；当建设一个 Intranet 网络，或者接入 Internet 时就必须采用 TCP/IP 协议。

（2）网络客户

网络中的"客户"组件提供了网络资源访问的条件。在 Windows 中，通常提供以下两种网络客户类型：

① Microsoft 网络客户端：选择了这个选项的计算机，可以访问 Microsoft 网络上的各种软硬件资源。

② NetWare 网络客户端：选择了这个选项的计算机，不用安装 NetWare 客户端软件，就可以访问 Novell 网络 NetWare 服务器和客户机上的各种软硬件资源。

（3）网络服务

网络中的"服务"组件是网络中可以提供给用户的各种网络功能。Windows Server 2003/2008 中提供了以下两种基本的服务类型。

① Microsoft 网络的文件和打印机共享服务，是最基本的服务类型。

② Microsoft 服务广告协议。

总之，管理员必须针对网卡进行网络组件的选择和设置，通常已经添加的不再显示。微软网络中的任何一台计算机都需要进行网络组件的设置，操作都是相似的。但是，操作系统不同设置的位置会有所变化，下面仅以微软的 Windows 7 为例进行说明。

2．设置 Windows 7 的"网络功能"

【操作实例 3】Windows 7 主机有线网卡的设置

① 在图 3-16 所示的 Windows 7 桌面。单击任务栏右侧的"网络"图标，在激活的菜单中选择"打开网络和共享中心"选项，打开图 3-17 所示的窗口。

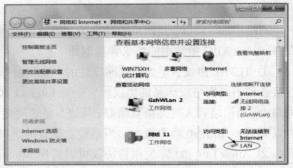

图 3-16　Windows 7 系统的桌面　　　　图 3-17　Windows 7 的"网络和共享中心"窗口

② "网络和共享中心"窗口中，可以看到一个无线网络的连接和一个有线网络的连接；单击要设置的连接，如"LAN"选项，打开图 3-18 所示的对话框。

③ 在"LAN 状态"对话框中单击"属性"按钮，打开图 3-19 所示的对话框。

④ 取消"Internet 协议版本 6"复选框，选中"Internet 协议版本 4"复选框后，单击"属性"按钮。

⑤ 在图 3-20 所示的"Internet 协议版本 4（TCP/IPv4）属性"对话框中，将 IP 地址设为 192.168.0.2，子网掩码设为 255.255.255.0；要接入 Internet，还可以设置默认网关、首选 DNS 服务

器地址，如均为 192.168.0.1。单击"确定"按钮，而后依次单击"关闭"按钮，关闭各对话框，完成该网卡的设置。

图 3-18 "LAN 状态"对话框

图 3-19 "LAN 属性"对话框

3. 设置 Windows 7 无线网卡

如今，无线网络非常普及，用户的很多终端设备上都提供了无线接入功能，如笔记本式计算机、手机、iPad。

在计算机中使用无线网卡连接工作组网络时的设置方法与步骤和有线网卡类似。

① 打开图 3-17 所示的 Windows 7 "网络和共享中心"窗口，单击"无线网络连接 2"选项。

② 在打开的"无线网络连接 2 状态"对话框（与图 3-18 相似）中，单击"属性"按钮。

③ 在打开的"无线网络连接 2 属性"对话框（与图 3-19 相似）中，取消选中"Internet 协议版本 6"复选框，选中"Internet 协议版本 4"复选框，然后，单击"属性"按钮，打开图 3-21 所示的对话框。

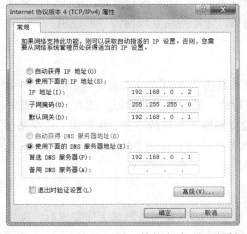

图 3-20 LAN 的"Internet 协议版本 4"对话框

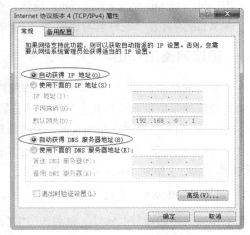

图 3-21 WLAN 的"Internet 协议版本 4"对话框

④ 在图 3-21 所示的对话框中，可以设置 IP 地址、子网掩码等参数。本例中设置的是"自动获得……"，这是指从路由器中的 DHCP 服务器获得需要的参数。

4．网卡设置提示

在网络中，主机的无线和有线网卡是最重要的通信部件，因此，在组建无线或有线局域网之前，应当确认网卡已经正常安装和设置，如果是无线网卡，单击任务栏中的"网络连接" ▫ 图标时，还应当可以识别到周边的所有无线网络。此外，无论是有线还是无线网卡，手工设置参数参见图 3-20；但是，如果网络中已经启动了路由器的 DHCP 功能或 DHCP 服务器，所有计算机应当参照图 3-21 进行设置。注意同一网段中，所有计算机的 IP 地址应当不重复；子网掩码、默认网关地址和首选 DNS 服务器地址则通常是一样的。

5．接入检测

【操作实例 4】台式计算机、笔记本式计算机、智能终端（手机或 PAD）的检测。

① 路由器的无线网络设置成功后，应当退出路由器设置页面。

② 在任何一台计算机中，使用浏览器访问一个网站，如 http://www.sina.com，若能访问，则说明已经成功接入 Internet。

③ 在任何一台智能终端上访问一个网络应用，如果能够打开该网站，说明移动设备已经成功接入 Internet。

④ 如果不成功，则应参照前面的设置步骤进行检测。

- 对于台式计算机和笔记本式计算机：应当着重检查图 3-5 中或图 3-7 中每台计算机 TCP/IP 参数的设置，尤其是计算机配置的"默认网关"和"首选 DNS 服务器"地址的值，应当与图 3-15 中路由器的 LAN 的 IP 地址一致。
- 对于移动智能终端设备：主要查看无线网络和登录两部分的信息，第一，Wlan 是否正确连接到了指定的网络并自动获取了 IP 地址等信息，在智能终端设备中应显示为"已连接"状态；第二，应进行所使用的 Wlan 的账号登录与密码验证，如很多酒店、机场等处提供的无线网络的验证过程为：首先，打开浏览器，如 QQ 浏览器；其次，在地址栏输入一个公用网址，如 http://www.sina.com；最后，在弹出的指定 Wlan 的登录验证框内，正确输入所在 Wlan 的有效"账户名与密码"，验证成功后，才能使用互联网的各种应用。

3.3.3　组建网络工作组

在微软的网络中，以"对等"模式工作的网络被称为工作组（workgroup）。工作组网络中的账户和资源管理是由每台计算机上的管理员分散进行的。通过本节的学习，读者应正确理解"工作组"网络与"对等"模式之间的关系。熟练掌握建立网络工作组的步骤，并清楚工作组基于"本机（地）"的账户与资源管理方法，以及安全访问和使用网络资源的方法。

【操作实例 5】组建 Windows 7 工作网络。

1．设置 Windows 7 主机的常规信息

在工作组网络的硬件、软件、驱动和网络功能（组件），以及网络测试工作完成后，应当进行常规信息的设置，如"计算机"和"工作组"名称等的设置。

（1）计算机名

计算机名称用于识别网络上的计算机。连接到网络中的每台计算机都有唯一的计算机名称。如果两台计算机名称相同，就会导致计算机通信冲突。计算机名称最多为 15 个字符，不能包含空

格或下述专用字符：

`` `~!@#$%^&*()=+_[]{}\|;:.'"<>/? ``

（2）工作组名

工作组名称是网络计算机加入的群组名称，用户可以根据管理需要将计算机组成多个工作组。例如，使用 WG01 代表网络 1 班的计算机群组，使用 WG02 表示网络 2 班的计算机群组。这样网络 1 班的所有计算机都会出现在 WG01 中。

（3）Windows 7 中常规信息的设置

组建 Windows 7 工作组网络时，首先设置协议；在网络连通后，应当进行网络的常规设置，如计算机名、工作组名、网络发现、文件和打印机共享等。

① 在启动 Windows 7 后，依次选择"开始→控制面板→系统"选项，打开图 3-22 所示的窗口。

图 3-22　Windows 7 的"系统"窗口

② 在"系统"窗口中单击"更改设置"链接，打开图 3-23 所示的对话框。

③ 在"系统属性"对话框中核对"计算机全名"和"工作组"。需要更改时，则单击"更改"按钮，打开图 3-24 所示的对话框进行修改；否则，单击"确定"按钮。

图 3-23　"系统属性"对话框

图 3-24　"计算机名/域更改"对话框

④ 在图 3-24 所示的"计算机名/域更改"对话框中可以进行更改；更改信息后，应单击"确定"按钮，重新启动计算机使得设置生效。

⑤ 在图 3-17 所示的"网络和共享中心"窗口左侧，选择"更改高级共享设置"选项；打开图 3-25 所示的窗口。

图 3-25　Windows 7 的"高级共享设置"窗口

⑥ 在"高级共享设置"窗口中，选中"启用网络发现"单选按钮，选中"启用文件和打印机共享"单选按钮，最后单击"保存修改"按钮。

说明：同一工作组中的计算机"工作组"名称应当一致，而计算机名则不能与网络中的其他计算机相同。例如，将所有计算机的工作组名都设为 WGSXH，计算机名设为"WIN7SXH"；在班级网络中，可设置为 PC20xx（其中的 xx 为学号），由于在班级网络中，学号是唯一的，因此，也就保证了计算机名的唯一性。

（4）查看工作组中的计算机

在同网段 Windows 7 工作组中，查看当前工作组中成员的操作步骤如下：

① 右击"开始"▦图标，依次选择"打开 Windows 资源管理器→网络"选项。

② 展开左侧目录树中的"网络"选项，可以看到所有的成员计算机（见图 3-26），此时共有 2 个成员。选中要访问的成员，如"HSWIN7"，将打开"连接到…"对话框，输入在该机中的"用户名"和"密码"后，即可访问到该机中的共享资源。

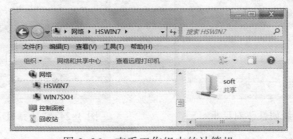

图 3-26　查看工作组中的计算机

（5）开放共享资源

成功组建工作组网络后，即可开放和使用共享资源，其设置工具、内容、操作如下：

① 工具：开放共享资源，可以使用本机的"资源管理器"或"计算机管理"进行设置；普通用户常常使用"资源管理器"，而管理员常常"计算机管理"窗口来创建和管理共享资源。

② 设置内容：共享名、访问者和访问权限的控制等几项基本内容。

③ 开放共享资源的操作：包括"共享"和"安全"两项。

2．工作组设置小结

（1）工作组网络的组成

工作组网络可以由安装了 Windows 各种版操作系统的计算机组成；其工作组名可以自行定义，如定义为"WORKGROUP"。

（2）工作组网络的设置步骤

不同 Windows 版本的工作组网络的设置是相似的，重点是以下几点：

① 网络功能或网络组件的设置：是指设置好网卡（即网络连接）对应的客户、服务和协议；其中，客户为"Microsoft 网络客户端"；服务为"Microsoft 网络的文件和打印机共享"选项；协议通常为"Internet 协议（TCP/IP）"。

② 常规信息设置：即为每台计算机设置好"计算机名"和"工作组名"。

（3）检查网络故障的方法

在微软工作组网络中各个计算机的桌面上，双击"网络"图标，可以检查工作组是否包括了各个计算机的图标，如果包含，则表示工作组已经组建成功；否则，可能说明工作组有问题。这种情况下，应当按照下面的步骤依次检查各项的配置内容：

① 应先排除硬件连接故障：观看集线器和交换机上的指示灯，并使用测试、管理的专用软件工具等确定和排除硬件故障。

② 检查网卡：即网卡驱动程序的安装是否正确。

③ 检查协议是否安装正确：例如，"命令提示符"窗口，使用 Ping 命令来检测 TCP/IP 协议的安装，测试网络的连通性。

④ 双击各计算机桌面上的"网络"图标，查看各个计算机是否已经正确加入到指定的工作组中，例如：所有由计算机名称代表的计算机是否已正确加入到名为"WGSXH"工作组中。如果计算机的图标已经出现在工作组中，则表示小型的工作组网络已经初步组建成功。

3.3.4　网络连通性测试程序 Ping

管理员经常使用操作系统内置的一些程序来判断网络的状态及参数，如 Ping 命令。

1．Ping 命令的功能

Ping 命令是用于测试网络结点在网络层连通性的命令工具。由于 Ping 命令常被用来诊断网络的连接问题，因此它也被称为诊断工具。

2．Ping 命令的原理

Ping 命令通过向网络上的设备发送 Internet 控制报文协议（ICMP）包来检验网络的连接性。使用时，大部分设备会返回一些信息，通过这些信息能够判断两个 TCP/IP 主机在网络层是否工作正常，即判断 IP 数据包是否可达。

3．命令应用环境

打开"命令提示符"窗口，即可键入 Ping 命令及其参数。

4．Ping 命令的应用

【操作实例 6】Ping 命令的应用。

（1）ping 127.0.0.1

① 命令格式：ping 127.0.0.1

② 作用：验证网卡是否可以正常加载、运行 TCP/IP 协议。

③ 操作步骤：

a．单击"开始"按钮，在"搜索和运行程序"文本框中，输入"cmd"命令，之后按【Enter】键，打开图 3-27 所示的"命令提示符"窗口。

b．在"命令提示符"窗口中输入"ping 127.0.0.1"，按【Enter】键；正常时，应显示"……丢失=0（0%丢失）"，这表示用于测试数据包的丢包率为 0%；当显示"请求超时……丢失=4（100%丢失）"时，表示测试用的数据包全部丢失。因此，该网卡不能正常运行 TCP/IP 协议。

④ 结果分析：正常时将显示与图 3-27 所示相似的结果；如果显示的信息是"目标主机无法访问"，则表示该网卡不能正常运行 TCP/IP 协议。

⑤ 故障处理：重新安装网卡驱动，设置 TCP/IP 协议，如果还有问题，则应更换网卡。

说明：使用"ping 127.0.0.1"命令正常时，仅表示发出的 4 个数据包通过网卡的"输出缓冲区"从"输入缓冲区"直接返回，没有离开网卡；因此，不能判断网络的状况。

（2）Ping 本机 IP 地址

① 命令格式：ping 本机 IP 地址。

② 作用：验证本主机使用的 IP 地址是否与网络上其他计算机使用的 IP 发生冲突。

③ 操作步骤：输入"Ping 192.168.137.1"，参见图 3-27。

④ 结果分析：正常的响应如图 3-27 所示，应显示"……丢失=0（0%丢失）"，这表明本机 IP 地址已经正确入网；如果显示的信息是"请求超时……丢失=4（100%丢失）"时，则表示所设置的 IP 地址、子网掩码等有问题。

⑤ 故障处理：如果 IP 地址冲突，则应当更改 IP 地址参数，重新进行设置和检测。

（3）Ping 同网段其他主机 IP 地址

① 命令格式：ping 本网段已正常入网的其他主机的 IP 地址。

② 作用：检查网络连通性好坏。

③ 操作步骤：输入"ping 192.168.137.2"，参见图 3-28。

④ 结果分析：正常的响应窗口如图 3-28 所示，即显示为"……丢失=0（0%丢失）"，等信息；这就表明本机可以和目标主机正常通信；如果出现"请求超时……丢失=4（100%丢失）"时，则表示本机不能通过网络与目标主机正常连接。

⑤ 故障处理：应当分别检查集线器（交换机）、网卡、网线、协议及所配置的 IP 地址是否与其他主机位于同一网段等，并进行相应的更改。

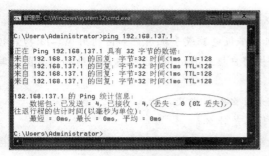

图 3-27　Ping 本机 IP 地址正常时的响应

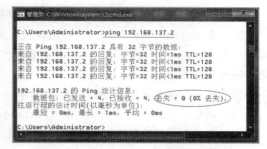

图 3-28　Ping 其他主机 IP 正常时的响应

习　题

1. 什么是网络接入技术？什么是 ISP？

2. 常用的有线广域网有哪些，使用的线路是什么，相应的接入技术又是什么？

3. 常用的无线通信移动网络有哪些？可以采用的接入方式有哪些，条件是什么？

4. 接入线路有哪些类型？相应的接入设备是什么？什么是广义 Modem？

5. 个人计算机如何与 Internet 连接，其软、硬件条件各是什么？

6. 小型网络接入 Internet 常用的方式有哪些，使用的接入设备各是什么？

7. 根据对象的不同，Internet 的接入设备主要分为哪三类？

8. 大中型局域网应当如何接入 Internet？使用的接入设备是什么？

9. 在局域网接入时，什么是有线接入和无线接入？它们的区别和相同之处各是什么？

10. 小型局域网接入 Internet 可利用的软件接入技术有哪些？硬件技术又有哪些？

11. 与 Internet 连接的各种方案中，使用的主要接入设备有哪些？

12. 局域网接入 Internet 时考虑的重要因素有哪些？

13. 请写出适用于大、中、小型局域网的广域网资源的类型、特点与性能。其收费如何？

14. 局域网中，常用的接入 Internet 的方案有哪几种？请画出系统结构示意图。

15. 什么是 ADSL？适用于什么场合？一代 ADSL 和二代 ADSL 相比有什么区别？

16. 画出局域网通过 ADSL 线路或宽带局域线路的用户账户，共享接入 Internet 时的硬件连接图。

17. ICS 的中文名称是什么？ICS 的实质是什么服务？

18. 写出局域网通过 ADSL 线路和 ICS 服务器与 Internet 连接的主要设置流程。

19. 写出局域网通过 ADSL 线路和有线（无线）路由器与 Internet 连接的流程。

20. 如何通过 20 Mbit/s 的 ADSL 线路实现小型局域网与 Internet 的连接？画出系统结构图，说明设备选择时的注意事项，以及本地一次性投资和年运行的维持费用。

21. 无线网络的接入设备有哪些？它们在无线网络中的作用是什么？

22. 无线网卡与无线上网卡是同一种设备吗？如果不是，各有什么作用？

23. 无线上网卡与手机 SIM 卡、USIM 卡有什么关系？

24. 什么是随身 Wi-Fi？它有什么用途？

25. 假定你将要去韩国旅游 7 天，写出要租用的出国 Wi-Fi 的价格与使用步骤。

26. 个人手机或平板电脑用户利用 Wi-Fi 接入 Internet 的条件和设备各是什么？

27. 在 Intranet 中，台式机、笔记本式计算机、平板电脑或手机用户如何利用 Wi-Fi 功能接入局域网，进而接入 Internet？分别画出上述台式机用户接入 Internet 的网络系统结构示意图，写明条件和设备的名称。

28. 在移动通信技术中 2G、3G 和 4G 的关联是什么？区别又是什么？

29. 移动、联通、电信的 4G 和 3G 网络的名称各是什么？

30. 请画出利用笔记本式计算机和联通 4G 网络接入 Internet 的连接示意图，以及所用设备操作流程和使用条件。

31. 经市场调研写出当地 3 款 4G 流量包月的费用与允许使用流量的额度。

32. 一个具有 20 台计算机的小型单位已经使用了 100BASE-T 交换式局域网，现在需要与 Internet 连接，请问用户可使用的接入技术有几种（限定本节介绍的方法）？请为其中的所有计算机和移动设备设计接入 Internet 的方案。设计要求如下：

① 画出所设计方案的连接示意图。

② 写出用户通过此方案接入 Internet 时的投资和维持费用的组成。

③ 说明所设计方案的特色和主要性能指标。例如，所选择线路的特点、速率、可靠性、安装和维护的复杂程度等。

33. 一个具有 4 个用户的家庭，计划建立家庭局域网，一方面满足局域网的资源共享，另一方面，希望使用台式机、笔记本式计算机、智能手机和 iPad 与 Internet 连接。设计要求如下：

① 画出较为经济、便捷的设计方案的连接示意图。

② 写出用户通过此方案接入 Internet 时的初始投资和维持费用的组成。

③ 说明所设计方案的特色和主要性能指标。例如，所选择线路的特点、速率、可靠性、安装和维护的复杂程度等。

本章实训环境与条件

① 网络环境，每台计算机应安装了有线（无线）网卡，并已经通过网络设备成功互连。

② 接入环境及账户，如具有接入 Internet 的账户名和密码。

③ 安装有 Windows XP/7 的计算机，以及有线和无线网卡。

④ 硬件路由器及其 WAN 口的 ISP 用户名和密码，如 ADSL 无线路由器、电话线，以及网通的 ADSL 用户名与密码。

⑤ 带有 Wi-Fi 功能的平板电脑或智能手机，以便通过组建的无线网络接入 Internet。

注：本实验的所有参数应当与学生学号挂钩，如计算机名 PCXX，计算机本机 IP 地址为 192.168.0.XX，子网掩码为 255.255.255.0，其中的 XX 代表学号，如 01、02……。

实 训 项 目

实训 1：单机接入 Internet 的实训

（1）实训目标

在准备接入 Internet 的计算机上，安装接入设备，如网卡或 Modem，并接入 Internet。

（2）实训内容

① 安装接入设备：连接计算机的网卡或 Modem，安装网卡或 Modem 的硬件驱动。

② 在接入计算机中，利用接入设备与 ISP 连接，如建立并使用 ADSL 拨号连接。

③ 计算机测试，单机是否可以正常上网，如浏览信息或发送邮件。

实训 2：组建 Windows 7 工作组网络

（1）实训目标

① 掌握 Windows 7 中，网络组件的类型与设置步骤。

② 掌握组建 Windows 7 工作组网络的步骤。

③ 掌握在 Windows 7 工作组中，发布与使用共享文件夹的步骤。

（2）实训内容

实现【操作示例 3】【操作示例 5】【操作示例 6】中的有关操作。

① 设置网络组件。

② 组建：包含两台计算机的名为"WGXX"的工作组网络。

③ 使用 ping 命令检测两台主机的连通性。

④ 在每台计算机的命令提示符界面：应用"ipconfig /all"命令，并记录基本配置信息。

实训 3：组建 Windows 7 和 Windows XP 工作组网络

（1）实训目标

① 掌握 Windows XP 中，网络组件的类型与设置步骤。

② 掌握组建不同 Windows 版本组建工作组网络的步骤。

③ 掌握在不同 Windows 版本工作组中，发布与使用共享文件夹的步骤。

（2）实训内容

选择一台安装了 WindowsXP 的主机和一台安装了 Windows 7 的主机，经过设置使它们均加入工作组 WG2。

① Windows XP 操作内容提示：

a. 在 Windows XP 主机中，依次选择"开始→连接到→显示所有连接"选项；在打开的窗口中右击"本地连接"，在快捷菜单中选择属性命令。

b. 选中网络组件，如"Microsoft 网络客户端""Microsoft 网络的文件和打印机共享"，选中"Internet 协议（TCP/IP）"选项，单击"属性"按钮，将 IP 地址设为 192.168.137.2，子网掩码设为 255.255.255.0，默认网关地址和首选 DNS 服务器地址都设为 192.168.137.1；之后，依次单击【确定】按钮，关闭各个窗口。

c. 在桌面上右击"我的电脑"图标，在快捷菜单中选择"属性"命令；或者选择"控制面板→系统"选项。

d. 选择"计算机名"选项卡，单击【更改】按钮，在"计算机名称更改"对话框中确认计算机名称；输入工作组名称，如 WG2；单击【确定】按钮，在"欢迎加入工作组"对话框中，单击"确定"按钮，完成 Windows XP 计算机工作组的设置任务。

② Windows 7 主机的操作内容：实现【操作示例 3】至【操作示例 6】。

③ 其他主机的操作内容：实现【操作示例 3】至【操作示例 6】。

实训 4：有线路由器接入 Internet

（1）实训目标

① 学习网络设备的基本配置。

② 掌握网络互联设备的配置流程。

③ 掌握局域网中的计算机通过交换机与有线路由器访问 Internet 的设置。

（2）实训内容

实现【操作示例 1】【操作示例 2】和【操作示例 4】，其主要参考步骤如下：

① 完成交换机和路由器的初始配置和上电及引导任务。

② 设置好有线路由器的 LAN 和 WAN 端口的参数，如 LAN 口地址为 192.168.XX.1。

③ 交换机配置设备名称 SXX，并配置 IP 地址，如，192.168.XX.10；设置好 DNS 服务器地址及默认网关地址，如 192.168.XX.1。

④ 设置好局域网中各计算机的 TCP/IP 参数，如 192.168.XX.（2～254）。

⑤ 从该计算机中的浏览器，如 IE，访问搜狐网站。

实训 5：无线路由器接入 Internet

（1）实训目标

① 学习接入设备的基本配置。

② 掌握无线路由器的配置流程。

③ 掌握 WLAN 工作组网络的组建技术。

④ 掌握小型局域网中的计算机通无线路由器访问 Internet 的技术。

（2）实训内容

实现【操作示例 1】【操作示例 2】和【操作示例 4】，其主要参考步骤如下：

① 完成无线路由器的初始配置任务。

② 使用无线路由器的安装向导，逐步完成如下的设置任务：

③ 设置好无线路由器的 LAN 及 WAN 端口的参数，如 LAN 口地址为 192.168.XX.1，WAN 端口为 ADSL 拨号方式连接 ISP。

④ 设置无线网络，无线网络标识为 WLXX，信道为 6，安全方式为无。

⑤ 设置局域网中各计算机的 TCP/IP 参数，如 IP 地址 192.168.XX.（2～254），子网掩码为 255.255.255.0，默认网关和首选 DNS 服务器均为 192.168.XX.1。

⑥ 在计算机上搜索可连接的无线网络，将计算机（带有 Wi-Fi 功能的智能手机或平板电脑）加入自己建立的 WLXX。

⑦ 查看"网络"或"网上邻居"，应当有所有的计算机图标，进行两台计算机之间的文件共享。从至少两台计算机的浏览器中访问搜狐网站。

第 ② 篇

计算机网络应用篇

第 **4** 章　Web 信息搜索技术

学习目标：

- 了解：WWW 的发展、工作原理、客户端软件等基本知识。
- 掌握：Web 浏览器的功能与基本术语。
- 掌握：常用浏览器软件的名称、安装与设置方法。
- 掌握：通过浏览器搜索信息的技巧。
- 了解：常用搜索引擎的特点。
- 掌握：搜索引擎的应用技巧。
- 了解：提高网页浏览速度的技巧。

4.1　WWW 信息浏览基础

WWW 的出现被公认为是 Internet 发展史上的一个重要的里程碑。在 Internet 的发展过程中，WWW 与互联网的密切结合，推动了 Internet 的广泛应用和飞速发展。

4.1.1　WWW 的发展历史

超文本的概念是特泰·尼尔森（Ted Nelson）于 1965 年前后首先提出的，在随后的每两年举行一次的有关学术会议上，每次都会有上百篇的超文本方面的学术论文发表，可以谁也没有将超文本技术应用于 Internet 或计算机网络。而蒂姆·伯纳斯·李（Tim Berners Lee）则及时地抓住了其思想的精髓，首先提出了超文本的数据结构，并把这种技术应用于描述和检索信息，从而实现了信息的高效率存取，并发明了 WWW 的信息浏览服务方式。因此，蒂姆被认为是 WWW 的创始人。

1989 年 12 月，正式推出 World Wide Web 这个名词。

1991 年 3 月，CERN 向世界公布了 WWW 技术，基于字符界面的 Web 浏览器开始在 Internet 上运行。WWW 的出现，立即在世界引起轰动，并于 1991 年夏天召开了第一次 Web 的研讨会。

1992 年，一些人开始在自己的主机上研制 WWW 服务器程序，以便通过 WWW 向 Internet 发送自己的信息；另一些人则致力于研制 WWW 浏览器，设计具有多媒体功能的用户界面。

1993 年 2 月，用于 X Window 系统的测试版 X Mosaic 问世了。正是这个著名的 Mosaic 使 WWW 迅速风行全世界。

Mosaic 的研制者是美国伊利诺伊大学的美国国家超级计算机应用中心（the national center for supercomputing application in champaign，Illinois，NCSA）的马克·安德森（Marc Andreessen）。Mosaic 的研制成功使当时才 20 岁的马克在 WWW 领域成为仅次于蒂姆的著名人物。

随后，WWW 的发展非常迅速，如今 WWW（Web）服务器已经成为 Internet 中最大和最重要的计算机群组。Web 服务器中文档之多、链接之广、超越时空、资源之丰富都是令人难以想象的。可以毫不夸张地说，WWW 不但是 Internet 发展中最具有开创性的一个环节，也是近年来在 Internet 中发展最快、取得成就最多、最有影响的一个环节。

4.1.2　WWW 相关的基本概念

1. 万维网（World Wide Web，WWW）

WWW 简称为 Web，也称为"环球信息网"。Web 是由遍布全球的计算机所组成的网络。Web 中的所有计算机不但可以彼此联系，还可以在全球范围内，迅速、方便地获取各种需要的信息。因此，可以将 Web 理解为 Internet 中的多媒体信息查询平台。它是目前人们通过 Internet 在世界范围内查找信息和共享资源的最理想的途径。WWW 技术包含了 Internet、超文本和多媒体 3 种领先技术。

2. Web 的基本信息

（1）Web 站点和网页

Web 信息存储于被称为"网页"的文档中，而网页又被存储于名为 Web 服务器（站点）的计算机上。那些通过 Internet 读取网页的计算机，被人们称为"Web 客户机"。在 Web 客户机中，用户通过被称为"浏览器"的程序来查看网页。

总之，万维网是由许多 Web 站点构成的，每个站点又包括许多 Web 页面。

（2）网页（Web Page）及其构成

WWW 上的页面通常被称为"网页"，又称 Web 页面，它包含文本（text）、图像（image）、表格（table）及超链接等 4 种基本元素。

（3）主页（Home Page）

每个 Web 站点都有自己鲜明的主题，其起始的页面被称为"主页"或"首页"。如果把 Web 看作图书馆，Web 站点就是其中的一本书，而每一个 Web 页面就是书中的一页，主页就是书的封面。当人们访问某一个站点时，看到的第一个页面被称为该站点的"主页"，而其他的网络页面则被称为"网页"。

（4）超链接、超文本和超媒体

① 超链接（hyperlink）：超链接就是已经嵌入了 Web 地址的文字、表格或图形。它是 HTML 中的重要元素之一，用来连接各种 HTML 元素和其他网页。

② 超文本（hypertext）：就是指具有了超链接功能的文本。通过超文本，可以跳转至其他位置。这些链接可以指向：硬盘上的文件，如 Microsoft Word 文档；局域网或 Internet 的地址，如 http://www.microsoft.com；书签或幻灯片等。超文本的作用域为所提示的文字，默认为蓝色并带下画线，用户单击超链接处，就可以跳转至其指定的位置。

③ 超媒体（hypermedia）：是包含文字（text）、影像（movie）、图片（image）、动画（animation）、

声音（audio）等多种信息的文件。

（5）Web 站点的地址和协议

每个 Web 站点的主页都具有唯一的存放地址，这就是统一资源定位符（URL）地址。URL 不但指定了存储页面的计算机名，还给出了此页面的确切路径和访问方式。

例如，URL 地址"http://www.sina.com.cn/"提供了下列信息：

① www.sina.com.cn：中国新浪网站的站点地址。

② http：访问 Web 站点使用的协议是 HTTP，即超文本传输协议。

③ sina：表示该 www（Web）主机位于名为"sina"的站点上。

④ com：表示该网点是商业机构

⑤ cn：表示该网点隶属于中国。

3. Web 浏览器的工作过程

① 接入 Internet，如通过 ADSL 拨号连入到网通的 ISP 后，再通过该 ISP 连入 Internet。

② 启动客户机上的浏览器（即导航器），最著名的浏览器工具软件为 IE（Internet Explorer 的英文缩写）。微软 Windows 操作系统各个版本大都内置了 Internet Explorer 程序。当然，也可以使用傲游、火狐等客户端浏览器。

③ 在浏览器的地址栏中，输入以 URL 形式表示的待查询的 Web 页面的地址。按【Enter】键后，浏览器就会接受命令，自动与地址指定的 Web 站点连通。

④ 在指定的 Web 服务器上找到用户需要的网页后，会返回给客户端的浏览器程序，并显示要求查询的页面内容。

⑤ 用户可以通过单击 Web 页面上的任意一个链接，实现与其他 Web 网页的链接，从而达到信息查询的目的。

4.1.3 WWW 的工作机制和原理

从 20 世纪 90 年代中期（1996 年）以后，B/S（浏览器/服务器）结构开始出现，并迅速流行起来。B/S 模式的网络以 Web 服务器为中心，客户端通过其浏览器程序向 Web 服务器提出查询请求（HTTP 方式），Web 服务器根据需要向数据库服务器发出数据请求。数据库则根据查询条件返回相应的数据结果给 Web 服务器，Web 服务器再将结果翻译成为 HTML 或各类脚本语言的格式，并传送给客户端的浏览器，用户通过浏览器即可浏览自己所需的结果。从 Web 站点将用户需要的信息发送回来，HTTP 定义了简单事务处理的 4 个步骤：

① 客户的浏览器与 Web 服务器建立连接。

② 客户通过浏览器向 Web 服务器递交请求，在请求中指明所要求的特定文件。

③ 若请求被接纳，则 Web 服务器便发回一个应答。

④ 客户与服务器结束连接。

4.1.4 WWW 的客户端常用软件

WWW 的客户端常用软件是浏览器，其中最早普及的就是微软公司的 IE 浏览器。然而，随着信息时代的到来，各种浏览器层出不穷，而且各具特色，用户一般都会选择一款适合自己的浏览器。随着智能移动设备（如手机或平板电脑）的普及，触摸屏大量使用，适用于触摸屏的浏览器也大量出现。

据 CNZZ 最新数据显示，2014 年 9 月份的统计数据显示，中国国内浏览器市场的份额排名如表 4-1 所示。但不同调查机构的同一调查对象结果会有所差异。

表 4-1　CNZZ 统计的国内浏览器市场的份额

排名	计算机市场		智能移动终端市场	
	浏览器名称	份额（%）	浏览器名称	份额（%）
1	微软：IE 6~IE 11	36.29	安卓自带浏览器	45.14
2	奇虎：360 浏览器系列	27.84	UC 浏览器	23.2
3	谷歌：Chrome	7.74	iPhone 自带的浏览器	12.11
4	苹果：Safari	7.46	腾讯 QQ 浏览器	9.65
5	腾讯：浏览器系列	5.86	iPad 自带的浏览器	8.63
6	搜狗：搜狗浏览器	5.47	Opera	0.71
7	2345 浏览器	2.17	塞班自带手机浏览器	0.36
8	猎豹浏览器	2.02	ie_windowsphone	0.10
9	遨游：Maxthon	1.74	2345 移动浏览器	0.06
10	UC 浏览器	1.5	三星自带手机浏览器	0.02

1．计算机中常用的浏览器市场份额

从计算机市场看，IE、360 浏览器系列和 Chrome 位居前三。其中 IE 浏览器市场占有率依然排名第一，雄霸了 30% 以上的市场份额，而移动终端使用的较为普遍的是安卓自带手机浏览器和 UC 浏览器。

2．国内智能终端常用的浏览器市场份额

从智能移动终端市场上看，浏览器方面，安卓自带浏览器占据第一的位置，这主要得益于中国智能设备的不断推新和普及；位列第二位的是 UC 浏览器；苹果旗下的 iPhone、iPad 在全球市场的份额虽然坚挺，但在中国的市场份额仅占有 12.11% 和 8.63%。

如今，计算机和各种智能终端设备不断推陈出新，浏览器软件极为普及，普通用户对浏览器的使用较为熟悉，因此，本书仅以计算机中使用最多的 IE 浏览器为例，介绍浏览器的一些简单应用。

3．IE 浏览器

IE 在 IE 7 以前其中文直译为"网络探路者"；在 IE 7 之后，直接称为"IE 浏览器"。它是美国微软公司推出的一款网页浏览器。微软的 IE 浏览器常被集成在微软的 Windows 操作系统中，例如，Windows XP/Server 2003 中集成了 IE 6.0，Windows Vista/Server 2008 中集成了 IE 7.0，Windows 7 中集成了 IE 8.0，Windows 8 中集成的是 IE 11 和 IE 10。但是，微软考虑到为 IE 浏览器更名，于 2014 年 8 月表示终止对老版本浏览器的支持；之后，微软确认于 2015 年 3 月放弃 IE 品牌，但 IE 仍会存在于某些版本中，如 Windows 10。因此，IE 的用户数目之多、普及之广是其他浏览器无法比拟的。随着触摸操作的大量应用，IE 11 与 Windows 10 一样，在外观上与操控上，将更加适应触摸。

CNZZ 于 2014 年 9 月份发布的最新数据表明，在 IE 的各版本中，位列第一位的是 IE 8.0，其

市场份额为 36.29%；位列第二位的是 IE 6.0，其市场份额为 14.6%；位列第三位的是 IE 7.0，其市场份额为 7.05%；而 IE 9.0 的市场份额仅为 3.94%。

微软公司于 2013 年 11 月 8 日正式面向 Windows 7 平台发布了 IE 11 浏览器。IE 11 支持 95 种语言，加快了页面载入与响应速度，JavaScript 执行效果比 IE 10 快 9%，比同类浏览器快 30%，继续降低 CPU 使用率，减少移动设备上网电量，主打快速、简单和安全功能。IE 11 浏览器的主要特点如下：

① 内置的 GPU 可以用来处理一些手势，如缩放、滑动等，触摸响应很灵敏。GPU 卸载图片解码技术可以强化电池续航时间，腾出 CPU 处理动态页面内容；因此，其在移动设备的 Windows 上，消耗的电能更少。

② 进一步优化了地址栏触摸，便于使用触摸屏的用户更快地获得常用网址。另外，还可以获得一些附加即时信息，如天气、股价等。

③ 最高支持高达 100 个独立窗口标签运行方式，可在标签之间自由切换。

④ 界面简洁，并具有精美的收藏夹页面。

⑤ 触摸化的导航，支持页面预渲染，进一步优化了用户界面。

⑥ 硬件加速 3D 网页图形。

⑦ 现有网页仍然可以在 IE 11 中运行，运行效果更好。

4.2　IE 浏览器的基本操作

1. 启动 IE 浏览器

单击任务栏或双击桌面上的 ⬤ 图标，都可以打开图 4-1 所示的 IE 11 浏览器工作窗口。

2. IE 浏览器窗口简介

【操作示例 1】熟悉 IE 浏览器的窗口。

图 4-1 所示的 IE 11 浏览器，就是在 WWW 上浏览、查询信息时的主要工作窗口。IE 界面主要包含了以下几个常用的部分：

（1）菜单栏

菜单栏包含了基本的菜单命令。使用鼠标指向主菜单项并单击，将激活该菜单的下拉菜单，可以进一步选择该菜单的子命令。

（2）命令栏

命令（即工具）栏中包含了经常使用的一些菜单命令，它们均以按钮的形式出现。这些按钮的对应功能在菜单中均可以找到。此外，用户还可以根据需要增减工具按钮的数量。由于是全中文界面，各按钮的使用及其含义就不再一一介绍。需要帮助时，用户可以在图 4-1 中，依次选择"帮助→目录和索引"命令，即可寻求有关主题的帮助。

（3）地址栏

地址栏是用户使用最多的栏目。在地址栏中输入希望浏览的 URL 地址后，按【Enter】键就会链接到相应的站点，例如：输入 http://news.sina.com.cn，就可以访问图 4-1 所示的"新浪新闻中心"首页。当前的浏览器大多支持地址栏搜索功能，即浏览器的地址栏不仅可以用来搜索网站，也可以用来搜索信息。显然这是很实用的功能，IE 11 也具有地址栏搜索功能。

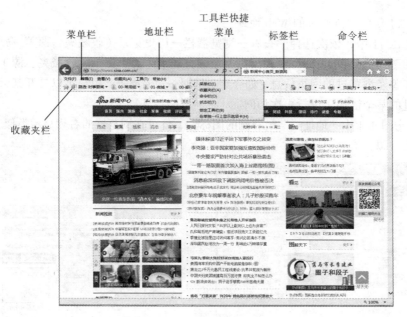

图 4-1　　IE 11 浏览器窗口

（4）标签栏

"标签栏"默认位于地址栏的右侧,主要用于对打开的选项卡进行切换和选择。使用好标签栏,将给用户带来极大的方便。

（5）收藏夹栏

收藏夹栏用于收藏常用网站的链接地址,便于用户快速链接到自己喜欢的网站。建议分类进行设置。用好收藏夹栏,将取得事半功倍的效果。

3．IE 11 浏览器工具栏的设置

图 4-1 所示窗口的各种工具栏是可以设置成显示或隐藏的。菜单栏、收藏夹栏、命令栏和状态栏等操作方法如下:

方法 1:鼠标指向 IE 窗口菜单栏的空白处并右击,显示工具栏快捷菜单,可根据需要随时设置要显示或隐藏的工具栏。

方法 2:依次选择"查看→工具栏"命令,展开与"方法 1"类似的下拉菜单。可根据自身的需要进行所需工具栏的设置。

4．打开历史记录或收藏夹

在浏览 Internet 时,经常会留下访问足迹,如今天都浏览过哪些网页。在没有特殊设置的状态下,浏览记录通常会存储在"历史记录"中。当需要重复访问某个网址时,用好历史记录会取得事半功倍的效果。

说明:无论是历史记录中的记录,还是收藏夹的收藏,都是指某个 Web 页面在 Internet 上的地址,而不是当时记录或浏览过的内容。由于各个网站的页面会经常更新,因此,以后再次打开这个网址时,网页的内容通常会有所变化。

【操作示例 2】访问曾浏览过的 Web 地址。

方法 1：在 IE 11 中，依次选择"查看→浏览器栏→历史记录（收藏夹、源）"命令，如选择"历史记录"，如图 4-2 所示。即可看到浏览器左侧打开了"历史记录（收藏夹、源）"窗格，历史记录中记载了曾经浏览过的网页信息，如今天、星期一、上周等，用户可以打开某天的文件夹，选中曾经访问过的某个链接，进行再次访问。

方法 2：单击图 4-1 中"地址栏"最右侧的图标，便可在浏览器的右侧显示类似于图 4-3 的窗格，如收藏夹、源、历史记录等。

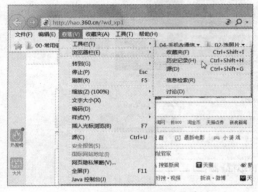

图 4-2　选择"历史记录"命令

图 4-3　IE11 左侧边栏的"历史记录"标签

5．Web 页面的收藏与收藏夹的管理

【操作示例 3】管理和收藏网址。

（1）收藏网址

为了快速链接到某个网站或网页，可将网址添加到收藏夹栏，具体操作如下：

方法 1：依次选择"收藏夹→添加到收藏夹"命令，打开图 4-4 所示的"添加收藏"对话框，先确定存储位置，如"新闻"文件夹，如果需要创建新的文件夹，则应单击"新建文件夹"按钮，创建一个新文件夹进行存储，然后单击"添加"按钮。

方法 2：单击 IE 窗口右上角的★图标，展开图 4-5 所示的窗格，选择"收藏夹"选项卡，选择要存储的位置，如"新闻"，单击"添加到收藏夹"按钮，打开图 4-4 所示的对话框，然后按选项卡"方法 1"中的步骤完成添加任务即可。

（2）管理收藏夹

收藏夹与 Windows 文件的组织方式相似，都是树形结构。收藏夹需要经常进行整理，有利于快速访问。其操作步骤如下：

① 在 IE 11 浏览器中，依次选择"收藏夹→整理收藏夹"命令，打开图 4-6 所示的对话框。

② 在"整理收藏夹"对话框中选择需要整理的目录。

③ 在"整理收藏夹"对话框下部单击"新建文件夹"按钮，可以新建一个文件夹。

④ 在"整理收藏夹"对话框上部的列表框中，选中管理对象，如网址或文件夹；单击对话框下部的"新建文件夹""移动""重命名""删除"按钮完成相应的功能，如单击"删除"按钮，删除选中的网址；单击"关闭"按钮，完成管理收藏夹的任务。

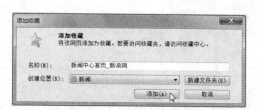

图 4-4 IE 11 的"添加收藏"对话框　　　图 4-5 "添加到收藏夹"按钮

（3）导入和导出收藏夹

【操作示例 4】网址的存储（导出）与共享（导入）。

计算机重装操作系统后或需要在多台计算机上使用已收藏的网址时，可通过收藏夹的导入和导出功能快速实现。存储（导出）与共享（导入）网址的操作方法如下：

① 导出操作：在已收藏多个网址的计算机中，打开 IE 11 浏览器，依次选择"文件→导入和导出"命令（见图 4-7），在出现的"导入/导出设置"对话框中，选择"导出到文件"选项后，即可跟随图 4-8～图 4-11 所示的操作步骤依次进行，完成 Web 网址的存储任务。

图 4-6 "整理收藏夹"对话框　　　　　图 4-7 "文件–导入和导出"对话框

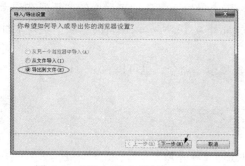

图 4-8 "导入/导出设置"对话框　　　　图 4-9 导出内容选择"收藏夹"

② 导入操作：在需要使用所收藏网址的计算机中，进行与上述步骤相对应的步骤；例如，在图 4-8 所示的对话框中，选中"从文件导入"选项，随后跟随向导完成将已保存到收藏夹的文件导入到新计算机的任务。

图 4-10　选择导出文件夹 　　　　　　　图 4-11　保存收藏夹

　　说明：当需要在同一计算机的不同浏览器中共享某浏览器收藏的网址时，在图 4-8 中就应当选择"从另一个浏览器中导入"选项。

6. 通过"收藏夹栏"快速链接到网站

　　在图 4-1 所示的窗口中，从"收藏夹栏"中单击已收藏的链接，如"00-常用组"，便会显示出选中已收藏的链接项目，从中选择需要链接的网站，即可快速链接到该网站的首页。

7. IE 浏览器的基本应用

　　对于 IE 浏览器的基本操作，用户都不生疏，一般包括输入网址、前进与后退、中断链接、刷新当前网页等简单操作。

　　【操作示例 5】IE 浏览器的基本操作。

　　（1）输入网址

　　在浏览网页时，如果需要输入新的网址，则在地址栏中输入新的网页（网站）地址后，按【Enter】键，开始与新网站建立链接。

　　（2）新建选项卡与多选项卡操作

　　为了提高上网效率，用户应当多开几个浏览窗口，同时浏览不同的网页。这样可以在等待一个网页的同时浏览其他网页。不断切换浏览窗口可以更有效地利用网络带宽。

　　① 快速新建选项卡：在 IE 11 窗口中，用鼠标单击最后一张选项卡后面的"新建选项卡" 按钮或使用热键【Ctrl+T】，均可新建一个选项卡，如图 4-12 所示；在新的选项卡窗口地址栏中输入网址后，即可浏览到新的网页。

　　② 命令新建选项卡：依次选择"文件→新建选项卡"命令，也可以在 IE 11 窗口中增加一个新的选项卡。

图 4-12　在 IE 11 中新建选项卡

　　（3）前进与后退

　　前进和后退 操作使得用户能在前面浏览过的网页中自由跳转。其操作方法如下：

　　① 单击"后退" 按钮，可以返回到当前网页的上一个。

　　② 单击"前进" 按钮，可以浏览当前网页的下一个网页。

（4）关闭当前网页

即关闭选项卡，单击选项卡的"关闭选项卡" ⊠ 按钮或使用热键【Ctrl+W】，即可关闭当前选项卡。

（5）刷新当前网页

在 IE 11 的地址栏中单击 ↻ 按钮或按【F5】键，浏览器会与当前网页的服务器再次取得联系，并显示当前网页的内容。

（6）返回首页

单击 IE 11 浏览器窗口右上角的"主页"按钮 🏠，或按【Alt+Home】组合键，IE 11 浏览器会自动与指定的主页服务器联系，并显示主页的内容。

8. 在 IE 浏览器中定义主页与浏览方式

【操作示例 6】IE 浏览器的主页与浏览方式。

（1）定义主页

如果希望每次进入 IE 11 浏览器时都能自动链接到某一个网址，请按如下步骤进行操作：

① 选择"工具→Internet 选项"命令，或单击地址栏右侧的 ⚙ 按钮，选择"Internet 选项"命令（见图 4-13），或按【Alt+T】组合键，都可以打开图 4-14 所示的对话框。

② 在"常规"选项卡中的"若要创建多个主页选项卡……"下面的地址文本框中，输入自己喜爱的网址即可，例如输入 http://hao.360.cn，单击"应用"按钮，单击"确定"按钮，完成设置。以后再启动 IE 11 浏览器时，将首先链接到自己定义的主页。

在图 4-14 中，共有如下三个可供选择的按钮：

● 使用当前页：在打开浏览器时，链接到浏览器设置时所显示的页面。

● 使用默认值：在打开浏览器时，链接到 MSN 中文网的主页面。

● 使用新选项卡：在打开浏览器时，打开一个新的选项卡，显示图 4-13 所示的微软公司的搜索程序"必应"页面。

图 4-13　IE 11 中的"设置"菜单

说明：若计算机中已安装了安全类软件，如 360 或金山系列等，这类软件为了避免木马或其他恶意软件肆意更改用户设置的主页，通常具有锁定主页的功能，因此会遇到主页不能更改的情况。此时，建议先在安全软件中更换、解锁（锁定）、修复 IE 浏览器的主页设置，再设置自己喜欢的主页。

（2）设置打开网页的方式

每个人喜欢的打开网页方式是不同的，用户可以根据自身喜好对 IE 11 进行设置。

① 在图 4-14 所示的"Internet 选项"对话框的"常规"选项卡中，单击"选项卡"按钮。

② 在图 4-15 所示的"选项卡浏览设置"对话框中，根据需要进行选择，如选中"始终在新选项卡中打开弹出窗口"单选按钮，单击"确定"按钮返回"Internet 选项"对话框。

③ 在"Internet 选项"对话框中先单击"应用"按钮，再单击"确定"按钮；若 IE 提示："在重启 Internet Explorer 后生效"，则应当根据提示进行重启，以完成设置。

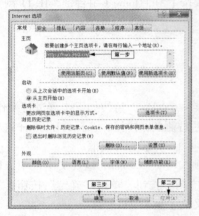

图 4-14　"Internet 选项"对话框

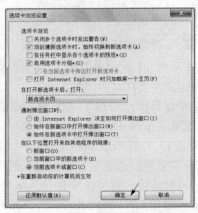

图 4-15　"选项卡浏览设置"对话框

9. 在浏览器中保存 Web 页面、表格、文字或图片

上网时，有时遇到精彩的页面想要保存；有时为了在有限的上网时间内浏览到更多的内容，而将页面先保存下来，待断线之后再一一仔细阅读。

【操作示例 7】各种类型 Web 页面的保存。

（1）Web 页面的保存与脱机浏览

① 需要保存网页时，只需在 IE 11 浏览器中选择"文件→另存为"命令，打开图 4-16 所示的对话框。

② 在"保存网页"对话框中，确定保存位置，并对文件的"保存类型"与"文件名"进行设置，最后单击"保存"按钮，完成本项任务。

说明：保存网页之后，在脱机状态下，双击所保存的文件名也可打开该 Web 页面进行浏览。

（2）保存 Web 页面上的表格

当用户需要保存网页上的表格信息时，如存储手机通话清单，可按以下步骤进行操作：

① 选择网页中要保存的表格：如图 4-17 所示，在要保存表格的起始部分，按住鼠标左键，将鼠标拖动到要选择文字的末尾，释放鼠标左键，所选择区域变为深蓝色。

② 复制：右击所选内容，在弹出的快捷菜单选择"复制"命令，或直接按【Ctrl+C】组合键，或依次选择"编辑→复制"命令，均可将所选的内容复制到剪贴板中。

③ 粘贴：在 Microsoft Excel 表格处理程序中，新建工作簿；右击，在弹出的快捷菜单选择"粘贴"命令，即可将剪贴板中复制的内容粘贴到表格中；最后，在"文件"菜单中，选择"保存"命令，按照对话框提示进行操作即可完成任务。

图 4-16　"保存网页"对话框

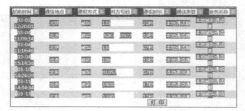

图 4-17　保存表格

（3）保存 Web 页面上的文字

当用户需要保存网页上少量的文字信息时，可以按照以下步骤进行操作：

① 选择要保存的内容：在要保存文字的起始部分，按住鼠标左键，将鼠标拖动到要选择文字的末尾，释放鼠标左键。这时，所选择区域的文字变为深蓝色。

② 复制：右击选择的文字，弹出快捷菜单，选择"复制"命令。

③ 粘贴：将所复制的内容粘贴到"记事本"或 Microsoft Word 等文字处理程序中，然后在"文件"菜单中选择"保存"命令，按照对话框提示进行操作即可完成任务。

（4）保存 Web 页面上的图片

① 选择需要保存的图片后右击，激活快捷菜单。

② 在激活的快捷菜单中，选择"图片另存为"命令，跟随对话框提示进行操作即可完成任务。

4.3　安装和启用世界之窗浏览器

除微软的浏览器 Internet Explorer 外，流行的浏览器有很多，如 360 安全浏览器、谷歌、世界之窗等多种。安装最快、简洁、高效的是世界之窗浏览器。无论哪种浏览器，基本操作都是相似的，在功能上可以说各具特色，用户可以根据自己的喜好进行选择。为简化起见，本节将世界之窗浏览器简称为"世界之窗"。

1. 下载和安装世界之窗浏览器

选择世界之窗浏览器的最大理由是其具有小巧、轻便、神速的特点；在国内浏览器中其率先采用了 Chrome 28 稳定版内核，网页打开神速，兼容性也很出色。

【操作示例 8】安装世界之窗浏览器

① 打开任何浏览器，输入下载网址 http://www.theworld.cn/v6/，在打开的页面中单击"直接下

载"链接（见图 4-18），等待下载安装文件。

　　② 在计算机中双击成功下载的安装文件"TWInst_6.2.0.128.exe"的图标，打开图 4-19 所示的窗口。

　　③ 在世界之窗安装窗口中单击"立即安装"按钮，几秒即可完成安装过程。

图 4-18　世界之窗下载窗口　　　　　图 4-19　世界之窗安装窗口

　　④ 安装之后，打开图 4-20 所示的"世界之窗"浏览器，会询问是否导入其他浏览器的收藏夹和常用访问设置，需要导入并自动设置的用户可单击"点此导入"链接，在弹出的对话框中单击"导入"按钮，稍后可以看到已经导入了收藏夹和常用的设置。

2．世界之窗浏览器的基本设置

【操作示例 9】世界之窗浏览器的基本设置

（1）设置主页

　　① 双击桌面上的"世界之窗"图标，打开图 4-21 所示的世界之窗浏览器窗口，第一步，展开"自定义及控制"下拉菜单；第二步，在下拉菜单中选择"设置"命令。

　　② 在图 4-22 所示的窗口中，选中"启动时"中的"……设置网页"单选按钮；在打开的"启动页"对话框中，按照图 4-22 所示的步骤设置好主页，然后关闭设置窗口，完成主页的设置。

　　③ 其他设置：打开图 4-23 所示的"设置"窗口，在"外观"选项组中进行外观设置，例如，选中"显示'主页'按钮"和"总是显示收藏栏"复选框。此外，单击"显示高级设置"链接，可以显示更多的选项，还可根据自身需要进行设置。

（2）设置下载文件的默认存储位置

　　无论使用哪种浏览器，用户都需要设置浏览器下载文件的存储位置。在图 4-23 所示的世界之窗"设置"窗口的"下载内容"选项组中，可以对浏览器的下载进行设置，例如，可以对"选择默认下载工具"和"下载内容保存位置"进行设置，如果需要对当前显示的保存位置进行更改，则单击"更改"按钮，在打开的页面中，即可设置新的默认存储位置。如果以后忘记了，可以在图 4-23 中查看下载位置。

图 4-20　世界之窗导入收藏夹和设置窗口

图 4-21　世界之窗"自定义及控制"下拉菜单

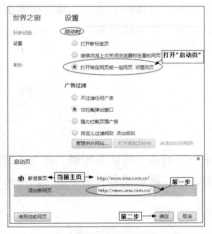

图 4-22　世界之窗设置主页窗口

图 4-23　世界之窗"设置"窗口

（3）设置世界之窗浏览器的显示比例

双击桌面上的世界之窗图标，打开世界之窗浏览器窗口，展开"自定义及控制"下拉菜单，单击"缩放"选项后面的"+"可以增加窗口显示比例，如设置为正常窗口的 125%

缩放　－ 125% ＋ 。

4.4　搜 索 引 擎

本节将要介绍搜索利器"搜索引擎"的使用技巧及相关知识。

4.4.1　搜索引擎简介

1. 搜索引擎（search engine）

网上的信息浩如烟海，获取有用的信息则类似于大海捞针，因此，用户需要一种优异的搜索服务，它能够随时将网上繁杂无序的内容整理为可以随心使用的信息，这种服务就是搜索引擎。从理论角度看，搜索引擎就是指根据一定的策略、运用特定的计算机程序搜集互联网上的信息，在对信息进行组织和处理后，为用户提供检索服务的系统。其代表性产品有 Baidu（百度）、Google（谷歌）、360 搜索、sogou（搜狗）等。

总之，搜索引擎是对互联网上专门用于检索信息的网站的统称，它包括信息搜集、信息整理和用户查询三部分。

2．搜索引擎的类型

（1）信息收集方法分类

按照搜索引擎对信息的收集方法和提供服务的方式进行分类时，可以把搜索引擎分为：

① 全文搜索引擎；

② 目录索引搜索引擎；

③ 元搜索引擎。

（2）根据应用领域分类

根据领域的不同，搜索引擎的主要类型有：中文搜索引擎、繁体搜索引擎、英文搜索引擎、FTP 搜索引擎和医学搜索引擎等多种，其中，中国用户最常用是中文搜索引擎。

（3）根据工作方式分类

① 目录型搜索引擎；

② 关键词型搜索引擎；

③ 混合型搜索引擎。

3．常用搜索引擎的名称和网址

随着互联网的普及，各种搜索引擎层出不穷，但搜索引擎的基本功能都相似。在众多搜索引擎中，用户可以选择自己习惯使用的一种。使用时需注意的是，默认搜索引擎通常与使用的浏览器相关。

（1）国内搜索引擎

在浏览器中输入 http://engine.data.cnzz.com/，打开 CNZZ 数据中心（中文互联网数据统计分析服务提供商），从中单击于 2014 年 8 月发布的中国国内搜索引擎市场的占有份额，以及相应的网址供大家使用：

① 百度：http://www.baidu.com/，市场份额 54.03%。

② 360 搜索：http://www.so.com/，市场份额 29.24%。

③ 新搜狗：http://www.sogou.com/，市场份额 14.71%。

④ 微软必应：http://cn.bing.com/，市场份额 0.95。

⑤ 谷歌：http://www.google.com/，市场份额 0.34%。

总之，近两年，继谷歌淡出中国市场后，搜索引擎格局出现了较大的变化。据 CNZZ 的最新数据显示，位于市场份额前三位的分别是：百度、360 搜索及搜狗。可见，目前中国的搜索市场是三强与多极竞争的格局。

（2）全球搜索引擎排名

根据 2014 年 4 月 22 日的资料显示，全球的搜索引擎前 10 名的排名如下：

① Google 谷歌：http://www.google.com/，份额 62%。

② 雅虎：http://www.yahoo.com/，份额 12.8%。

③ 百度：http://www.baidu.com/，份额 5.2%。

④ 微软必应：http://www.bing.com/，份额 2.9%。

⑤ NHN（韩国搜索引擎）：http://www.naver.com/，份额 2.4%。

⑥ eBay：http://www.ebay.com，份额 2.2%。

⑦ 时代华纳：http://www.timewarner.com/，份额 1.6%。

⑧ Ask.com：http://www.ask.com/，份额 1.1%。

⑨ Yandex（俄罗斯搜索引擎）：http://www.yandex.com/，份额 0.9%。

⑩ 阿里巴巴：http://www.alibaba.com/，份额 0.8%。

（3）全球著名的搜索引擎

从全球角度看，使用搜索引擎的份额从高至低的排序分别为：谷歌、雅虎、百度、微软必应、易趣、NHN。三大搜索引擎分别是谷歌、雅虎、百度。

4.4.2　常用搜索引擎的特点与应用

面对各种功能强大的搜索引擎，我们应该如何选择？人们常使用的中文搜索引擎有：谷歌、百度、360 搜索和搜狗等。下面仅就其中的几个搜索引擎做简单介绍。

1. 百度搜索引擎——www.baidu.com

百度公司于 2000 年 1 月，在中国成立其分支机构"百度网络技术（北京）有限公司"。百度搜索引擎是全球最大的中文搜索引擎。

（1）百度搜索引擎的组成与特点

百度致力于向人们提供"简单，可依赖"的信息获取方式，其搜索引擎由蜘蛛程序、监控程序、索引数据库、检索程序等四部分组成。门户网站只需将用户查询内容和一些相关参数传递到百度搜索引擎服务器上，后台程序就会自动工作并将最终结果返回给网站。

百度在中国各地和美国均设有服务器，搜索范围涵盖了中国、新加坡等华语地区以及北美、欧洲的部分站点。百度搜索引擎拥有目前世界上最大的中文信息库，总量达到 6000 万页以上，并且还在以每天几十万页的速度增长。其特点如下：

① 百度搜索分为新闻、网页、MP3、图片、Flash 和信息快递六大类。

② 都可以转换繁体和简体。

③ 百度支持多种高级检索语法。

④ 百度搜索引擎还提供相关检索。

⑤ 是全球最大的中文搜索引擎，是全球第二大的搜索引擎。

百度是全球最优秀的中文信息检索与传递技术供应商，在中国所有具备搜索功能的网站中，由百度提供搜索引擎技术支持的超过 80%。因此，百度是当前国内最大的商业化全中文搜索引擎之一。百度简体中文搜索网址为，"http://www.baidu.com"。

（2）使用百度搜索引擎搜索"百度特点"与进入百度产品中心

【操作示例 10】百度搜索引擎的基本应用与文献检索。

① 打开 IE 11，在地址栏输入 http://www.baidu.com，打开图 4-24 所示的百度首页。

② 在各个搜索引擎中通常都设有网址库，通过网址库可以快速、便捷地搜索到需要的信息。

例如，单击"hao123"链接或在地址栏输入"http://www.hao123.com/"，均可打开百度 hao123 网页。单击感兴趣的网址，即可直接进入选中的网站。

③ 在图 4-24 的搜索框中输入关键字"搜索引擎"，单击"百度一下"按钮，将显示搜索到的相关的文章，如图 4-25 所示，窗口右侧显示了其他常用的搜索引擎。

④ 在图 4-25 中"搜索框"下面一行，单击"更多>>"链接，即可打开"百度产品大全"页面，如图 4-26 所示。

⑤ 图 4-26 所示的"百度产品大全"页面涵盖了百度的各种产品。例如，单击"百度学术"链接，将切换至图 4-27 的"百度-学术"页面，可以提供海量的中英文文献检索。

⑥ 在"百度-学术"页面，第一步，输入要查询的类型和内容，如"学术检索"和"物联网技术"；第二步，选择要检索文献的时间，如"2015 年以来"；第三步，单击检索 🔍 按钮；最后，在检索结果中浏览自己感兴趣的文献。

图 4-24　百度首页

图 4-25　百度搜索窗口

图 4-26　"百度产品大全"页面

图 4-27　"百度学术"页面

（3）指定搜索引擎

在用户输入搜索关键字时，通常浏览器会指定一个默认的搜索引擎进行搜索，如 360 安全浏览器的"好搜（360 搜索引擎）"、IE 11 的"Bing（必应）"等。当用户希望每次搜索时，都使用自己习惯的搜索引擎进行搜索，就需要更改默认的搜索引擎。

【操作示例 11】更换默认搜索引擎。

IE 11 默认的搜索引擎是微软的"Bing（必应）"，而不是人们更加习惯的百度搜索引擎。其更改方法如下：

① 在 IE 11 中，依次选择"工具→管理加载项"命令，或单击工具栏中的"设置" ⚙ 按钮，均可打开图 4-28 所示的对话框。

② 在"管理加载项"对话框中，可以看到 IE 11 当前默认的搜索引擎是"Bing（必应）"。第一步，在左侧选中"搜索提供程序"；第二步，在右侧"搜索提供程序"列表中，选中"百度"选项；第三步，单击"设为默认"按钮；第四步，设置成功后，单击"关闭"按钮。在此对话框中，用户还可以对其他"加载项"进行管理，如加速器、拼写更正等。

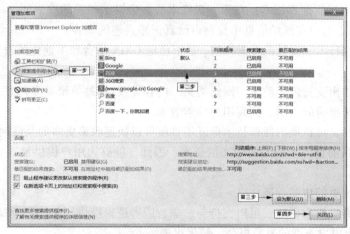

图 4-28　IE 11 浏览器的"管理加载项"对话框

【操作示例 12】临时选择非默认搜索引擎。

假定 IE 11 默认的搜索引擎已经设置为"百度"，在搜索某些信息时，若临时需要使用是微软的"Bing（必应）"搜索引擎进行搜索，其方法为：在图 4-29 所示的 IE11 浏览器中，第一步，在地址栏输入拟搜索的关键字，如"云技术"；第二步，单击地址栏后边的 ▼ 下拉按钮；第三步，展开后单击"Bing（必应）"图标，结果如图 4-30 所示。

图 4-29　指定搜索程序为 Bing

图 4-30　Bing 查询结果

（4）百度搜索引擎的主要特点

① 基于字词结合的信息处理方式：巧妙解决了中文信息的理解问题，极大地提高了搜索的准确性和查全率。

② 支持主流的中文编码标准：包括 GBK（汉字内码扩展规范）、GB2312（简体）、BIG5（繁体），并且能够在不同的编码之间转换。

③ 智能相关度算法：采用了基于内容和基于超链分析相结合的方法进行相关度评价，能够客观分析网页所包含的信息，从而最大限度保证了检索结果相关性。

④ 检索结果能标示丰富的网页属性：如标题、网址、时间、大小、编码、摘要等，并突出用户的查询串，便于用户判断是否阅读原文。

⑤ 相关检索词智能推荐技术：在第一次检索后，会提示相关的检索词，帮助用户查找更相关的结果，更有利于用户在海量信息中找到自己真正感兴趣的内容。

⑥ 运用多线程技术和高效的搜索算法，基于稳定 UNIX 平台和本地化的服务器，保证了最快的响应速度。

⑦ 检索结果输出支持内容类聚、网站类聚、内容类聚+网站类聚等多种方式。

⑧ 支持用户选择时间范围，提高用户检索效率。

⑨ 基于智能性、可扩展的搜索技术保证了百度可以快速收集更多的互联网信息。

⑩ 百度拥有目前世界上最大的中文信息库，因此，能够为用户提供最准确、最广泛、最具时效性的信息。

⑪ 具有百度网页的快照功能。

⑫ 支持多种高级检索语法：可以支持与、非、或等逻辑操作，如 "+（AND）""−（NOT）""｜（OR）"等，使用户查询的效率更高、结果更准。

总之，百度是全球最大的中文搜索引擎之一。它能够提供网页快照、网页预览/预览全部网页、相关搜索词、错别字纠正提示、新闻搜索、Flash 搜索、信息快递搜索、百度搜霸和搜索援助中心等多项查询服务。百度具有搜索功能完备，搜索精度高，除数据库的规模及部分特殊搜索功能外，是目前国内技术水平最高、使用最多的搜索引擎之一。

建议：如果是搜索中文网页，推荐使用百度进行搜索；如果搜索的是英文网页，则建议使用谷歌进行搜索；实际上，一般的搜索两者差别不大。

2. 谷歌（Google）搜索引擎——www.google.com

美国斯坦福大学的博士生 Larry Page 和 Sergey Brin 在 1998 年创立了 Google，并于 1999 成立 Google 私人控股公司。它有个好听的中文名字"谷歌"。然而，谷歌搜索引擎目前已退出中国市场。为此，本节仅作简要介绍。

Google 每天通过对多达几十亿以上网页的整理，来快速为世界各地的用户提供搜索结果，其搜索时间通常不到半秒。目前，Google 每天提供高达数亿次以上的查询服务。Google 搜索是世界应用最多的搜索引擎，其主要特点如下：

① 特有的 PR 技术：PR 能够对网页的重要性做出客观的评价。

② 更新和收录快：Google 收录新站一般在十个工作日左右，是所有搜索引擎收录最快的；其更新频率比较稳定，通常每周都会有大的更新。

③ 重视链接的文字描述和链接的质量：在谷歌排名好的网站，通常在描述中含有关键词，而且有些重复两次，因此，网站建设时，应加强重视描述。

④ 超文本匹配分析：Google 搜索引擎不采用单纯扫描基于网页的文本的方式，而是分析网页的全部内容以及字体、分区及每个文字精确位置等因素。同时还会分析相邻网页的内容，以确保返回与用户查询最相关的结果

说明：PR（PageRank）是 Google 用于评测网页"重要性"的一种方法。PR 值是用来表现网页等级的标准，其级别取值为 0 到 10。网页的 PR 值越高，说明网页的受欢迎程度越高，例如，PR 值为 1 的网站表明该网站不太受欢迎；而网站的 PR 值在 7 到 10 时，则表明该网站非常受欢迎（即极其重要）。

3. 搜狗搜索引擎（http://www.sogou.com）

搜狗搜索引擎是搜狐公司强力打造的第三代互动式搜索引擎，它通过智能分析技术，对不同网站、网页采取了差异化的抓取策略，充分地利用了带宽资源来抓取高时效性信息，确保互联网上的最新资讯能够在第一时间被用户检索到。此外，在网页搜索平台上，搜狗服务器集群每天的并行更新超过 5 亿网页。在强大的更新能力下，用户不必再通过新闻搜索，就能获得最新的资讯。此外，搜狗网页搜索 3.0 提供的"按时间排序"功能，能够帮助用户更快地找到想要的信息。

4. 360 搜索引擎（http://www.so.com）

360 搜索引擎就是集合了其他搜索引擎，将多个单一的搜索引擎放在一起，提供了统一的搜索页面。当用户搜索关键词时，360 搜索会将从百度、谷歌等其他搜索引擎上搜索到的资源进行二次加工，去掉重复的资源并重新排序，经过整理后再给客户呈现。

（1）360 综合搜索的技术特点

① 工作原理：360 搜索引擎有自己的网页抓取程序（spider），其顺着网页中的超链接，连续地抓取网页（即网页快照）。由于互联网中超链接的应用很普遍，理论上，从一定范围的网页出发，能搜集到绝大多数的网页。

② 处理网页：360 搜索引擎抓到网页后，在进行的预处理工作中，最重要的就是提取关键词，建立索引文件。此外，还包括去除重复网页、分词（中文）、判断网页类型、分析超链接、计算网页的重要度/丰富度等。

③ 提供检索服务：用户输入关键词进行检索，搜索引擎从索引数据库中找到匹配该关键词的网页；为便于判断，除网页标题和 URL 外，还会提供一段网页摘要及其他信息。

（2）360 综合搜索的应用

【操作示例 13】使用 360 搜索引擎进行公交查询。

① 打开图 4-19 所示浏览器的综合搜索栏目，选择"地图"选项，在打开的窗口单击搜索框后边的 360地图 按钮。

② 打开"360 地图"窗口，选中"公交"选项，如图 4-31 所示。

③ 在图 4-31 所示的窗口中，第一步，确认选择的是"公交"选项；第二步，输入起点位置，如"北京联合大学"；第三步，输入终点位置，如"北京西站"；第四步，确定线路类型和搜索条件，如"时间短"；第五步，单击"搜一下"按钮；第六步，选择多方案中的一个，右侧窗格会显示出所选路线的地图；第七步，选中"发送到手机"，填写手机号码后，可将结果发送到指定的手机上。

图 4-31   360 安全浏览器的 "360 地图-公交-线路" 搜索窗口

4.4.3 搜索引擎的应用技巧

在纷繁的网络信息世界里，保持清晰的思路，正确使用搜索引擎，才能使自己逐步成为一名网络信息查询的高手。搜索引擎可以帮助用户在 Internet 上找到特定的信息，同时也会返回大量无用的信息。当用户采用了下面一些应用技巧后，能够花较少的时间，找到自己需要的确切信息，取得事半功倍的效果。首先，由于每个搜索引擎都有自己的查询方法，只有熟练掌握了，才能运用自如。因此，用户应选择和用好自己喜欢的搜索引擎。

本书仅以百度搜索引擎为例。打开浏览器，在地址栏输入 http://www.baidu.com，进入百度搜索的首页。单击 "更多>>" 链接，即可打开图 4-26 所示的窗口，其中包括了百度搜索相关的各种产品。在产品大全中排列的九大服务栏目分别是：新上线、搜索服务、导航服务、社区服务、游戏娱乐、移动服务、站长与开发者服务、软件工具和其他服务；栏目中的每个功能模块的下方都会有明显的提示信息，例如，搜索服务栏目中的 "音乐" 模块的提示是 "搜索试听下载海量音乐"。

各搜索引擎的基本技巧有：类别定位、关键词优化、细化搜索条件、用好布尔逻辑符和强制搜索等。实际应用时，往往是一种或几种技巧同时使用。下面仅介绍几种的常用应用技巧，更多的收获将来源于自己的实践。

1. 类别搜索

很多搜索引擎都提供了类别目录，建议先在搜索引擎提供的众多类别中选择一个，再使用搜索引擎进行搜索。因为，选择搜索一个特定类别比搜索整个 Internet 耗费的时间少得多，从而可以避免搜索大量无关 Web 站点。这是快速得到所需参考资料的基本搜索技巧。

【操作示例 14】类别搜索——计算机硬件技术资料。

① 打开 IE 11，输入网址 http://www.baidu.com/more/，进入百度产品大全页面。

② 选中 "社区服务" 栏目，单击其中的 "文库（阅读、下载、分享文档）" 模块，打开图 4-32。

③ 在图 4-32 所示的 IE11 的"百度文库"窗口中，第一步，选中检索资料的大分类，如，依次选择"专业资料→IT/计算机"选项；第二步，进一步选择小分类，如"互联网"；第三步，选中"文辑"标签；第四步，在文辑中检索、阅读自己需要的文档，如双击"移动互联网"专辑，将列出与该主题相关的多个文档，还可以进一步阅读文辑中的某个文档，如图 4-33 所示。

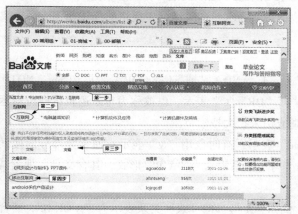

图 4-32　IE 11 中"百度文库–分类检索"窗口

图 4-33　"移动互联网"　检索结果窗口

2. 关键字（keywords）搜索

关键字源自于英文"keywords"，它是用户输入到搜索框，打算通过搜索引擎查找信息的代表用语；它可以是字、词、话、数字、符号等任何能够输入到搜索框中的信息。所以，关键字就是我们向搜索引擎发出的指令。

人们使用最多的就是关键字搜索。关键字搜索时，包含单个关键字的搜索被称为基本（初级）搜索。人们在使用单个关键字一段时间后，会发现在搜索引擎中搜索到的结果信息浩如烟海，而绝大部分并不符合自身的要求。于是，网民需要学习进一步缩小搜索范围和结果的方法。值得初学者注意的是：所提供的关键字越具体，搜索的范围就越狭窄，搜索引擎返回的无用信息的可能性也就越小。

（1）基本搜索—单个关键字

基本的百度查询步骤如图 4-34 所示；第一步，输入需要查询的内容（关键词），如"分类检索"；第二步，按【Enter】键，或单击地址栏尾部的 🔍 按钮，均可得到默认搜索引擎的处理，如百度处理后的结果如图 4-34 所示。

图 4-34　百度"单个关键字"检索窗口

（2）高级搜索—多关键字—缩小搜索范围

通过使用多个关键字可以极大地缩小搜索范围，如北京用户想了解本地手机流量的收费情况，使用百度搜索多关键字搜索的结果："流量收费"（19 200 000 个）、"手机流量收费"（644 000 个）、"北京手机流量收费"（475 000 个）三种关键字搜索来说，显然搜索"北京手机流量收费"可以将范围缩至最小，搜索效率最高，也最接近用户的搜索需求。多关键词中空格的作用相当于后边要介绍的布尔逻辑"与"的作用。

（3）布尔运算符 AND、OR 的应用

搜索引擎大都允许使用逻辑运算符"与"（and、AND）、"或"（or、OR）、"非"（not、NOT）作为搜索条件。这三种逻辑关系，也可以用"+""OR""–"表示，也被称为布尔逻辑符或逻辑运算符；其中逻辑与用来缩小搜索范围，而逻辑或用来扩大搜索范围。

① 逻辑"与"的关系用符号"AND、and"表示，有时也用"&"表示；通常大部分的搜索引擎都将词间的空格默认为"and"运算，如"与"关系表示为"A B"形式，其含义是：搜索 A 和 B 同时出现的所有网页。

② 逻辑"或"的关系多以"OR"表示，例如，A 与 B 的"或"关系表示为"A OR B"，其含义是：搜索包含 A，或者包含 B，或者同时包含 A 和 B 的所有网页。

③ 逻辑"非"的关系用"NOT""not""!"符号表示。在搜索引擎中"非"关系用"not"或减号"–"表示；例如，A 与 B 的"非"关系表示为"A –B"形式，其含义是搜索满足关键词 A 但不包含 B 的所有网页，即搜索结果中不含有"NOT"后面的关键词。应用时，减号"–"为英文字符。在减号前应留一个空格，但"–"和检索词之间不留空格。

说明：每个搜索引擎可以使用的布尔运算符是不同的，有的只允许使用空格，有的只允许大写的"AND""NOT""OR"运算符，有的则大小写通用；有的支持"&"" | ""!"符号的操作，有的则部分支持这些符号。因此，对自己习惯的搜索引擎建议查询后再使用常用的百度和 Google（谷歌）搜索引擎三种逻辑运算符的使用和表示方法如下：

- 百度的使用方法："逻辑与"的书写符号为"空格"，即"A B"；"逻辑或"的书写符号为"|"，即"A|B"形式；"逻辑非"的书写符号为" –"，注意"–"前必须有一个空格，即"A –B"的形式。
- Google 的使用方法：AND（逻辑与）优先，逻辑与书写为空格，使用方法同百度；逻辑或书写为 OR（必须用大写），即"A OR B"形式；逻辑非表示为" –"（注，–前必须输入一个空格），书写和使用方法同百度。

【操作示例 15】使用"逻辑与"关系缩小搜索范围——足球赛事。

① 当输入的查询条件是"赛事"时的查询结果如图 4-35 所示，共有 100 000 000 个搜索结果。

② 当输入的查询条件是"足球赛事"时的查询结果如图 4-36 所示，共有 13 600 000 个搜索结果；与①中比较，明显可见通过"与"的操作缩小了搜索范围，搜索出的信息也会更接近需要查询的内容，用时也会更短。

图 4-35 百度单关键字"赛事"的搜索结果

图 4-36 百度多关键字"足球 赛事"的搜索结果

【操作示例 16】使用"逻辑或"扩大搜索范围——篮球或足球赛事。

① 当在"好搜"中输入的查询条件是"篮球赛事"时，相关的查询结果为，共有 13 800 001 条搜索结果。

② 当在好搜中输入的查询条件是"篮球赛事 or 足球赛事"时，相关的查询结果共有 39 600 001 条搜索结果；与①中比较，明显可到通过 or 增加了搜索范围。

【操作示例 17】使用高级搜索工具实现逻辑"非"，进行百度搜索。

查询："地图软件 –谷歌地图"，即搜索在"地图软件"中不包含"谷歌地图"的所有网页。

① 输入"地图软件"时，其查询结果有 100 000 000 个搜索结果。

② 输入"地图软件 –谷歌地图"时，其查询结果如图 4-37 所示，共有 20 800 000 个搜索结果，这些网页中应当都不包含关键字"谷歌地图"。

图 4-37 百度搜索引擎的逻辑非应用结果

3．其他搜索技巧

（1）使用通配符

通配符包括星号（＊）和问号（？），前者表示匹配的数量不受限制，后者匹配的字符数要受到限制，常用在英文搜索引擎中。例如，输入"netwo＊"，就可以找到 network、networks 等单词，而输入"comp?ter"，则只能找到 computer、compater、competer 等单词。

【操作示例 18】使用通配符"＊"，进行百度搜索。

　　搜索"一*当先"，表示搜索"一*当先"的四字短语，中间的"*"代表任何单个字符。其操作如下：打开浏览器，在搜索栏目输入字符串"一*当先"后，单击"百度一下"按钮，搜索的结果如图 4-38 所示。

图 4-38　百度中通配符"*"应用的搜索结果

　　（2）英文字母大小写是否影响查询结果

　　很多搜索引擎搜索时，不区分英文字母大小写，所有的字母均被当作小写处理。例如：在百度中，输入"Book""book"或是"BOOK"，查询的结果都是一样的。

　　（3）精确匹配——双引号和书名号的应用

　　大多数搜索引擎会默认对检索的关键词进行拆词搜索，并会返回大量无关信息。如果将查询的关键词用双引号或书名号引起来，则能够得到更精确、数量更少的结果。

　　① 引号的使用：有些搜索引擎使用中、英文形式的引号搜索的结果会有所不同。

　　② 书名号的使用：查询的关键词加书名号与否，将直接影响搜索结果。它有两层特殊功能，第一，书名号会出现在搜索结果中；第二，被书名号扩起来的内容不会被拆分。在某些情况下是否加书名号结果将显著不同。例如，查电影《手机》时，如果不加书名号，查出来的信息多数是与通信工具手机相关的，而加上书名号后，就与电影《手机》十分接近了。

　　【操作示例 19】使用双引号进行精确查找。

　　① 在百度中查询条件不使用双引号查询"中超足球赛事"时，共有 9 860 000 个搜索结果。

　　② 在百度中查询条件使用双引号查询"中超足球赛事"时，共有 29 200 个搜索结果。与①中比较，明显可见双引号可使得结果更加精确。

　　③ 在"好搜"中查询条件使用双引号查询"中超足球赛事"时，共有 1 320 个搜索结果。可见使用双引号结果将更加精确。

　　④ 在"搜狗"中查询条件使用双引号查询"中超足球赛事"时，共有 3 100 条搜索结果。可见使用双引号的结果将更加精确。

　　【操作示例 20】使用书名号进行精确查找。

　　① 打开 IE 11，在地址栏输入"计算机网络基础"，搜索结果如图 4-39 所示，查找到的是关键词拆分后的所有结果，所以其数量比使用书名号时多很多。

　　② 打开 IE 11，在地址栏输入"《计算机网络基础》"，搜索结果如图 4-40 所示，可以准确地找到包含书名号的关键词的所有信息。

　　当检索的是计算机网络、网络基础、网络技术基础等相关知识或信息时，可以采用没有书名号的方式；而当查询某本图书资料时，就应当以书名号方式进行精确查找。

图 4-39　百度中不使用书名号进行查找

图 4-40　百度中使用书名号进行精确查找

（4）优化技巧

关键字在搜索引擎中是非常重要的一项，搜索引擎对于关键字的排名是有自己的规则的，而搜索引擎优化，其中的一项主要内容就是对于关键字的建设。搜索引擎优化又称 SEO，其主要工作就是将目标公司的关键字在相关搜索引擎中利用现有的搜索引擎规则进行排名提升的优化，使与目标公司相关联的关键字在搜索引擎中出现高频率点击，从而带动目标公司的收益，达到对目标公司进行自我营销的优化和提升。

【操作示例 21】提高关键字在百度上排名的技巧

若想提高某关键字在百度上的知名度，就要充分利用百度知道、百度百科、百度贴吧、百度空间等免费模块。由于百度搜索引擎会优先抓取自己网站中的信息。因此，推广时，第一，选择好关键字，并将其用在所写的文章中；第二，写好与关键字相关的文章，每篇无须太长，100～200字即可；第三，文章标题应当与选定的关键字匹配；第四，经常更新文章；第五，持之以恒。这就会提高该关键字的排名。

4.5　提高网页浏览速度

加快网页浏览速度的方法和技巧有很多，概括起来不外乎 3 种：第一，浏览器的设置；第二，操作系统的设置；第三，使用网络加速软件。本节仅涉及前两种方法，第三种方法将在细节介绍。

4.5.1　通过设置浏览器加速网页浏览

经过浏览器、加速软件、操作系统的简单设置后，不但提高网页浏览和网络访问的速度，还进一步提高了上网计算机或设备的系统与安全性能。

1. 优化打开网页的内容

如果网速较慢，在浏览网页的一般信息时，为了加快浏览速度，可以只显示文本内容和一般图片，而不用下载数据量很大的动画、声音、视频等文件。这样可以有效地提高网页的显示速度。各种浏览器大都提供了关闭系统的动画、声音、视频、插件、图片等项目的功能，用户可以根据自身喜好进行设置，以便改善网页的浏览速度。

【操作示例 22】IE 11 浏览网页时仅显示文字和图片。

① 在 IE 11 中，依次选择"查看→Internet 选项"命令，打开"Internet 选项"对话框。

② 在"Internet 选项"对话框中选择"高级"选项卡，如图 4-41 所示。

③ 在"高级"选项卡中，选择"多媒体"选项，清除"在网页中播放动画""在网页中播放

声音"等全部或部分多媒体选项中复选框的选中标记"√"。

2．增加网页缓冲区

增大保存 Internet 临时文件的磁盘空间，可以提高网络浏览的速度。因为临时文件夹中保存了刚浏览和访问过的网页内容，当用户需要重复访问刚访问过的网页时，就不必再次从网络上下载，而会直接显示临时文件夹中保存过的部分内容。

【操作示例 23】利用网页缓冲区快速显示此前浏览过的网页。

IE 11 与其他浏览器都会将浏览过的网页、图像和媒体的副本保存在"Internet 临时文件夹"中，推荐将临时文件夹的空间设为最大，但最好不设置在 C（系统）盘。

① 在 IE 中，依次选择"查看→Internet 选项"命令，在打开的对话框中，选择"常规"选项卡，如图 4-42 所示。

② 选中"浏览历史记录"区域单击"设置"按钮，打开"Internet 临时文件和历史记录设置"对话框，如图 4-43 所示。

③ 在"Internet 临时文件"选项组的"要使用的磁盘空间"数值框中，设置保存临时文件的磁盘空间大小；在"当前位置"选项组中，可以重新设置临时文件的保存位置。

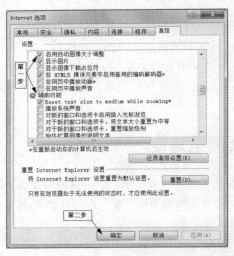

图 4-41 "Internet 选项"对话框"高级"选项卡

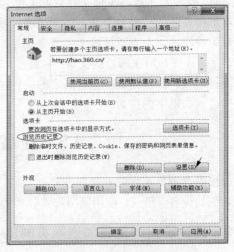

图 4-42 "常规"选项卡

3．历史记录的设置与优化

"历史记录"记录了浏览器中曾经浏览过的网页，保存的时间越长，积累的网站信息就多。这样，再次打开同一内容时，部分内容就无须从网络下载，浏览速度就会加快。然而，任何事物都有正反两方面，提高保存天数，就会保存很多当前无用的信息，会占用更多的内存、硬盘等资源。因此，如果连接的 ISP 网速快，或者是上网设备资源紧张，就不必保存许多历史记录。

【操作示例 24】设置 Internet 历史记录保存的天数。

使用浏览器时，有人经常需要从历史记录中查看曾经访问过的网址，每个浏览器都有默认的保存天数，超过保存天数的记录时将不再保存。有些用户则不希望别人查看到自己访问的轨迹。此外，计算机的配置一般会比平板电脑、手机高，所以用户应当根据自己设备的情况、应用需求来选择设置历史记录相关的内容。IE 11 历史记录的设置方法如下：

① 在 IE 中，依次选择"查看→Internet 选项"命令，在打开的对话框中，选择"常规"选项卡。

② 在"浏览历史记录"区域，单击"设置"按钮，打开图 4-43 所示的对话框。

③ 在"历史记录"选项组中将已访问网站的历史记录保存天数设置为 20，单击"确定"按钮。

④ 返回"Internet 选项"对话框后，如果选中"退出时删除浏览历史记录"复选框，则表示不保存浏览的历史记录。设置完成之后，单击"应用"按钮完成设置功能；单击"确定"按钮，关闭"Internet 选项"对话框。

图 4-43　"Internet 临时文件和历史记录设置"对话框

4.5.2　通过设置操作系统提高上网的速度

通常上网设备的配置、运行的好坏都会影响到上网的速度。为此，网页浏览速度自然可以加速。用户进行网页浏览时，上网设备打开的窗口过多，或运行的其他程序过多时，系统常常提示内存不足。因此，加大虚拟内存、关闭无用窗口及内存中运行的程序均可提高上网速度。

【操作示例 25】设置操作系统的相关选项。

1．扩大虚拟内存

① 右击"计算机"图标，在弹出的快捷菜单中选择"属性"命令，在弹出的窗口中单击"高级系统设置"链接，打开"系统属性"对话框，如图 4-44 所示。

② 在"高级"选项卡中，在"性能"区域单击"设置"按钮，打开图 4-45 所示的对话框。

图 4-44　"系统属性"对话框

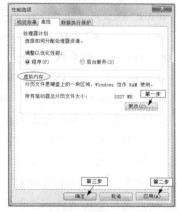

图 4-45　"性能选项"选项卡

③ 在"虚拟内存"区域，单击"更改"按钮，打开"虚拟内存"对话框。

④ 在"虚拟内存"对话框中，需要先将管理方式改为"手动"，之后更改虚拟内存的位置和大小；最后，单击【确定】按钮，返回"性能选项"对话框。单击"应用"按钮，单击"确定"按钮，返回图 4-44。

建议：第一，设置较高的虚拟内存；第二，虚拟内存的存储位置应尽可能设置在非系统盘（系统盘通常为 C 盘），如 D 或 E 盘。这样下载的程序或文件就可以保存在其他磁盘，系统盘 C 才能有较大的空间。

2. 适当设置视觉效果

① 右击"计算机"图标，选择"属性"命令，在打开的窗口单击"系统属性"链接，打开"系统属性"对话框，如图 4-44 所示。

② 在"高级"选项卡的"性能"区域，单击"设置"按钮，打开图 4-45 所示的对话框。

③ 选择"视觉效果"选项卡，选中"自定义"单选按钮，在下面的自定义区域进行设置，如选中"拖动时显示窗口内容"和"在窗口和按钮上使用视觉式样"复选框。

④ 在各对话框中，依次单击"应用"和"确定"按钮，关闭所有对话框，完成设置。

3. 停止不必要的后台服务

① 右击"计算机"图标，在打开的快捷菜单中选中"管理"命令，打开"计算机管理"窗口。

② 在"计算机管理"窗口中，依次选中"服务和应用程序→服务"选项，在右侧窗格，对于平时不需要的一些后台服务可以设置为禁用、停止或手动，如传真及自己不需要的远程协助服务等。

习　题

1. 谁是 WWW 的创始人？

2. 什么是 WWW 和 Web？两者有区别吗？

3. WWW 的工作模式（结构）是什么？HTTP 定义的 4 个事务处理步骤是什么？

4. WWW 的客户端软件是什么？常用的有哪些？

5. 什么是"主页"（Home Page）、"网页"（Web Page）和"超链接"（Hyperlink）？在 WWW 浏览器中它们是如何联系在一起的？

6. 如何启动 Internet Explorer 浏览器？IE 浏览器中的主要设置有哪些？

7. IE 浏览器的工具栏和菜单栏的作用是什么？

8. 如何在 IE 浏览器中定义主页？

9. 在 IE 浏览器中，如何将当前页面的地址加入到收藏夹？

10. 如何在其他计算机上使用本机收藏的网址？

11. IE 浏览器中，如何在当前页面搜索指定的文字？

12. 什么是历史记录？如何在 IE 浏览器中，使用历史记录？

13. 在 IE 浏览器中，如何保存当前页面、表格和图片？

14. 什么是标签式浏览？什么是窗口式浏览？当前主流浏览器使用的是什么方式？

15. 什么是搜索引擎？它有哪些功能？

16. 国外和国内常用的搜索引擎有哪些？写出中国排名前 3 位的中文搜索引擎的特点。

17. 百度使用的主要搜索技术有哪些？

18. 在百度中是否可以使用通配符 "*"？如果可以，请举例说明。

19. 在百度中，如何实现查询条件的 "逻辑与 AND" "逻辑或 OR" 和 "逻辑非 NOT" 的操作？请各举一个例子进行说明。

20. 如何通过 IE 浏览器的简单设置来提高网页的浏览速度？

本章实训环境和条件

① 有线或无线网卡、路由器、Modem 等接入设备，以及接入 Internet 的线路。

② ISP 的接入账户和密码。

③ 已安装 Windows 7 操作系统的计算机。

实 训 项 目

实训 1：浏览器基本操作实训

（1）实训目标

掌握 Internet 中使用 IE 浏览器进行 WWW 信息浏览的基本技术。

（2）实训内容

完成【操作示例 1】～【操作示例 7】中信息浏览基本技术的各项操作。

实训 2：安装和启用世界之窗浏览器

（1）实训目标

掌握安装和使用新浏览器的技巧。

（2）实训内容

① 进入一个软件网站；

② 下载和安装世界之窗浏览器，实现【操作示例 8】；

③ 用世界之窗浏览器实现【操作示例 2】～【操作示例 7】、【操作示例 9】中信息浏览的各项基本技术；

④ 用世界之窗浏览器实现【操作示例 10】～【操作示例 21】中引擎搜索的各项搜索技术。

实训 3：IE 和世界之窗浏览器的高级操作实训——收藏夹的使用

（1）实训目标

掌握 Internet 中使用收藏夹的技巧。

（2）实训内容

参照【操作示例 3】完成，分别使用 IE 和世界之窗浏览器，实现收藏夹的导出和导入任务，其要求如下：

① 在一台计算机上收藏 5 个 Web 站点的网址，通过浏览器的收藏夹导出，并存储到 U 盘上。

② 在另一台计算机上使用 IE 浏览器，导入在①中从 IE 导出，并存储在 U 盘的网址。

实训 4：通过 IE 的设置加快浏览速度

（1）实训目标

在 IE 通过设置提高浏览网页的速度。

（2）实训内容

完成【操作示例 22】～【操作示例 24】中的内容。

实训 5：通过设置操作系统提高上网的速度

（1）实训目标

通过设置操作系统提高上网的速度。

（2）实训内容

完成【操作示例 25】中的内容。

第 5 章　电子邮件

学习目标：

- 了解：电子邮件的基本知识。
- 了解：常用电子邮箱的类型。
- 掌握：电子邮件客户端软件、网易、Foxmail 的使用方法。
- 掌握：在移动设备中电子邮件客户端软件的使用方法
- 掌握：电子邮件的应用技术与使用技巧。

5.1　电子邮件的基础知识

电子邮件又被称为 E-mail，它是一种利用电子手段提供信息交换的通信方式，是互联网应用最广的服务之一。通过网络的电子邮件系统，用户可以以非常低廉的价格、非常快速的方式与世界上任何一个角落的网络用户联系。电子邮件的出现极大地方便了人与人之间的沟通与交流，促进了社会的发展。电子邮件的主要特点如下：

① 电子邮件是一种非常简便和快捷的通信工具，通过邮件客户端程序，仅仅几秒钟即可发送到世界上任何指定的目的地。

② 电子邮件是一种高效经济的通信手段。

③ 电子邮件与手机短信比较，速度都很快，但电子邮件更加正式，因此，很多正式通知仍然会采用电子邮件，如购买的保险单、使馆的签证信息等。

④ 电子邮件的地址是固定的，但实际位置却是保密的。

⑤ 电子邮件具有非常广泛的应用范围，使用它不仅可以传递文字，还可以传递语音、图像和其他存储在硬盘上的信息。

5.1.1　电子邮件的工作方式

电子邮件的工作方式是服务器/客户机模式。用户感觉是在客户计算机上发送之后，电子邮件就会自动到达目的地。实际上，一封电子邮件从客户端计算机发出，在网络的传输过程中，会经过多台计算机（如服务器）和网络设备（如路由器）的中转，最后才能到达目的计算机，并传送到收信人的电子信箱中。

1. 普通邮政系统的工作方式

在 Internet 上，电子邮件系统的这种传递过程与普通邮政系统中的信件传递过程类似。用户要给远方好友寄一封信，首先，要投入邮政信箱；之后，信件会由当地邮局的邮递员接收到当地邮局；之后，会通过分检、邮件的转运等，中途可能还会经过一个又一个的中间邮局的转发；最后才能达收信人所在的邮局，目的邮局的邮递员会将邮件投递到收信人手的信箱中。

2．电子邮件系统的工作方式

电子邮件系统中的核心是接收和发送邮件的服务器。其工作方式如图 5-1 所示。

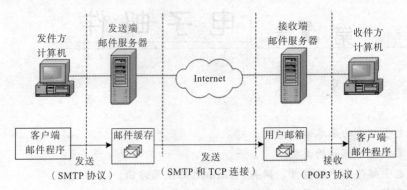

图 5-1　电子邮件系统的工作方式示意图

（1）发送邮件的服务器

发送邮件的服务器被称为 SMTP 服务器，它负责接收用户送来的邮件，并根据收件人地址发送到对方的邮件服务器中，同时还负责转发其他邮件服务器发来的邮件。

（2）接收邮件的服务器

接收用户邮件的服务器被称为 POP3 服务器，它负责从接收端邮件服务器的邮箱中取回自己的电子邮件。

3．收发电子邮件的条件和基本概念

收发电子邮件的前提条件是计算机已经做好上网的硬件准备工作，并且已经安装和设置好了与 ISP 的连接，例如，安装和设置好了 ADSL Router 或 Modem。此外，还需要有自己的电子邮件账户，以及收信人的邮件地址。

（1）邮件账户

发送电子邮件前，首先必须具有自己的电子邮件账号，也称为电子邮件账户或电子信箱，这样才能够收发电子邮件。通常一个电子邮件账号应当包括用户名（user name）和密码（password）两项主要信息。向不同的电子邮件服务商申请邮件账户后，就会得到在所申请的邮件服务器上的用户名与用户密码。

（2）电子邮件地址

一个完整的 E-mail 地址电子邮件地址的格式由三部分组成。

• user：代表用户信箱的账号，对同一个邮件接收服务器来说，此账号必须唯一。

• @：是分隔符，用于分隔用户与服务器的信息。

• 用户信箱的邮件接收服务器的域名：通常是域名地址，也可以是 IP 地址，用于标识接收邮件服务器的位置。

E-mail 地址是一个字符串，字符串由@分为如下两部分：

guomin@163.com

user（登录用户名）@　接收邮件服务器的域名地址

① 地址说明：

- @：表示"在"（即英文单词 at）。
- @的左边：为登录用户名，通常为用户申请邮件账户时所取的名字。
- @的右边：为邮件服务商提供的邮件服务器的域名或 IP 地址。

② 书写电子邮件地址时应注意的问题：

- 千万不要漏掉地址中各部分的圆点符号"."。
- 在书写地址时，一定不能输入任何空格，也就是说在整个地址中，从用户名开始到地址的最后一个字母之间不能有空格。
- 不要随便使用大写字母。请注意，在书写用户名和主机名时，有些场合可能规定使用大写字母，但是，绝大部分都由小写字母组成。

4. 电子邮件系统的组成

一个电子邮件系统应具有图 5-2 所示的 3 个主要组成部件，这就是客户端邮件程序（用户代理）、邮件服务器，以及电子邮件使用的服务协议。

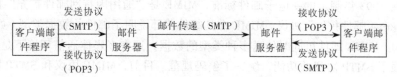

图 5-2　电子邮件系统的组成和协议

5. 邮件服务协议

在使用电子邮件服务的过程中，用户常常会遇到 SMTP 和 POP（POP3）服务器和协议。它们到底是什么呢？通俗地说，邮件服务器就是网络上的电子邮局服务机构，服务协议就是在用户使用服务时的语言标准。它们的具体功能如图 5-2 所示。

（1）SMTP（Simple Mail Transport Protocol）

SMTP 协议即简单邮件传输协议，已成为因特网的事实标准。SMTP 是因特网上服务器提供的发送邮件的协议。因此，SMTP 服务器就是发送邮件的服务器。

（2）POP3（Post Office Protocol version3）

POP 即邮局协议，它是因特网上负责接收邮件的协议。所以，POP3 服务器就是接收邮件的服务器。POP3 服务器是具有存储转发功能的中间服务器。通常，在邮件交付给用户后，服务器就不再保存这些邮件了。由于 POP3 方式接收邮件时，只有先将所有的信件都从 POP 服务器上下载到客户机后，才能浏览和了解信件内容。因此，在接收邮件的过程中，用户不知道邮件的具体信息，也无法决定是否要接收这个邮件。一旦遇上邮箱接收到大量的垃圾邮件或较大邮件的情况，用户也就无法通过分析邮件的内容及发信人的地址的来决定是否下载或删除，因而会造成系统资源的浪费，严重时会导致邮箱崩溃。

（3）IMAP（Internet Accesses Protocol）

IMAP 即 Internet 报文存取协议。虽然，IMAP 与 POP3 都是按客户/服务器方式工作，但它们有很大的差别。下面简单介绍一下 IMAP 方式的特点。

① 当客户程序打开 IMAP 服务器的邮箱时，用户就可以看到邮件的首部。这就是 IMAP 提供的"摘要浏览功能"。这个功能可以让用户在下载邮件之前，知道邮件的摘要信息，如到达时间、主题、发件人、大小等信息。因此，用户拥有较强的邮件下载的控制和决定权。另外，IMAP 方式下载时，还可以享受选择性下载附件的服务。例如，当一封邮件里含有多个附件时，用户可以选择只下载其中的某个需要的附件。这样用户不会因为下载垃圾邮件，而占用自己宝贵的时间、带宽和空间。

② IMAP 提供基于服务器的邮件处理以及共享邮件信箱等功能。邮件（包括已下载邮件的副本）在手动删除前，会一直保留在服务器中，这将有助于邮件档案的生成与共享。漫游用户可以在任何客户机上查看服务器上的邮件。而 POP 方式中的邮件由于已经下载到了某台客户机上，因此，在其他客户机上将浏览不到已经下载的邮件。

③ "在线"方式下，IMAP 的用户可以像操纵本地文件、目录信息那样处理邮件服务器上的各种文件和信息。此外，由于 IMAP 软件支持邮件在本地文件夹和服务器文件夹之间的随意拖动，因此，用户可以方便地将本地硬盘上的文件存放到服务器上，或将服务器上的文件拖回本地。

④ "离线"方式下，IMAP 与 POP3 一样，允许用户离线阅读已下载到本地的邮件。

（4）MIME（Multipurpose Internet Mail Extension）协议

MIME 是在 1993 年制定的新电子邮件标准，MIME 是"通用因特网邮件扩充"协议，也被称为"多用途 Internet 邮件扩展"协议。MIME 在其邮件首部说明了邮件的数据类型（如文本、声音、图像、视像等）。MIME 邮件可同时传送多种类型的数据，这在多媒体通信环境下是非常有用的。MIME 协议增强了 SMTP 协议的功能，统一了编码规范。目前，MIME 协议和 SMTP 协议已广泛应用于各种 E-mail 系统中。

6. 邮件客户端程序的功能和类型

（1）邮件客户端程序的功能

邮件客户端程序是用户的服务代理，用户通过这些软件使用网络上的邮件服务。因此，用户代理（User Agent，UA）就是用户与电子邮件系统的接口，在大多数情况下它就是在用户计算机中运行的邮件程序。用户代理至少应当具有以下 3 个功能：

① 撰写邮件。

② 显示邮件。

③ 处理邮件。

（2）常用的邮件客户端程序

① Microsoft Outlook：内置在微软 Office 软件中，可以离线（脱机）操作。

② 网易闪电邮：是网易网络公司独家研发的首款邮箱客户端软件，适用于 Windows 系统，其主打"超高速，超全面，超便捷"的邮箱管理理念，官网网址为 http://fm.163.com。

③ Foxmail 7：是腾讯全新推出的 Foxmail 最新版本，它增加了对 Exchange 账号的支持，优化对 Gmail 的支持，并支持 Gmail 邮件的即时推送；新增日历管理，邮件查找速度大大提高。Foxmail 新版下载的官网网址：http://www.foxmail.com/。

5.1.2　申请电子邮箱

在发送电子邮件之前，必须具有自己的电子邮件账号，这就像人们通信时，双方必须具有邮件地址一样。无论是在手机、平板电脑的应用商店，还是在计算机上，选择和申请电子邮箱的途径有很多。

1. 选择电子邮箱的依据

如果经常和国外的客户联系，建议使用国外的电子邮箱，如 Gmail、Hotmail、MSN Mail 或 Yahoo Mail 等。

如果除收发电子邮件外，还想兼顾网盘的应用，如需要经常存放和传输图片、资料等，则应尽量选择存储量大的邮箱，如网易 163、126、yeah、TOM 及 Gmail、Yahoo 等。

2. 申请付费的邮件账号

为了个人通信的方便和保密，最好每个人都具有单独的邮件账号，当然，也可以多人合用一个账号。在 ISP 中申请、购买的电子邮件账号，除了可以收发具有较大空间的 E-mail 之外，一般还具有一些其他的附加功能。收费邮箱的特点主要是：高速、高容量、运行稳定、更可靠性、功能多（如提供邮件助理、IMAP、网络收藏夹等功能）、无广告、服务好和在线杀毒和邮件安全过滤，此外还提供一些有特色的服务。国内常用收费邮箱的主要站点：

① 网易邮箱：http://www.126.com；http://mail.163.com/。

② 新浪邮箱：http://mail.sina.com.cn。

③ 搜狐邮箱：http://mail.sohu.com/。

④ TOM 邮箱：http://mail.tom.com/。

3. 申请免费的 E-mail 电子信箱

在 Internet 上提供的免费 E-mail 信箱同样具有收信、发信和转信等功能。每次收发 E-mail 时只要进入 Internet，用浏览器登录到该免费 E-mail 所在的网页，并登录到免费邮箱账号，即可收发电子邮件。

（1）免费电子信箱的主要特点

免费 E-mail 账号服务一般都是"即开即用"。其最大的优点就是无须付费，使用方便，适合于临时使用的电子邮件场合。其缺点如下：

① 免费 E-mail 账号一般都提供邮件的 Attach（附件）功能。

② 用户使用免费 E-mail 账号发出信件时，一般都有令人讨厌的广告。

③ 有的免费账号提供的服务性能不太好，有时传输速度较慢，有时不能正常工作。

（2）国内外提供免费 E-mail 信箱的站点

国内外提供免费 E-mail 信箱的站点很多，下面将列出一些站点的网址以供用户参考。

① 国外的主要站点：

• MSN Hotmail：http://www.hotmail.com。

• Yahoo Mail：http://mail.cn.yahoo.com。

• Gmail：https://www.google.com。

• Bigfoot：http://www.bigfoot.com。

② 国内的主要站点：

• 网易邮箱：http://www.126.com；http://mail.163.com/。

• 新浪邮箱：http://mail.sina.com.cn。

- TOM 邮箱：http://mail.tom.com/。
- QQ 邮箱：http://mail.qq.com/

【操作示例 1】申请免费新浪邮箱。

① 接入互联网,打开图 5-3 所示的世界之窗浏览器,第一步,在地址栏输入 www. sina.com.cn,按【Enter】键;第二步,在新浪首页中选择要申请的邮箱类型,可选择的有免费邮箱、VIP 邮箱或企业邮箱,如这里选择"免费邮箱",打开图 5-4 所示页面。

② 在图 5-4 所示的新浪邮箱登录页面,可以登录或注册电子邮箱,单击"注册"按钮,打开图 5-5 所示页面。

③ 在图 5-5 所示的"新浪邮箱-注册"页面,第一步,输入自己的用户名,如"guolimin",如果系统提示"邮箱名已存在",则需重新输入直至没有提示为止;之后,在密码栏输入自己使用的密码;第二步,输入"验证码",并选中"我已阅读并接受……"复选框;第三步,单击"立即注册"按钮;注册任务完成,将自动登录到图 5-6 所示的窗口。

图 5-3　新浪首页

图 5-4　新浪邮箱登录窗口

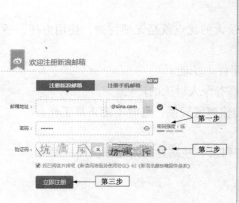

图 5-5　"新浪邮箱-注册"窗口

图 5-6　新浪邮箱"首次成功登录"窗口

④ 在新浪邮箱的"首次成功登录"窗口中,可以看到邮箱管理者自动发来的邮件,选择"邮箱导航"选项卡,可见到常用的操作,如写信、添加联系人等。

4. 免费和收费 E-mail 电子信箱的区别

通常,收费邮箱与免费邮箱对比具有：安全性强、稳定性高、反垃圾邮件能力强、病毒防护好，以及海外邮件发送顺畅等特点。对于普通用户来讲，若没有特殊的要求，使用免费邮箱即可，但是，对于企业邮箱及那些对邮件速度、安全性要求较高的用户，建议选择收费邮箱。

【操作示例 2】进入 TOM 网站找出免费和收费电子邮箱的区别。

① 输入网址 http://vip.tom.com，在"TOM 邮箱"下部窗口中选择"与免费邮箱的区别" 与免费邮箱的区别 选项，打开图 5-7 所示的页面。

② 图 5-7 所示的页面中，列出了免费邮箱与各种 VIP 收费邮箱的区别列表，从中可以了解到该网站收费和免费邮箱的具体区别。

图 5-7 免费邮箱与 VIP 邮箱的对比

5.1.3 Web 方式收发电子邮件

人们将计算机连入 Internet 后，通过 Web 浏览器，在 Internet 中直接收发电子邮件的方式，称为 Web（WWW）方式或"在线"收发邮件的方式。这里所谓的"在线"是指所有的操作都在连网的状态下进行，因此，需要支付上网流量的费用。

在线方式的优点是简单、易用、直观、明了，比较适合初学者使用。不管你是出差在外，还是在咖啡厅里，只要在能够上网的地方，就可以通过浏览器，在线收、发、读、写电子邮件。

这种方式的缺点是付出的费用高，性能受线路状况的影响较大，多账号取信不便。

【操作示例 3】通过新浪免费邮箱在线收发电子邮件。

① 打开浏览器，在地址栏输入网址"http://mail.sina.com.cn/"。

② 在新浪邮箱登录页面输入新浪邮箱的"用户名"和"密码"后，单击"登录"按钮；登录后单击 写信 "写信"按钮，打开图 5-8 所示的页面。

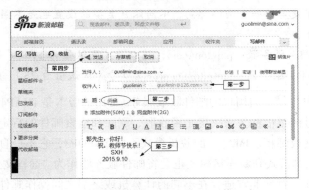

图 5-8 新浪邮箱的 Web 方式"写信"窗口

③ 第一步，填写收件人地址；第二步，填写邮件主题，如"问候"；第三步，编辑好要发送的邮件；第四步，单击"发送" ◄发送 按钮，完成发送邮件的任务。此后，在左侧窗格的"已发送"栏目，可以看到所有已成功发送的邮件。

5.2 邮件客户端软件的基本应用

早期，最常用的电子邮件客户端软件是操作系统中内置的，如 Windows 中内置的 Outlook Express，以及 Office 中的 Microsoft Outlook；其他电子邮件客户端有很多，如 Foxmail、网易闪电邮、DreamMail 等。无论哪种电子邮件客户端软件，其基本功能是相似的，通过它们都可以实现写信、发信、收信及地址簿、邮件账户的管理等各种任务。当前，人们通常会选择一款计算机及移动设备上都适用的邮件客户端软件，本节将以 Foxmail 为例进行介绍。

5.2.1 电子邮件客户端 Foxmail 概述

Foxmail 邮件客户端软件是中国最著名的软件产品之一，其中文版使用人数超过 400 万，英文版的用户遍布 20 多个国家，在邮件客户端软件的排行中，位列前茅。Foxmail 通过和 U 盘的授权捆绑形成了安全邮、随身邮等一系列产品，它于 2005 年 3 月 16 日被腾讯收购，当前最新版本是 7.2.7。

1. 邮件客户端软件中基本的术语与设置

每个人使用的电子邮件软件不同，需要掌握的设置方法可能有所不同。但是，基本的设置都是相似的。注册或购买电子邮件账户时，会同时得到邮件账号及其对应的邮件服务器地址，所设置的邮件服务器的地址是绝对不能出错的，其含义如下：

① POP3 服务器和端口号：即收件服务器，是指在网络邮局中，负责接收邮件的计算机，此栏应准确填写它的地址；其服务器端口号（默认值为 110）代表了收件服务器的应用类型。例如，163 免费邮箱的 POP3 服务器的地址是 pop.163.com。

② SMTP 服务器：即发件服务器，就是在网络邮局中，负责发送邮件的计算机，此栏应准确填写它的地址；其服务器的端口号（默认值为 25）代表了发件服务器的应用类型，如 163 免费邮箱的 SMTP 服务器的地址是 smtp.163.com。

提示：当用户使用电子邮局的服务时，必须对所用软件的邮件服务器地址进行设置，不同邮局的地址是不同的，即使是同一个网络邮局，不同账户类型的设置也是不同的。例如，TOM 免费邮箱的服务器地址如下：

- 接收邮件（POP3）服务器：pop.tom.com，端口号（默认值为 110）（免费）。
- 发送邮件（SMTP）服务器：smtp.tom.com，端口号（默认值为 25）（免费）。

③ IMAP 服务器也提供面向用户的邮件收取服务。常用的版本是 IMAP4。IMAP4 改进了 POP3 的不足，用户可以通过浏览信件头来决定是否收取、删除和检索邮件的特定部分，还可以在服务器上创建或更改文件夹或邮箱。IMAP4 的脱机模式不同于 POP3，它不会自动删除在邮件服务器上已取出的邮件，其联机模式和断连接模式也是将邮件服务器作为"远程文件服务器"进行访问，更加灵活方便。IMAP4 的特性非常适合在不同的计算机或终端之间操作邮件的用户，例如，可以

在手机、平板电脑、PC 上的邮件代理程序操作同一个邮箱，以及那些同时使用多个邮箱的用户。
163 邮箱的 IMAP 服务器的地址为：imap.163.com。

2．Foxmail 功能简介

Foxmail 具有简洁、友好、实用、体贴的界面功能，最主要的特点是速度快、使用方便、免费
和稳定，其他主要功能特点如下：

① 全面支持 Exchange 账号；

② 快速的全文搜索；

③ 更专业的邮件编辑功能；

④ 邮件管理功能强大；

⑤ 附件能够预览；

⑥ IMAP 更快更流畅；

⑦ 地址簿支持多级文件夹；

⑧ 支持按时间段收取邮件；

⑨ 能够导入 Outlook 邮件；

⑩ 能够进行附件缺失检查。

3．Foxmail 软件的获取与安装

在 Foxmail 官方网站和各大软件网站都可以免费获取该软件。

【操作示例 4】获取与安装 Foxmail 软件。

① 在浏览器的地址栏输入 http://www.foxmail.com/，打开 Foxmail 官网首页，单击"立即下载"
按钮，完成该软件的下载任务，双击已下载的软件，跟随向导完成软件安装任务，安装结束
后，会自动打开图 5-9 所示的对话框。

② 输入用户账户名和密码，单击"创建"按钮，如果能够通过验证，则进入图 5-10 所示界
面；如果不能通过验证，关闭对话框，设置参见【操作示例 5】。

图 5-9　"新建账号"对话框　　　　图 5-10　Foxmail 客户端工作窗口

5.2.2　管理电子邮件账户

通过电子邮件客户端程序，人们可以完成写信、发信和收信等各种任务。然而，只有经过设
置，客户端程序才能完成从各个电子邮局（邮件服务器）中自动收发用户电子邮件的任务。电子

邮件客户端软件种类很多，安装好客户端软件后，应先设置，再使用。通常安装好邮件客户端软件之后，系统向导会引导用户进行初始设置。但如果有多个邮件账户或需要修改账户，则需要进行电子邮件账户的管理，其内容应当包含：新建、删除、修改信息。

1. 创建新的电子邮件账户

邮件客户端最基本的设置就是创建邮件账户，是指将用户注册或购买的各个邮件账户的必要信息设置好。之后，邮件客户端才能自动收发用户在互联网中各个电子邮件服务器中的电子邮件。

（1）创建新的邮件账号

【操作示例 5】Foxmail 邮箱管理——新建"新浪邮箱"。

① 双击桌面上的 Foxmail 图标 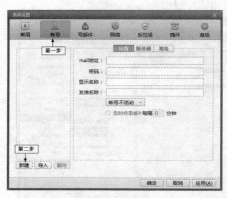，启动 Foxmail 软件，展开主菜单，从中选择"设置"，打开图 5-11 所示对话框。

② 第一步，选择"账号"选项卡；第二步，单击"新建"按钮，打开图 5-9 所示的对话框，按照图中的步骤完成操作，即可添加新的邮件账户。成功建立后，新建的账户将出现在图 5-10 所示的左侧窗格。

提示：对使用过邮件客户端软件的用户，一般按上述步骤均可完成新建账户的任务；对于新注册的账号，应注意所注册的账户是否支持或开启了邮件客户端的相应功能。例如，对于申请新注册新浪免费邮箱的用户，只有完成一些设置，才能通过验证。主要设置步骤如图 5-12 所示。第一步，用 Web 方式登录邮箱；第二步，在左侧窗格选中"客户端 pop/imap/smtp"选项，在右侧窗格找到"POP3/SMTP 服务"选项，选中服务状态的"开启"单选按钮；第三步，单击"保存"按钮；最后，还要提供手机号码进行验证；成功验证后，再次在 Foxmail 中创建该账户即可通过验证。

图 5-11　Foxmail "系统设置" 对话框

图 5-12　新浪邮箱-开启服务功能窗口

（2）创建多个邮件账号

有时候新建的邮件账号并不是网络上熟悉的账号，而是单位内部的电子邮件账号；因此，往往需要手工修改一些具体参数后，才能正常加入到邮件账号列表中。为此，学会手工创建和管理账号是非常必要的操作技能。

【操作示例 6】Foxmail 邮箱创建多个邮件账户。

① 依次选择"开始→所有程序→Foxmail"命令或双击桌面图标 ，启动 Foxmail。

② 单击"系统设置"按钮 ，在展开的菜单中选择"设置"，在打开的对话框中按图 5-11 中标注的步骤进行操作，打开图 5-13 所示的对话框。

③ 输入拟建账号的用户名和密码，单击"手动设置"按钮，打开图 5-14 所示的对话框。

④ 图 5-14 所示的对话框中列出了需要设置的各个项目，按照该邮件账户网站给出的服务器的各项参数进行设置，然后单击"创建"按钮。

⑤ 创建成功后，Foxmail 工作窗口如图 5-15 所示，重复上述各个步骤，添加其他邮件账号。

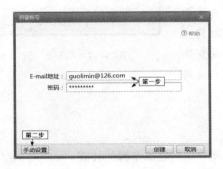
图 5-13　Foxmail 的"新建账号"对话框

图 5-14　手动设置账号

2. 管理电子邮件账户

【操作示例 7】管理电子邮件账号。

① 依次选择"开始→所有程序→Foxmail"命令或双击 图标，启动 Foxmail。

② 第一步，单击要管理的邮箱账号；第二步，在展开的邮箱快捷菜单中，选择"设置"命令，打开图 5-16 所示的对话框。

③ 第一步，在左侧窗格选中要管理的账号；第二步，在右侧窗格可以进行设置，例如，在"设置"选项卡中修改密码，删除旧密码后，输入新密码；第三步，单击"确定"按钮，完成所选账号密码的更改任务。

图 5-15　选定邮箱

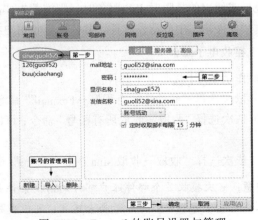
图 5-16　Foxmail 的账号设置与管理

④ 在图 5-16 所示的对话框中，选择"服务器"可以进行相关的设置或修改。在左侧窗格可

以对多个账号，分别进行选择和管理，例如，选中邮箱后，单击下面的"删除"按钮，可以删除选定的账号。

⑤ 在图 5-16 所示的右侧窗格，选择"高级"选项卡，如图 5-17 所示。

⑥ 在左侧窗格选中要设置的账号；可以针对所选的账号进行一些设置，例如，选中"发邮件都请求阅读收条"表示该账号作为发件人的所有邮件都要求回执，还可以针对这个账号选择特殊的信纸。

图 5-17 "高级"选项卡

小结：第一步，参照上述两个任务，建立起有具有多个电子邮件账户的客户端系统；之后，就可以一次联网，取回在各个邮件服务器处的电子邮件，同时发送在本地发件箱中的邮件。第二步，更改邮件账户密码，必须先到申请网站更改密码后，再到 5-16 中更改密码设置。

5.2.3 收发电子邮件

收发电子邮件是用户最基本的操作，也是每位用户应当熟练掌握的技能。

1. 联机操作与脱机操作

① 在线（联机）：是指终端设备（计算机或手机等）处于已接入 Internet 的状态，此状态下进行的操作就是联机操作，如前面所介绍的 Web（网页）方式下的操作。

② 离线（脱机）：通常被定义为"未连入 Internet 时终端设备的工作状态"。电子邮件的"离线操作"的含义，并非指全部工作在离线进行，而只是将写信、输入电子邮件地址与回信地址、设置邮件服务器的联系地址及登录时的用户名和密码等多种费时、费力，又容易出错的工作，放在离线状态完成。由于离线操作时，设备并未接入网络，因此无须付费。当可离线操作的任务完成后，用户再进行联机，完成那些必须"在线"完成的工作。

③ 推荐做法：如果所使用的 ISP 为"不限时"服务，则无须考虑是否需要离线操作；但需要节约流量或使用的是限时 ISP 服务时，则推荐先"离线"写信，再发送到"发件箱"待发；联机后发送"发件箱"中的待发邮件，并依次接收用户在各邮件账户中的邮件。

2. 接收电子邮件

【操作示例 8】接收电子邮件。

① 依次选择"开始→所有程序→Foxmail"命令或双击桌面图标 ，启动 Foxmail。

② 依次选择"收取→收取所有账号"命令，可以一次接收所有邮箱中的电子邮件，如图 5-18 所示。

③ 依次选择"收取→收取 sina（gu******）"命令，可以只接收选定邮箱中的电子邮件。

注意：一次接收多个邮件账户邮件的前提条件是：第一，Internet 已经连接；第二，各邮箱的账号已正确建立，如果邮件账号尚未建立，则应当先参照【操作示例 5】和【操作示例 6】进行设置，再完成【操作示例 8】。

图 5-18　Foxmail 工作窗口

3. 发送电子邮件

【操作示例 9】撰写与发送电子邮件。

① 依次选择"开始→所有程序→Foxmail"命令或双击图标，启动 Foxmail。

② 在窗口顶部的工具栏中，单击　写邮件按钮，打开图 5-19 所示的写邮件窗口。

③ 在写邮件窗口中，第一步，编写邮件头，即正确填写收件（收件、抄送、密送）人的 E-mail 地址；第二步，填写主题，收件人收到的邮件中会显示主题；第三步，编写邮件内容主体；第四步，单击"附件"按钮后，浏览定位需要插入的附件；第五步，如果用户有多个邮件账户，则可以选择发送邮件的邮箱地址；第六步，单击"发送"按钮，会显示发送邮件的进度提示，稍后提示"任务完成"。在 Foxmail 窗口的左侧窗格中的发件邮件账号的"已发送邮件"中，可以看到刚刚发送的邮件。

注意：图 5-19 中的收件人地址可以分为：收件人、抄送、密送等多种类型。

- 抄送（Carbon Copy）：此邮件不但发送给了所有的收件人，还同时发送给了"抄送"地址中列出的人，收件人和抄送人都可以接收到用户发送的 E-mail，并知晓此邮件的所有收信人。

- 密送（Blind Carbon Copy）：又称"密件抄送"或"盲抄送"，密送和抄送的唯一区别就是，密送的各收件人无法知晓此邮件同时还发送给了哪些人。密件抄送是个很实用的功能，假如向多人发送邮件，建议采用密件抄送方式。因为，第一，可保护各收件人的地址不被他人获得；第二，减少收件人收取大量 E-mail 抄送地址的时间。

- 显示边栏：在图 5-20 中，选择"显示边栏"命令，图 5-19 所示的写邮件窗口中将会出现 地址簿 信纸 快速文本 侧边栏，以便撰写和发送邮件。

4. 请求电子邮件的收条

如果在【操作示例 7】中没有设置对所有邮件都请求收条，则可以在下面进行针对某一封邮件请求收条的操作。

【操作示例 10】电子邮件收条。

① 在图 5-19 所示的窗口中，第一步，展开"系统设置"菜单；第二步，在下拉菜单中选择 阅读收条命令。

② 请求成功后，"主题"下方会出现 已请求阅读收条，此收条是发件人对收件人的回执请求，当收件

人阅读邮件后，就会自动发送一封邮件给发件人。

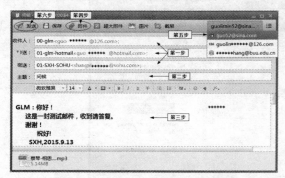

图 5-19　Foxmail 中的写邮件窗口

图 5-20　"发送-阅读收条"窗口

5.3　地址簿的基本管理和使用

　　每次发送、回复和转发邮件都要输入长长的一串邮件地址，一定感到不便；地址簿（地址本）功能可以解决这个问题。本节学习的主要目的是建立、修改和使用"地址簿"。事先将亲友、同事与客户的邮件地址、电话、通信地址等存在地址簿中，使用时可以直接从中取出，而不必一一书写。通过地址簿不但可以完成邮件地址的存储，还可以实现邮件的快速发送、抄送、密件抄送或成组发送等多项任务。

　　1．地址簿类型

　　Foxmail 地址簿有两类：第一类，是针对所有邮箱账户的"本地文件夹"地址簿；第二类，是针对某个邮箱账户的"地址簿"。针对某个邮箱账户的"地址簿"，又称"私有地址簿"。如果是个人使用的邮件客户端，建议先创建本地文件夹。

　　2．通过添加联系人创建地址簿

　　建立"本地文件夹"地址簿最简单的方法，就是依次添加所有联系人的信息；此外，早期的地址簿建成后，还会不断添加新的联系人。

　　【操作示例 11】创建"本地文件夹"地址簿。

　　① 依次选择"开始→所有程序→Foxmail"命令或双击桌面上的图标，启动 Foxmail；在左侧窗格下面的工具栏中单击"地址簿"按钮，打开图 5-21 所示的地址簿窗口。

　　② 在地址簿窗口中，在左侧窗格选中地址簿的位置，如"本地文件夹"，单击顶部工具栏中的新建联系人按钮，打开图 5-22 所示的对话框。

　　③ 在"联系人"对话框中，按照图中的前 3 个步骤，完成添加姓名、邮箱、电话、附注等一些基本信息的编辑；单击"编辑更多资料"，可以输入有关联系人的更多信息。完成后，单击"保存"按钮，关闭"联系人"对话框，返回地址簿窗口，可见到新添加的联系人。

　　④ 重复上述步骤②～③的工作，添加所有的联系人信息，在"本地文件夹"地址簿中，可以见到所有联系人的信息，参见图 5-21 右侧窗格。

　　⑤ 在图 5-21 的右侧窗格中，初始状态是没有组的。为了分类管理联系人，建议先规划并建立好必要的组。建立组的步骤是：单击顶部的"新建组"新建组按钮，打开图 5-23 所示的对话框。

图 5-21　Foxmail 的"本地文件夹–地址簿"窗口

图 5-22　地址簿的"联系人"对话框

⑥ 在建立联系人组的对话框中，第一步，输入"组名"，如"驴友"；第二步，如果联系人都已经添加地址簿，则可以单击"添加成员"按钮，在打开的"选择地址"对话框选中所有该组成员的地址；第三步，单击"保存"按钮，完成组的建立。

⑦ 重复上述步骤，依次建立好所有组，参见图 5-24 中部窗格，在右侧窗格单击"编辑"按钮，也可以打开"选择地址"对话框，编辑所选组的成员。

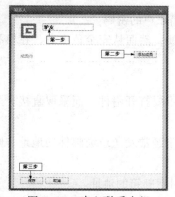

图 5-23　建立联系人组

图 5-24　Foxmail 的"地址簿–联系人–组"窗口

3．将邮件地址自动添加到地址簿

除上述的手工添加联系人的方法外，还可以通过简单的设置，让电子邮件系统从用户收到的电子邮件中将发件人（收件人）的地址自动添加到地址簿中，这是一种简单、快捷和便利的方法。

【操作示例 12】将发件人（收件人）的地址自动添加到地址簿

① 启动 Foxmail，第一步，右击要添加地址的邮件；第二步，在快捷菜单中选择"更多操作"命令；第三步，在第二级快捷菜单中，选择"将发件人添加到地址簿"命令；第四步，选中要添加的"邮件账号"或"<本地文件夹>"命令后，系统将自动完成任务，如图 5-25 所示。

② 参照图 5-25 中的步骤，在第三步选择"将所有收件人添加到地址簿"命令，可以将所选邮件中所有收件人的地址加入指定的邮件账户号或本地文件夹的地址簿。

③ 对于广告邮件或者骚扰邮件，参照图 5-25 中的步骤，在第三步选择"将发件人添加到黑名单"命令，则以后客户端会自动拒收此发件人发来的邮件。

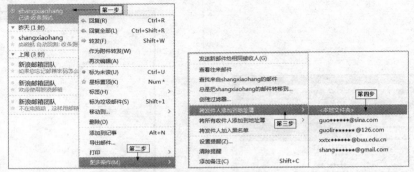

图 5-25　Foxmail 添加地址快捷菜单

5.4　保护邮件、账户和地址簿的安全措施

在网络上常有电子邮箱被破坏、通过电子邮件传播病毒、账户和密码被盗、邮箱被炸（即突然接收到大量邮件）的事件发生。因此，使用网络时应当注意保护计算机和电子邮件账户的安全。在使用电子邮件和网络时，应该注意以下几条安全规则，以及邮件、账户和地址簿的非默认位置的保存、恢复和使用。

① 不要向任何人透露自己的邮箱账号和密码。

② 尽量不要用生日、电话号码等作为拨号上网或收费邮箱账户的密码。

③ 上网时，使用"保存密码"功能固然能够带来很多方便，然而从安全角度看，在熟悉了网络的使用之后，应尽量不要选择"保存密码"等功能。

④ 经常更改密码是一种良好的保障安全的习惯。

⑤ 当接收到陌生人发来的带有附件的电子邮件时，最好不要打开附件，而采取直接、永久性的删除措施。

⑥ 在邮件客户端中，设置限制和过滤垃圾邮件，以及对于经常发送垃圾邮件的地址、账户和姓名等采取拉入黑名单的自动"拒收"措施。

⑦ 不要在网络上随意留下自己的电子邮件地址，尤其是付费邮箱的地址。

⑧ 申请数字签名。

⑨ 掌握电子邮件的地址簿和非默认位置的存储和恢复方法。

5.4.1　地址簿的管理

如果需要在多台设备中使用地址簿，每台设备都要准确地输入各用户的邮件地址，一定感到相当不便。Foxmail 地址簿提供的"导入/导出"功能，可以轻松地解决这个问题。在建立好地址簿后，首先就应将建好的地址簿导出到计算机硬盘存储起来。其目的是：第一，通过邮件客户端的"导出"功能，备份地址簿中所有的邮件地址；第二，通过其"导入"功能，可以将导出的地址簿用在 Web 邮箱，以及其他邮件客户端的地址簿中；第三，可以用在多台不同设备上使用相同的地址簿。

1. 导出地址簿

无论是 Web 邮箱还是邮件客户端，一般都提供地址簿导出为文件的功能。

【操作示例 13】将 Foxmail 的地址簿导出到硬盘文件。

① 在已建好地址簿的设备中,打开图 5-24 所示的地址簿窗口,其右侧窗格的操作如图 5-26 所示:第一步,单击"系统设置"按钮,展开下拉菜单;第二步,在下拉菜单中选择"导出"命令;第三步,在下一级菜单中,选择"Foxmail 地址簿目录(*.csv)"命令,打开图 5-27 所示的对话框。这个命令表示不但导出每个邮件地址,还导出分组目录;如果选择最后一项"Foxmail 全部地址簿目录(*.csv)",将导出所有本地文件夹和邮件账号。

② 在"导出向导"对话框中,第一步,浏览定位导出文件的存储位置和名称;第二步,单击"下一步"按钮。

③ 在打开的"请选择输出字段"对话框中,选中要导出字段前面的复选框,单击"完成"按钮;稍后,显示"成功导出到 F:\……"提示框;单击"确定"按钮,完成所选地址簿导出到硬盘文件的任务。

图 5-26　地址簿–导出联系人

图 5-27　"导出向导"对话框

2. 导入地址簿

无论是 Web 邮箱,还是邮件客户端程序,通常都具有将地址簿文件导入到指定地址簿的功能。如果是同一款邮件客户端,导入与导出的操作是逆向操作;而如果导出与导入的邮件客户端不是同一款,则由于定义的字段名称可能不同,需要逐一确定字段,导入的效果有时不尽如人意。

【操作示例 14】将硬盘存储的地址簿文件导入到指定邮件账号。

① 在需要导入地址簿的计算机中,第一步,打开图 5-24 所示窗口,在左侧窗格的邮件账号目录中定位好邮件账号;第二步,单击窗口右上角的"系统设置"按钮,在展开的下拉菜单中,依次选择"导入→Foxmail 地址簿目录(*.csv)"命令,打开图 5-28 所示的对话框。

② 在"导入向导"对话框中,第一步,单击"浏览"按钮,在"打开"对话框中,浏览定位要导入的.csv 文件后,单击"打开"按钮,返回图 5-28;第二步,单击"下一步"按钮,激活图 5-29 所示的对话框。

③ 在图 5-29 所示的"导入向导–输入字段"对话框中,第一步,选择输入字段;第二步,单击"完成"按钮,激活导入.csv 文件的进程对话框;导入完成后,出现"导入成功"信息提示对话框,单击"确定"按钮,完成本任务。

④ 在地址簿导入完成后,在图 5-24 的邮箱账号目录中,可以看到刚刚导入的所有分组和联系人。

 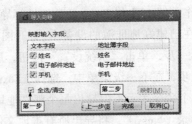

图 5-28　"导入向导-浏览定位"对话框　　图 5-29　"导入向导-输入字段"对话框

5.4.2　电子邮件的过滤与拒收

在使用电子邮件的过程中，经常会接收到不想接收的邮件。使用邮件客户端，可对广告、非法或骚扰邮件非常方便地进行自动处理。

1. 垃圾邮件

所谓垃圾邮件泛指那些未请自到的电子邮件，例如，未经收件人许可而发送到其邮箱的商业广告或非法电子邮件。垃圾邮件一般具有批量发送的特征，其内容包括赚钱信息、成人广告、商业或个人网站广告、电子杂志等。垃圾邮件可以分为良性和恶性的。良性垃圾邮件是各种宣传广告等对收件人影响不大的信息邮件。恶性垃圾邮件是指具有破坏性的电子邮件。有些垃圾邮件发送组织或是非法信息传播者，为了大面积散布信息，常采用多台机器同时巨量发送的方式攻击邮件服务器，造成邮件服务器大量带宽损失，并严重干扰邮件服务器进行正常的邮件递送工作。

通常电子邮件系统都会自动列出垃圾邮件的清单，很多商业广告都会被自动传递到垃圾邮件文件夹；因此，对于自己需要的商业广告，可以将其地址列入白名单。

2. 黑名单

与手机的黑名单类似，黑名单中是用户自行建立的不想接收的邮件地址名单，建立黑名单后，系统会直接拒收来自黑名单中的所有邮件。

3. 白名单

与黑名单相反的是白名单，电子邮件系统会接收白名单清单中的所有来信。而不受自定义的反垃圾规则的限制。

【操作示例 15】将不愿接收的电子邮件加入黑名单。

① 依次选择"开始→所有程序→Foxmail"命令或双击桌面图标 ，启动 Foxmail。

② 对于广告邮件或者骚扰邮件，参照【操作示例 12】图 5-25 中的步骤，在第三步，选择"将发件人加入黑名单"命令，打开图 5-30 所示的对话框。若此项目没有列

图 5-30　"加入黑名单-确认"对话框

出，则参照本示例的步骤，在图 5-32 中手工添加需要添加到黑名单的邮件地址。

③ 在图 5-30 所示的对话框中，单击"是"按钮，自动完成此任务，并删除所有来自这个地址的邮件，以后客户端将会自动拒收黑名单中发来的邮件。

【操作示例 16】管理黑名单。

① 依次选择"开始→所有程序→Foxmail"命令或双击桌面图标 ，启动 Foxmail。

② 如图 5-31 所示，第一步，右击要管理的账户名称，展开选中邮箱的快捷菜单；第二步，选择"设置"命令，打开图 5-32 所示的对话框。

③ 在图 5-32 所示的对话框中，第一步，在工具栏中单击"反垃圾"按钮；第二步，选中"黑名单"选项卡；第三步，对选定邮件账户的黑名单进行管理，如添加、删除和编辑等，例如，选中一个已经列入黑名单的邮件地址；第四步，单击"删除"按钮；第五步，单击"确定"按钮，确认将所选的项目从黑名单中删除。至此，完成已列入黑名单地址的删除任务。

图 5-31　邮件账户-设置命令

④ 在图 5-32 所示的对话框中，单击"添加"按钮，可以手工添加需要加入黑名单的邮件地址；单击"导出"按钮，可以将本邮件账户号中的黑名单导出存档；单击"导出"按钮，可以将已经保存的黑名单导入作为本邮件账户的黑名单。

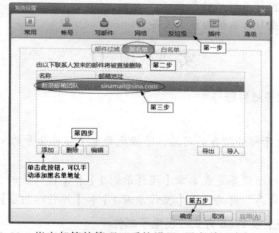

图 5-32　指定邮箱的管理"系统设置-黑名单-删除"对话框

习　　题

1. 什么是电子邮件？它有哪些特点？
2. 电子邮件系统采用什么样的工作方式将邮件从发送端传送到接收端？
3. 电子邮件头部的格式包含哪些主要内容？收件人有哪些类型？
4. 申请电子邮件账号时，新浪或网易 126 的免费和收费邮箱有什么主要区别？
5. 在电子邮件地址的标准格式中，各项的含义是什么？
6. 如何将一封邮件同时发送给多个收件人，彼此不能够看到对方的邮件地址？
7. 如何发送邮件给多个收件人，并且多个人彼此知道发送给了谁？
8. Foxmail 的工作窗口由哪些部分组成？

9. 如何在 Foxmail 中，添加、删除和管理电子邮件账号？

10. 常用 E-mail 软件的主要设置有哪些？什么是 SMTP 和 POP 服务器？它们有什么作用？

11. 设置 SMTP 和 POP 服务器时，常用什么地址形式，其中的默认端口号是什么？

12. 在电子邮件的使用中，什么是联机操作与脱机操作？各适用于什么场合？

13. 在 Foxmail 中，是否支持多个 POP3 的 E-mail 账号设置？

14. 收发电子邮件时，有几种收发方式？各有什么特点，分别适用于何种场合？

15. 在 Foxmail 中，为什么要导出/导入地址簿？如何将电子邮件地址导出到硬盘？

16. 利用 Foxmail 发送电子邮件时，可以插入的附件类型有哪些？

17. 在 Foxmail 中，什么是共享地址簿和私有地址簿？各在何种场合使用？

18. 什么是垃圾邮件、黑名单和白名单？

19. 如果朋友发来的邮件自动进入了垃圾邮件夹，你想正常接收他的邮件，应当怎么处理？

本章实训环境和条件

① 接入 Internet 的设备与线路。

② ISP 的接入用户账户和密码。

③ 已安装 Windows 操作系统的计算机。

④ 安装了安卓系统或 IOS 系统的移动设备。

实 验 项 目

实训 1：申请免费电子邮件账号

（1）实训目标

实现登录国内提供电子邮件服务的网站，掌握免费电子邮件账号的申请方法。

（2）实训内容

① 分别用计算机和移动设备完成本章【操作示例 1】和【操作示例 2】中的内容。

② 在"新浪"和"网易"网站完成【操作示例 1】和【操作示例 2】中的内容。

实训 2：在多种设备上以 Web 方式收发电子邮件

（1）实训目标

掌握 Web 方式登录电子邮件服务网站和收发电子邮件的方法。

（2）实训内容

在"网易"网站分别用计算机和移动设备完成本章【操作示例 3】中设置的内容。

实训 3：Foxmail 电子邮件客户端的基本操作

（1）实训目标

熟练掌握 Foxmail（计算机）客户端和"邮箱大师"（安卓手机或 iPad）的启动，以及基本设置，以及收发电子邮件等操作。

（2）实训内容

完成本章【操作示例 4】～【操作示例 10】中的内容。重点内容如下：

① 启用 Foxmail 和"邮箱大师"，如图 5-33 所示。

② 在移动设备上设置多个电子邮件账号，安卓手机可参考图 5-33。

③ 在计算机中，学会设置多个电子邮件账号的方法，查看电子邮件账号的 POP3 和 SMTP 域名地址及端口号。

④ 学会设置 IMAP 方式的电子邮件账号 zdh@hotmail.com。

⑤ 掌握离线（未接入 Internet）书写电子邮件，先发送邮件到"发件箱"待发的方法。

- 编辑和发送带有附件的电子邮件到本地"发件箱"。
- 利用 Windows7 中的录音机功能录制下你对家人的生日祝词文件，并作为附件发送给你的家人。
- 接入 Internet 后，再发送本地"发件箱"中的待发邮件。

⑥ 在"收件箱"中回复或转发收到的 E-mail。

⑦ 设置和实现将邮件一次发送、抄送、密送给多个收件人，写出收到邮件的区别。

实训 4：Foxmail 操作技巧

（1）实训目标

掌握设置、管理和保护电子邮件系统的操作技巧。

（2）实训内容

完成本章的【操作示例 11】～【操作示例 16】中的内容。重点内容如下：

① 掌握地址簿（联系人）的建立和使用方法。如将收件箱的发件人或收件人的地址添加联系人到地址簿，并编辑该地址的属性。

② 学会地址簿（联系人）的导入和导出方法。

③ 掌握管理黑名单、白名单及垃圾邮件的方法。

④ 掌握管理、删除、转发和过滤电子邮件的方法。

⑤ 掌握管理、删除、导出/导入电子邮件的方法（参考图 5-34）。

- 从"收件箱"中选中邮件后，右击，选择"导出邮件"命令，定位到 U 盘；
- 在"收件箱"彻底删除两封已经导出到 U 盘的邮件；
- 重新启动计算机后，再从 U 盘导入已删除的两封邮件；
- 查看收件箱中的已删除邮件，验证是否导入成功。

图 5-33　安卓手机"邮箱大师"窗口　　图 5-34　Foxmail（计算机）"邮件-选中邮件-导出邮件"窗口

| 文件传输技术与工具

学习目标：

- 掌握：FTP 文件传送协议的基本概念、功能和工作方式。
- 了解：流行的下载技术。
- 掌握：文件下载的常用方法。
- 掌握：常用云技术客户端软件的安装、基本设置与使用方法。
- 了解：云技术相关的基本知识。
- 掌握：云技术的基本管理与应用技术。
- 掌握：计算机与移动设备间通过云传送消息与文件的方法。
- 掌握：通过云进行大文件的快速传递技术。

6.1 互联网中文件下载的基本知识

由于 Internet 中的每个网络和每台计算机的操作系统可能有很大的差异，因此，资源的下载与使用是每一位使用互联网资源的用户必须面临与解决的问题。本节主要介绍当前使用的主流下载技术，以及常用的下载软件。

6.1.1 文件传输技术的发展与变化

目前，从互联网的文件传输技术的发展进程看，文件传输技术及协议如下所述。

1. P2S 传输技术

P2S 下载技术的原型是 C/S 客户端对服务器技术，早期专指 FTP 客户端对其服务器的下载。当前，统指客户端（多点）对服务器（一点）的下载方式，这种下载方式具有稳定、安全的特点。

（1）FTP（File Transfer Protocol，文件传输协议）

FTP 是在 Internet 上流行最久的一种协议，也是 TCP/IP 协议簇中有关文件传输的协议，同时也是用于传输文件的程序名称。早期，几乎所有的文件传输，无论它是通过 FTP 客户机软件，还是通过一些下载软件进行的，大都采用 FTP 协议。

（2）工作原理

FTP 与其他许多 Internet 实用程序一样，FTP 系统也是基于客户/服务器模式的。在 Internet 中，FTP 服务器一般还提供各种各样的信息列表和文件目录，其中有许多可供下载的文件，用户只要安装一个 FTP 客户端程序，就可以访问这些服务器；反之，用户需要时，也可以使用 FTP 的客户程序将个人计算机上的文件上传到 FTP 服务器上。

如图 6-1 所示，我们把各类远程网络上的文件传输到本地计算机的过程称为"下载"。反之，用户通过 FTP 协议将本地机上的文件传输到远程网络上的某台计算机的过程被称为"上传"。例如，用户从某个共享网站下载软件，或者说将自己的主页上传到某个网站。

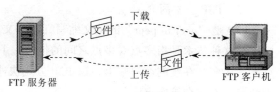

图 6-1　FTP 服务工作模式–客户/服务器

（3）FTP 客户端程序

FTP 客户端软件负责接收客户的服务请求，并将许多需要的命令组合起来，负责转换成 FTP 服务器能够理解和接受的命令。因此，软件人员不断开发各种 FTP 客户端程序的目的就在于避免客户使用那些烦琐的 FTP 命令，这也是用户需要选择 FTP 客户端程序的原因。常用的 FTP 客户端程序有 IE 浏览器、迅雷、网际快车和 WS_FTP 等。

（4）FTP 的两个功能

其一，FTP 可以在两个完全不同的计算机或系统之间传递文件或数据，例如在大型的 UNIX 主机和个人计算机之间传递文件。

其二，提供了许多公用文件的共享。

由于上述两大功能使得 FTP 非常有用，据统计 Internet 上近 1/3 的通信量为 FTP，因此可以说 FTP 是 Internet 上最常用的操作之一，用好 FTP 也是用好 Internet 资源的关键。

FTP 不仅可以用来传送文本文件，也可以传递二进制文件，它包括各种文章、程序、数据、声音和图像等各类型的文件。

（5）FTP 服务器与登录账户的类型

在访问 FTP 服务器时，其登录账户分为"注册账户"和"匿名账户"两种，前者为登录"注册 FTP 服务器"时使用。而后者为登录"匿名 FTP 服务器"（又称为 anonymous FTP 服务器）时使用，登录此类 FTP 服务器时使用的是"匿名账号"。这里所谓的"匿名账户"，并非没有账户，而是指此类账户的权限很低，只允许有限的访问资源的权限。

2．HTTP（超文本传输协议）传输技术

HTTP 是一种从 Web 服务器下载超文本到本地浏览器的一种传输协议。由于 Web 网站的迅速普及，HTTP 下载是最常用、最方便的一种下载方式，也是初级网络用户使用最多的一种下载方式，其主要特点如下：

① 用户通过浏览器访问，可以随时、随地选择 Web 服务器网页上的图片、HTML 文件、软件、歌曲、音乐、压缩文件等资料下载。

② 用户条件：只需要使用操作系统内置的浏览器，如 IE 浏览器；不需要下载和安装其他软件就能下载文件。

③ 操作简单，通用性好，适用性强。但是，HTTP 下载技术简单，因此下载速度慢，不适用于传输或下载尺寸大的文件，如视频文件。

3．P2P 传输技术

（1）P2P 技术的发展历史

最早的 P2P 传输技术诞生于 1999 年。当时，美国西北大学 19 岁的学生肖恩·范宁（Shawn

Fanning）编写了小软件 Napster。后来，AOL 的 Nullsoft 部门于 2000 年 3 月 14 日发布了一个 P2P 方式的名为 Gnutella 的软件，这是一种不同于早期 Napster 的新型文件共享网络，Gnutella 采用的是随后广泛使用的分布式文件共享网络。

（2）P2P 技术简介

P2P 是"peer to peer"的英文缩写，其中文名称是"点对点"。P2P 是一种用户下载的协议或模式。这种技术是指多点对多点之间的传输、下载技术。支持这种技术的客户端软件，可以在一点上，从多个在线的客户端上，以 P2P 方式快速下载资源。传统的 P2P 方式进行的 BT 下载具有不稳定、不安全等弱点。

（3）P2P 技术的发展趋势

① 资源整合：P2P 能够整合海量资源，如音频、视频、软件等多种类型的内容，还能进行 Web 与客户端的有效整合。

② 协议集成：P2P 将能够从各种渠道快速集成 FTP、HTTP、BT、P2SP 等多种协议。

③ 精准搜索：P2P 能够让用户找到快速、准确地找到所需资源。

④ 社区化：P2P 能够建立起用户之间的交互，并支持用户自创内容。

（4）P2P 技术应用

如今，P2P 早已深入人心，电影下载、在线视频、文件下载、IM 等均采用了这项技术。通过 P2P，网络的下载速度、视频的观看效果有了极大的提高与改善。当今，流行的下载工具软件大都支持改善了的 P2P 协议，其应用技术代表如下：

① BT：是一种互联网上新兴的 P2P 传输协议，其英文全名为"BitTorrent"，中文全称为"比特流"。BT 采用了多目标的共享下载方式，使得客户端的下载速度可以随着下载用户数量的增加而不断提高，因此 BT 技术特别适合大型媒体文件的共享与下载。

② 多源文件传输协议：其英文全称是"the Multisource File Transfer Protocol"，英文缩写是 MFTP。该协议是由 eDonkey（电骡）公司的 Jed McCaleb 于 2000 年创立的。其原理是通过检索分段，达到从多个用户那里下载文件的目的。最后，再将下载的文件片断拼成整个的文件。任何一个用户只要得到了一个文件的片断，系统就会立即将这个片断共享给网络上的其他用户；当然，通过选项的设置，用户可以对上传的速度进行控制，然而无法关闭上传的操作；而且贡献越多，获得的下载速度就越高。

4．P2SP 传输技术

（1）P2SP 技术的发展史

2002 年底，由邹胜龙和程浩先生始创于美国硅谷的"迅雷"开创了 P2SP 技术的新纪元。发展到今日，迅雷的用户过亿，其在中国市场的占有率在 75% 以上，迅雷用户中的七成以上是游戏用户。

（2）P2SP 技术简介

① P2SP 是英文"Peer to Server&Peer"的缩写，其中文名称是"点对服务器和点"。P2SP 是指用户对服务器和用户的综合下载方式。

② P2SP 是一种用户下载的协议或模式。P2SP 的出现使用户有了更好的选择，该协议不但可以涵盖 P2P，还多了"S（服务器）"。P2SP 通过多媒体检索数据库，将原本孤立的服务器及其镜像资源，以及 P2P 资源有效地整合到一起。

③ P2SP 技术与传统的 P2S，以及单纯的 P2P 技术相比，在下载稳定性和速度上有了极大的提高。另外，使用基于 P2SP 下载软件下载要比 P2P 方式对硬盘的损害小。

④ 主要特点：跨协议下载、分布式存储、智能链接（在线/离线下载）和 UDP 传输。

5．P4S 传输技术

P4S 下载算法或技术与 P2SP 类似。P4S 是一种结合了 P2P（点对点）和 P2S（客户端对服务器）两种技术特点的综合下载技术。P4S 技术是快车独创的，其最大的优点在于能够自动协调多种下载协议，从而突破了每种协议的界限。用户在使用快车下载时，采用任何下载协议，程序都会自动从其支持的所有下载协议中寻找相同的资源，因此，极大地提高了用户的下载速度。

6．P4P 传输技术

（1）P4P 技术的发展史

自 P2P 问世以来，其各种应用也在不断发展，可谓日新月异。据国内权威部门统计，当今的 P2P 流量已经占整个互联网流量的约 70%，并且正在以每年 350%的速度增长。P2P 流量消耗了巨大的网络带宽，尤其是国际带宽，使网络基础设施不堪重负。P2P 应用的迅速普及，给电信运营商的网络带宽造成了巨大的压力，常常是运营商扩多少，P2P 应用就占用多少；此外，P2P 还会挤占 HTTP 或其他协议的端口带宽，导致网页浏览等正常的互联网业务受到影响。在此情况下，P4P 技术应运而生，它给了运营商和用户一个新的选择，有望在提高用户满意度的同时减少运营商的宽带压力，因而被认为是一个非常有前景的技术。据美国最大的无线通信公司 Verizon 反馈，通过 P4P 方式，P2P 用户平均下载速度提高 60%，光纤到户用户提高 205%～665%。另据相关测试数据显示，P4P 可以提高大约 200%的性能，部分时候甚至超过 600%，因此 P4P 的未来发展前景非常广阔。此外，P4P 由于采用了网络拓扑信息管理，可以减轻骨干网络压力，因此对于电信运营商而言，其比 P2P 具有更大的优势。

（2）P4P 技术简介

P4P 的全称"Proactive network Provider Participation for P2P"，它是 P2P 技术的升级版，意在加强服务供应商（ISP）与客户端程序的通信，降低骨干网络传输压力和运营成本，并提高改良的 P2P 文件传输的性能。与 P2P 随机挑选 Peer（对等机）不同，P4P 协议可以协调网络拓扑数据，能够有效选择 Peer，从而提高网络路由效率。P4P 是一种仍在发展中的技术，其定义也有多种，其根本目的是：加强 ISP 与 P2P 应用程序的通信，降低骨干网络传输压力和运营成本，提高 P2P 应用程序的性能。P4P 这种方式不仅能更好地为用户提供服务，而且运营商也欢迎这种技术，因此，P4P 很可能将在中国互联网市场蓬勃发展，为中国的互联网用户提供更加可靠、快捷的互联网服务。

7．Usenet 技术

Usenet 的中文名称是"新闻讨论组"，它是"Uses Network"的英文缩写，也是 Internet 上信息传播的一个重要组成部分。在国外，互联网中的三大账号分别为新闻组账号、上网账号、E-mail 账号，由此可见，新闻组的应用是十分广泛的。而相比国外来讲，国内的新闻服务器的数量很少，各种媒体对于新闻组的介绍也较少，用户大多局限在一些资历网民，或高校校园内。但是，作为当代大学生，应当知道的是"新闻讨论组"与 WWW、电子邮件、远程登录、文件传输一样均为互联网提供的重要服务内容之一。

（1）功能

Usenet 是 Internet 上一种高效率的交流方式。网络新闻组服务器通常是由个人或公司进行管理。在互联网中，分布在世界各地的新闻组服务器，管理着各种主题的成千上万个不同的新闻组。

Usenet 除了提供新闻讨论外，另一个重要功能就是提供资源下载，如软件和电影资源的下载。Usenet 提供了无数的资源以供下载，并且以每日数以千 GB 的速度增长着。

（2）资源下载的位置

在互联网的 Usenet 中，所有文件，包括那些正常的发言和讨论，都包括在讨论组（groups）里，因此，Usenet 又称"新闻组"（newsgroup）。每个新闻组都有唯一的域名地址，如 alt.binaries.dvd 或 alt.binaries.mp3；前者可以下载 DVD 文件，后来可以下载 MP3 文件。

（3）Usenet 的特点

① 优点：

- 下载速度快，不暴露隐私、安全性好是 Usenet 最重要的优点，也是用户下载文件的最大需求。
- Usenet 中的资源涉及的范围、数量、类型都是其他下载方法不可比拟的；因此，用户可以获得许多其他下载方式中，无法获得的资源。
- 节省时间，在 Usenet 中，一次搜索就能获得用户需要的资料，而不必使用搜索引擎，因此，极大地缩短了下载时间。
- 可以找到各种题材的电影，如免费下载最新的大片。

② 缺点：

- Usenet 在中国的应用不够普及的另一个重要原因是其提供的资源大多数是英文（或其他语言）的，所以要求用户具有一定的英文（外语）水平。
- 大部分 Usenet 服务提供的下载资源都是收费的。

（4）适合人群

① 咨询公司：可以找到需要行业的最新信息，如统计资料和电子书。

② 技术和管理人员：方便全球同行间的交流，获得免费海量最新技术电子书。

③ 电影爱好者：可以获得国外最新电影、电视剧、动画片等最新影视作品。

④ 音乐爱好者：方便获得各种流行、古典、当代和轻音乐等音乐作品。

⑤ 学习外语：因为大部分为英文方式，可以获得大量英文学习资料。

（5）Usenet 的资源下载要点

Usenet 资源的下载主要有以下 3 步：

① 打开浏览器，输入：http://www.twinplan.de/AF_TP/MediaServer/UsenextClient，下载 Usenet 的客户端软件。

② 安装下载的软件后，即可直接浏览或搜索自己要下载的资料。

③ 按照系统提示，获得免费账号，通常要求提供 E-mail 地址。

6.1.2 资源下载的常用方法

随着 Internet 技术的发展，传统的 FTP 下载方式已经被五花八门的下载方式所取代。归纳起来，从网络上下载文件和资料，采用的常用方法主要有以下 5 种，它们分别应用了不同的下载技术。

1．网页下载（保存网页）

网页下载是资源下载的最简单方法，也是大多数人最习惯使用的方法。其一般步骤如下：

① 在浏览器中，选择好需要的资料；

② 依次单击选择"文件"→"另存为"命令；

③ 选择保存位置；

④ 确定保存的文件名和文件类型；

⑤ 单击"保存"按钮，即可完成资料的下载和保存。

2．直接单击下载

在网上找到所需资源后，可以直接单击资源链接，从而可以根据激活的保存页面的提示进行保存。

3．专用软件下载

当今网络的应用范围越来越广，资料的类型越来越复杂，很多资料的尺寸很大，下载时用时很长。这时，就不能再通过前两种方法来下载，而应当利用一些专用软件下载了。这也是本章应当重点掌握的内容。使用专用软件下载的两个最大优点就是"多线程下载"和"断点续传"功能。

（1）多线程下载

资源下载实际上就是将资源所在计算机上的文件，复制到本地计算机的硬盘中。因此，可以将下载资源比做搬家，单线程下载就像只有一个人、一辆车的搬家过程，而多线程就像有多个人和多辆车同时进行的搬家，显然后者要比前者快得多。因此，支持多线程下载是所有专用下载软件的基本功能。

（2）断点续传

断点续传是指下载资源时，由于某种原因中断后，可以不必从头开始，软件能够自动接着中断的位置继续下载。当前，很多资源的尺寸很大，有时需要下载很久，显然"断点续传"功能很重要，这也是专用下载软件不可缺少的功能之一。

总之，专用下载软件能够极大地提高下载速度，节约时间，确保下载和下载资源的连续性。

4．右击下载

当安装了多种下载软件时，可能希望自行选择一种选择方法，这就是右击下载的方法。

5．移动设备中通过应用软件的下载

当前，越来越多的人使用移动设备下载自己所需的资源。使用助手或应用商店下载软件的方法比较简单，一般按分类选中软件后，单击软件后面的按钮，如下载、安装等即可。此类软件常用的有以下两种：

（1）应用商店或应用市场下载

大多数智能手机或平板电脑都会免费提供一款应用商店（应用市场），无论称谓如何，其实质就是一个平台，用来展示、下载手机适用的各种免费或收费的应用软件。例如，华为手机中的"应用市场"，苹果 iPad 中的 App Store，Sony 手机中的"索尼精选"等。

（2）手机助手下载

手机助手是智能手机（平板电脑）的同步管理工具，其功能不仅包括软件的下载，通常会包括全方位的管理；使用时通常包括 PC 端和手机端。

① 手机端助手的功能：可以向用户提供海量的游戏、软件、音乐、小说、视频、图片；用户通过手机助手可以实现软件的轻松下载、安装、手机资源管理及应用程序的管理等功能。常见手机端助手产品有：360 手机助手、百度手机助手、腾讯手机助手和 XY 苹果助手、PP 助手等。选择时应根据移动设备的操作系统进行选择，例如，是否支持安卓系统或支持苹果 iOS 系统。PP 助手是一款同时支持 iOS 及 Android 设备的软件、游戏、壁纸、铃声资源的下载安装和资源管理工具，具有界面清爽、操作流畅、下载飞速、资源海量等优势。

② PC 端助手的功能：能够方便地实现对智能手机的全方位管理，例如，可以轻松地利用 PC 对智能手机进行联系人、短信、通话记录、个人信息的导出、转移、备份等操作，还可以进行软件游戏下载安装，主题壁纸更换，铃声、电子书下载，手机数据转移，文件资料管理，手机系统管理等功能。

6.1.3 常用下载软件及其特点

1. 下载软件的基本功能与术语

① 多种下载技术的混合：专用下载软件往往同时使用了 P4S、P2P、BT、P2S 等多种下载技术。

② 多线程下载：是一种将一个软件分为几个部分同时下载的方法。下载后，再通过软件将各个部分合并起来。例如，快车（FlashGet）、迅雷等都通过将一个文件分成几个部分同时下载而成倍地提高速度，一般认为，使用快车和不使用任何工具相比下载速度可以提高 100% 到 500%。

③ 断点续传：是指在文件下载过程中，如果出现了突然的中断或停止，下载工具会自动保存已下载的部分；当再次下载时，可以自动从中断的地方继续下载，而不用重复下载以前的部分。例如，快车和迅雷等专用下载软件都能够实现断点续传。

④ 下载文件的分类管理：好的下载工具可以创建多种类别，每个类别都可以指定单独的文件目录，这样可以将下载的文件自动分类保存到不同的目录中。

⑤ 未完成下载文件的管理：是指下载工具能够导入未完成的下载文件，并续传。

⑥ 自动关机：是指下载工具能够在下载完成之后，自动关闭计算机。

当前的下载工具几乎都支持以上基本功能，此外，通常还具有：网页右键快捷菜单下载、下载链接点击监视、拖动方式管理、下载后进行安全检查等功能。

2. 离线下载

很多专用软件都提供离线下载功能，那么究竟什么是离线下载呢？

离线下载就是利用服务器"替"用户的计算机下载的方式。由于其具有高速、用户不用保持在线的优点，而受到资深用户的欢迎。

离线下载多用于冷门的、较大的资源，例如，用户计算机的正常下载速度能达到 600 KB/s，但所下载的资源是冷门资源,用户实际的下载速度仅能达到 15 KB/s,这样用户下载的时间就很长。当用户采用离线下载技术后，即可让服务商的服务器代替用户进行下载。这样，用户可以不用上线,节约了时间和成本;当服务器的离线完成后,用户的计算机从委托的服务器上,即可用 600 KB/s 的速度（假定服务器对该用户能够提供其最高下载速度）下到自己的计算机上。另外，由于服务器的资源较多，软硬件技术条件通常比个人计算机更好，因此，不但可以解决一些冷门资源不好下载的问题，对热门资源，离线下载也能够节省用户的很多时间和成本。

3．常用专业下载软件

下面将介绍几种当前最流行的全能下载工具，这些软件大都具有下载速度快、安全、稳定和便捷等特点。另外，这些全能工具通常都支持 HTTP 下载、FTP 下载和 BT 下载等下载协议；有些还支持更多的技术与协议。

由于主流的下载工具。已整合了多种下载协议，因此，只需安装一款全能工具，就足以满足用户多样化的下载需求。几乎所有免费软件站点都提供下面这些免费软件工具的下载，如"天空软件"网站。每种工具的详细功能可进入各自的官方网站进行了解。

（1）迅雷

迅雷软件的英文名称是 Thunder。迅雷是一款基于多种下技术的下载工具，适用于各种软件和资料的下载。迅雷支持 HTTP/ FTP/ MMS/ RTSP/ BT/eMule 等多种下载协议。它使用的多资源、超线程技术是基于网格原理的技术，因此，能够将网络上存在的服务器和计算机中的资源进行有效的整合，并构成独特的迅雷网络。通过迅雷网络，各种数据文件能够以最快的速度进行传递。迅雷使用的多资源超线程技术，使得互联网的下载具有自动的负载均衡功能。这样，迅雷网络能在不降低用户体验的前提下，对服务器的资源进行均衡，有效地降低了服务器的负载。

总之，迅雷作为"宽带时期的下载工具"，支持计算机、平板电脑、手机等多种设备的各种操作系统。其针对宽带和各种用户做了特别的功能设计与优化，能够充分利用宽带与其他设备上网的特点。此外，迅雷还推出了"智能下载"的全新理念，通过丰富的智能提示和帮助，让用户真正享受到高速、宽带下载的乐趣。

用户可以登录迅雷官方网站的产品中心下载自己所需的迅雷软件，其网址为：http://dl.xunlei.Com。此外，几乎所有的免费软件站点都提供该软件的下载服务。

（2）腾讯"QQ 旋风"

QQ 旋风是腾讯公司推出的新一代互联网下载工具，其下载速度更快，占用内存更少，界面更清爽简单。QQ 旋风创新性地改变了下载模式，将浏览资源和下载资源融为整体，让下载更简单，更纯粹，更小巧。

腾讯"QQ 旋风"支持多个任务同时进行，每个任务还可以使用多地址下载。此外，其多线程、断点续传、线程连续调度优化等技术的应用使得其下载速度快，无广告，无流氓插件。用户可以登录 QQ 的官方网站下载 QQ 旋风软件，其下载网址为：http://pc.qq.com。

（3）快车

快车软件的名称为 FlashGet 简体中文版。快车软件采用了业界领先的 MHT 和 P4S 下载技术；完全改变了传统的下载方式，下载速度是 FTP 下载的 8～10 倍。快车的最新 P4S 协议全面支持HTTP、FTP、BT、eMule 等多种协议，并与 P2P 和 P2S 无缝兼容。快车能够自动进行智能检测并下载资源，例如，其 HTTP/BT 下载的切换无须手工操作。此外，其 One Touch（一键式）技术优化了 BT 下载，在其获取种子文件后，会自动下载目标文件，无须二次操作。总之，网际快车程序能够自动从各种类型的下载协议中寻找相同的资源，极大地提高了用户的下载速度；并改善了下载过程中存在的"死链接"状况。

用户登录快车的官方网站可以下载快车软件，其网址为 http://www.flashget.com。

6.2　专用下载软件迅雷

迅雷是一个著名的下载专用软件，它使用的"多资源超线程技术"是基于网格原理的，因此，迅雷软件能够将网络上存在的服务器和计算机资源进行自动、有效的整合。在整合后的迅雷网络中，各种数据文件能够以最快的速度进行传递。此外，多资源超线程技术，还具有互联网下载负载自动均衡功能，因而，可以有效降低服务器的负载。

6.2.1　迅雷软件的安装与基本应用

1．迅雷的特点

迅雷当前的主流版本是迅雷 7.9。其特点如下：

① 优化安装过程，简化安装步骤，并修缮细节。

② 新增"二维码下载"功能。

③ 能够将想下载的文件，轻松地下载到手机上。

④ 新增"电脑加速"功能。

⑤ 使用手机 Wi-Fi 下载文件时，可通过同局域网中的计算机对手机下载进行加速。

⑥ 使用智能磁盘缓存技术，减少了硬盘的读写，有效防止了高速下载时对硬盘的损伤。

⑦ 优化了初始化向导设计。为了减少卡顿现象，避免了使用插件。

⑧ 使用的全新多资源超线程技术，显著提升了下载速度，加快了启动速度。

⑨ 迅雷软件具有功能强大的任务管理功能，以及可选的任务管理模式。

⑩ 具有智能信息提示系统，可以根据用户的操作提供相关的提示与操作建议。

⑪ 独有的错误诊断功能，能够帮助用户解决下载失败的问题。

⑫ 具有病毒防护功能，与杀毒软件紧密配合，可以保证下载文件的安全性。

⑬ 能够自动检测与提示新版本，友好的界面窗口，并提供多种窗口皮肤。

2．迅雷的获取、安装与配置

（1）迅雷 7 软件的下载与安装

从国内的大部分软件下载网站中，均可以下载到迅雷软件。

【操作示例 1】获取与安装"迅雷"软件。

① 软件的获取：第一步，打开浏览器，输入迅雷官方网站的网址 http://dl.xunlei.com；第二步，选中"产品大全"选项，选择要下载的迅雷软件，如选中"迅雷 7"（见图 6-2），单击其后的"下载"按钮，即可完成软件的下载任务。

② 软件的安装：迅雷 7 的安装非常简单，双击下载的 [Thunder_dl_7.9.40.5006.exe] 程序，即可启动安装程序；之后，跟随安装向导，完成安装任务。

③ 软件的启动：依次选择"开始→迅雷 7"命令，或者双击桌面上的"迅雷 7" 图标，都可以启动迅雷，如图 6-3 所示。

图 6-2 迅雷官方网站

（2）迅雷软件的基本配置

【操作示例 2】"迅雷"软件的基本设置。

安装迅雷后，还需要进行一些基本、常用设置，操作步骤如下：

① 在图 6-3 所示的"迅雷"窗口中，第一步，单击窗口右上角的"设置" ▼按钮；第二步，在快捷菜单中，选择"系统设置"命令，打开图 6-4 所示的对话框。

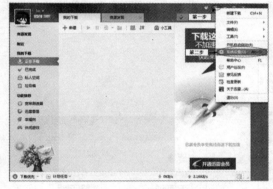

图 6-3 迅雷 7.9 主窗口

图 6-4 "系统设置"对话框

② 在"系统设置"对话框中选择"基本设置"选项卡，第一步，在左侧窗格选中要设置的项目，如选中"启动"选项，在右侧窗格针对启动项目进行设置，如取消"开机时启动迅雷"选项；第二步，在右侧的"任务管理"中，设置与任务相关的选项，如选中"立即下载"模式及"同时下载的最大任务数"为 5 等。

③ 第一步，在左侧窗格选中"下载目录"选项，如图 6-5 所示；第二步，在右侧窗格单击"选择目录"按钮，在打开的"浏览文件夹"对话框中定位迅雷默认的存储目录，如 D:\迅雷下载，单击"确定"按钮返回；之后，继续进行设置，如选中"自动修改为上次使用的目录"复选框，则之后的下载都自动使用上次用过的目录。设置完成后，单击右上角的关闭按钮即可。

④ 在主窗口的工具栏中单击"小工具" 小工具 按钮，展开图 6-6 所示的小工具窗口，可以选择常用的小工具，如选中"宽带测速器"，可以进行网速的测试。

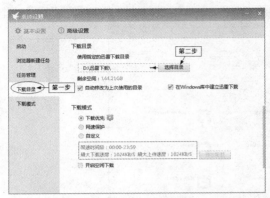

图 6-5 "系统配置-下载目录"对话框　　　　　图 6-6 小工具窗口

3. 用迅雷下载单个文件

【操作示例 3】通过快捷菜单的"使用迅雷下载"命令下载单个文件。

① 联机上网，第一步，找到所需的下载资源，如在图 6-7 所示的 360 安全中心确定要下载的资源，第二步，用鼠标指向选中软件的下载按钮，如"360 杀毒"；第三步，右击，在快捷菜单选择"使用迅雷下载命令"，打开图 6-8 所示的对话框。

② 在"新建任务"对话框中，第一步，单击对话框左下角的按钮，展开下载参数的设置项目，如将"原始地址线程数"从 5 更改为 10；第二步，确认下载文件的保存位置，一般接受默认值即可，如需要修改单击　图标，在打开的对话框中，可以重新定义需要保存的位置；第三步，单击"立即下载"按钮，即可进入下载进程。

图 6-7 下载单个文件　　　　　图 6-8 "新建任务"对话框

4. 下载多个文件

在下载文件时，经常会遇到要下载多个文件的情况，用迅雷的操作如下：

【操作示例 4】用迅雷 7 下载多个文件。

① 联机上网，找到含有多个下载文件的网页后，右击，在快捷菜单选择"使用迅雷下载全部链接"命令，打开图 6-9 所示的对话框。

② 在"选择下载地址"对话框中，第一步，确认要下载的文件类型，如*.exe；第二步，逐一选中需要下载文件的地址；第三步，单击"立即下载"按钮，即可进入迅雷主窗口，完成多个选定文件的下载任务。

③ 第一步，右击桌面上的迅雷悬浮窗图标，展开图 6-10 所示的快捷菜单；第二步，可以对迅雷进行快速操作，如依次选择"悬浮窗显示设置→显示悬浮窗"命令，选中该命令则会显示悬浮窗，反之，则隐藏悬浮窗。

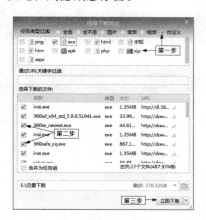

图 6-9　"选择下载地址"对话框

图 6-10　迅雷 7 快捷菜单

6.2.2　迅雷软件的常用技巧

普通用户掌握了基本使用方法之后，即可完成下载资源的基本任务。若想更好地发挥下载软件的作用，还需掌握一些使用技巧。

1. 迅雷 7 中的断点续传

【操作示例 5】迅雷 7 中文件的断点续传。

断点续传是指在下载文件中断后，下载软件可以自动从中断位置续传的操作。

① 单个或多个文件的断点续传：打开迅雷窗口，选中要续传的一个或多个任务，单击工具栏中的"开始下载任务"▶按钮，即可开始对所选任务的续传。

② 全部文件的断点续传：右击任务栏中的迅雷图标，从快捷菜单中选择"开始全部任务"命令，即可开始对所有中断的下载文件进行续传。

2. 悬浮窗的使用

【操作示例 6】迅雷 7 "悬浮窗"的使用与管理。

① 桌面上如果没有出现迅雷"悬浮窗"图标，说明目前处于"隐藏悬浮窗"的状态。右击任务栏的迅雷图标，激活与图 6-10 相似的快捷菜单，依次选择"悬浮窗显示设置→显示悬浮窗"命令，即可打开悬浮窗。

② 双击悬浮窗，将打开迅雷主窗口。

③ 用鼠标指向并双击显示有下载速度的悬浮窗，可以随时查看正在下载或已完成的任务，如图 6-11 所示。

④ 右击悬浮窗，将打开图 6-10 所示的快捷菜单。

3. 添加下载任务的方法

（1）拖动下载任务的 URL 到悬浮窗

【操作示例 7】通过迅雷 7 的"悬浮窗"添加下载任务。

① 打开浏览器，输入"新浪科技"的网址：http://tech.sina.com.cn/down/，选中的要下载软件，如 Internet Explorer 11 简体中文版，找到该软件的"下载地址"链接，按住鼠标左键，拖动到悬浮窗中释放。

② 打开图 6-12 所示的"新建任务"对话框，确认下载文件的保存位置，单击"立即下载"按钮，即可开始下载的进程。不同的浏览器对拖动的个数限制有所不同，在 IE 浏览器中，迅雷 7 支持一次拖动多个链接。

图 6-11   悬浮窗"正在下载"窗口

图 6-12   "新建任务"对话框

（2）监视浏览器点击

【操作示例 8】监视参数的设置。

下载软件大都可以通过设置来自动监视浏览器的点击。这样，当用户单击 URL 时，一旦下载软件监视到 URL 单击，若该 URL 符合下载的要求（即扩展名符合设置的条件），该 URL 就会自动添加到下载软件的任务列表中。

迅雷的设置方法：在迅雷 7 窗口的工具栏中单击"配置" ⚙ 按钮，打开"系统设置"对话框，其设置是：第一步，在对话框顶部选择"高级设置"选项；第二步，在左侧窗格中，选择"更多设置"选项；第三步，在右侧窗格中，依次选择"监视下载类型→编辑下载类型"选项，在激活的"编辑下载类型"对话框中，即可对下载类型进行编辑，通常使用默认设置即可；第四步，单击"确定"按钮，依次关闭所有打开的对话框完成设置，如图 6-13 所示。

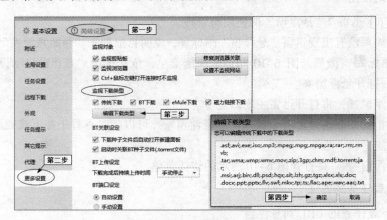

图 6-13   迅雷的"系统设置-编辑下载类型"对话框

设置之后，无论是在剪贴板中，还是在浏览器中，只要遇到符合下载要求的 URL，即扩展名符合设置的条件时，这个 URL 就会自动添加到迅雷 7.9 或快车的下载任务列表中。

6.3　云技术的应用

云技术就是利用高速互联网的传输能力，将用户所有的数据和服务都放在"网络云"（大型数据处理中心）中，用户通过任何一种上网终端设备（台式计算机、笔记本式计算机、手机、平板电脑）即可使用云应用。云应用不仅可以帮助用户降低 IT 成本，还能极大地提高工作效率，因此传统软件向云应用转型的发展和改革的浪潮一浪高过一浪。

随着互联网的发展，云技术、云盘、网盘等流行起来。当前，很多人通过网盘或云盘传递文件。云盘也成为计算机、平板电脑、智能手机之间传递文件的流行方式。

6.3.1　云技术简介

云计算、云存储、云服务、云物联、云安全等名词层出不穷，各种基于云技术的"云应用"成为当今互联网的热点，各大 IT 巨头、很多创新公司将其作为一个新的发展契机，纷纷涌入"云计算"的领域。继大型计算机、个人计算机、互联网迅速发展之后，"云计算"俨然成为 IT 产业的第四次革命。由此可见，"云计算"代表的是时代需求，其发展反映了市场关系的变化，因为只有拥有庞大数据规模的商家，才可能提供更广、更深的基于云技术的信息服务。为此，也可将"云计算"看作网格计算的一个商业演化版。

1. 云计算（cloud computing）

"云计算"可解释为：将一切都放到"云"中，此处的"云"指网络；该网络主要指其中的计算机群，每一群可以包括几十万台甚至上百万台计算机。"云计算"是个时尚的概念，它既不是一种技术，也不是一种理论，而是一种商业模式的体现方式；它强调的是计算的弥漫性、无所不在的分布性和社会应用的广泛性等特征。

① 云计算的定义：现阶段被广泛认可的是美国国家标准与技术研究院（NIST）的定义，即云计算是一种按使用量付费的模式。该模式提供可用、便捷、按需访问的网络及可配置的计算资源共享池（资源包括网络、服务器、存储、应用软件、服务）。用户只需进行很少的管理工作，或者与服务供应商进行少量的交流，即可快速访问上述资源。

② 云：是对网络或互联网的一种形象比喻。因此，在涉及网络的图形中，常用云的符号来表示电信网、互联网及其基础设施。

2. 云技术（cloud technology）

"云技术"是基于云计算商业模式应用的总称。云技术是网络技术、计算技术、信息技术、整合技术、管理平台技术、应用技术等多种技术整合后的总称。云技术可以组成资源池，按需使用，灵活便利。由于"云计算"可提供每秒 10 万亿次的超强运算能力，因此，成千上万的"云"用户可以通过其计算机、手机等各种方式接入海量数据中心，并按自己的需求进行运算。

6.3.2　云应用简介

"云应用"是云计算概念的子集，也是云计算技术在应用层的体现。

1．云应用的工作原理

云应用将传统软件的本地安装和运算方式转变为"即取即用"的服务，这是一种通过互联网或局域网的连接来操控远程服务器集群、完成业务逻辑、运算任务的一种新型应用。

2．云应用与云计算的根本区别

云计算是一种宏观技术的发展概念，而云应用则是面对客户解决实际问题的产品。因此，云计算的最终目标是云应用。云应用将计算、服务和应用作为一种公共设施提供给公众，使人们能够像使用水、电、煤气、电话等资源那样使用它。

3．云应用的几个重要领域

经常上网的人或多或少地都接触过云应用，如物联网、云存储等。

（1）物联网与云物联（cloud storage）

物联网（Internet of Things，IoT）：物联网就是物物相连的互联网。它包含两层意思：其一，物联网的核心和基础仍然是互联网，是在互联网基础上延伸和扩展的网络；其二，其用户端延伸和扩展到了任何物品与物品之间，进行信息交换和通信，也就是物物相息。物联网是新一代信息技术的重要组成部分，也是信息化时代的重要发展阶段。

物联网的本质概括起来主要体现在 3 个方面：其一，是互联网特征，即对需要联网的"物"一定要能够实现互联和互通；其二，是识别与通信特征，即纳入物联网的"物"一定要具备自动识别与物物通信的功能；其三，是智能化特征，即网络系统应具有自动化、自我反馈与智能控制等特点。

物联网将智能感知、识别技术、计算等通信感知技术，广泛应用与融合在互联网中。因此，物联网被称为继计算机、互联网之后的世界信息产业发展的第三次浪潮。物联网是互联网的应用拓展，与其说物联网是网络，不如说物联网是业务和应用。

倘若没有云技术的支持，物联网中的感知识别设备，如传感器、射频识别技术等生成的大量信息就不能有效地整合与利用。只有通过"云计算"的架构和使用，才能有效地解决物联网中数据的存储、检索、使用、不被滥用等关键问题。因此，物联网是离不开云计算、云技术的，所以有"云物联"之称。随着物联网业务量的增加，物联网对数据存储和计算量的需求必将导致其对云计算能力的要求和依赖程度的增加。

① 在物联网的初级阶段：从计算中心到数据中心，云计算中的 PoP（网络服务提供点）即可满足需求；

② 在物联网高级阶段：需要虚拟化的云计算技术，如国外的物联网营运商 MVNO/MMO 已存在多年。

（2）云存储（cloud storage）

"云存储"是在云计算概念上延伸和发展出来的一个新概念。云存储是指通过集群应用、网格技术或分布式文件系统等功能，将网络中大量各种不同类型的存储设备通过应用软件集合起来协同工作，共同对外提供数据存储和业务访问功能的一个系统。当云计算系统运算和处理的核心是大量数据的存储和管理时，云计算系统中就需要配置大量的存储设备，那么云计算系统也就转变成为一个云存储系统，所以云存储就是一个以数据存储和管理为核心的云计算系统。

（3）私有云（Private Cloud）

"私有云"的云基础设施与软、硬件资源均创建在防火墙内，它向机构或企业内部提供数据中心的共享资源。创建私有云，除硬件资源之外，还需配置云设备（IaaS）软件。现在能够提供的商业软件有 VMware 的 vSphere 和 Platform Computing 的 ISF，而开放源代码的云设备软件主要有 Eucalyptus 和 OpenStack。

（4）云游戏（Cloud Gaming）

"云游戏"是以云计算为基础的游戏方式。在云游戏的运行模式下，所有游戏都在服务器端运行，并将渲染后的游戏画面压缩后，通过网络传送给用户。因此，在客户端，用户的游戏设备不需要任何高端处理器和显卡，只需要基本的视频解压能力就可以了。

（5）云教育（Cloud education）

"云教育"的实例是教育行业中的视频云应用系统，其流媒体平台采用分布式架构方式，包含 Web 服务器、数据库服务器、直播服务器和流服务器，还可以在信息中心架设采集工作站，搭建网络电视，以便进行实况直播应用。在各校应部署有录播系统，直播系统的教室配置流媒体功能组件，这样录播实况时，即可实时传送到流媒体平台管理的中心全局直播服务器上；同时，参与录播学校的课件，也可以上传存储到教育局信息中心的流存储服务器上，以便日后的检索、点播、评估等应用。

（6）云会议（Cloud conferences）

"云会议"是基于云计算技术的一种高效、便捷、低成本的会议形式。使用者只需通过互联网界面进行简单易学的操作，便可快速高效地与全球各地团队及客户同步分享语音、数据文件及视频，而会议中的数据传输、处理等复杂技术，云会议服务商会帮助进行操作。

（7）云社交（Cloud Social）

"云社交"是一种物联网、云计算和移动互联网交互应用的虚拟社交应用模式。它以建立著名的"资源分享关系图谱"为目的，进而开展网络社交。云社交的主要特征是能够将大量的社会资源进行统一的整合与评测，并通过构成的一个资源有效池，向用户提供按需服务。参与分享的用户越多，能够创造的社会与经济价值就越大。

6.3.3　云存储的基本知识

随着互联网的飞速发展，云计算、云技术、云存储悄然而生。云计算技术在当今的网络服务中已随处可见，如搜寻引擎、网络地图等；而手机、GPS 等移动装置会进一步开发出基于云计算技术的更多应用服务。云存储可分为以下 3 类：

1. 公共云存储（简称：公共云）**与私有云存储**（简称：私有云）

"公共云存储"供应商能够低成本提供大量的文件存储空间。供应商能够保持每个客户的存储、应用都是独立的、私有的。国外公共云存储发展迅速的代表有：Dropbox；国内公共云存储服务比较突出的有：百度云盘、微云同步盘、腾讯微云、搜狐企业网盘、乐视云盘、移动彩云、金山快盘、坚果云、酷盘、115 网盘、华为网盘、360 云盘、新浪微盘等云存储服务。

在"公共云存储"中，可以划出一部分用作"私有云存储"。一个公司可以拥有、控制其私有云的基础架构，并部署其应用。私有云存储可以部署在企业数据中心或相同地点的设施上。私有云可以由公司自己的 IT 部门管理，也可以由服务供应商管理。

2．内部云存储（简称：内部云）

"内部云存储"和"私有云存储"较为相似，唯一不同的是前者位于企业防火墙内部，后者位于防火墙的外部。截止到 2014 年，可以提供私有云平台的有：Eucalyptus、3A Cloud、minicloud 安全办公私有云、联想网盘等。

3．混合云存储

"混合云存储"是将"公共云存储""私有云存储""内部云存储"等 3 种云存储结合在一起的云存储方式，其主要用于满足客户不同需求的访问。例如，当需要临时配置容量的时候，从公共云上划出一部分容量配置成一种私有云或内部云，能够帮助公司解决迅速增长的负载波动或高峰带来的问题，但混合云存储带来了跨公共云和私有云分配的应用复杂性。

4．云技术和云盘

当今社会，计算机、平板电脑等设备，是人们日常生活与工作的核心工具。人们通过计算机等设备来处理文档、存储资料，通过电子邮件、微信或 U 盘与他人分享信息。然而，一旦计算机等设备的硬盘坏了，则会由于各种信息、资料的丢失而导致严重的后果。而在当今的云计算时代，利用好云，则会带来事半功倍的效果。例如，通过云可以完成人们的存储与计算工作。云的优点在于，其中的计算机可随时更新，从而保证云可以长生不老。目前，各 IT 巨头，如谷歌、微软、雅虎、亚马逊（Amazon）等，都已建设云。通过建好的云，人们只要通过一台已联网的计算设备，即可在任何地点、通过任何设备（如计算机、平板电脑、智能手机等）快速地计算并找到所存储的资料；而人们并不清楚存储或计算发生在哪朵"云"上。这样，人们也就不用再担心由于资料丢失而造成损失。

"云盘"是互联网存储工具，是互联网云技术的产物。云盘通过互联网为企业和个人提供信息的储存、读取与下载等多项服务。由于其具有安全稳定、海量存储的特点，是当前较热门的云端存储服务。提供云盘服务的著名服务商有：360 云盘、微云同步盘、微云网盘、百度云盘、金山快盘、够快网盘等。

5．网盘

网盘又被称为网络 U 盘或网络硬盘。网盘是互联网公司推出的一种在线存储服务。它能够向用户提供文件的存储、访问、备份、共享等多种文件编辑和管理等功能。因此，可以将网盘看成是一个放在网络上的硬盘或 U 盘。由于存储的数据在网络的服务器中，因此，无论在家中、单位或国外，凡是因特网能够连接的地方，都可以对其进行管理。不需要随身携带，更不怕丢失。

6．网盘与云盘的区别

从发展的角度看，早期用户使用的都是网盘，近几年才出现了云、云盘、云技术等概念。

随着网盘市场竞争的日益激烈和存储技术的不断发展，早期传统的网盘技术已经显得力不从心，其传输速度慢、冗灾备份及恢复能力低、安全性差、营运成本高等瓶颈一直困扰着提供网盘服务的企业。而最新应用的基于云计算的储存技术，为网盘行业带来了新生。传统的网盘必将逐步被云存储技术所取代。云存储是构建在高速分布式存储网络上的数据中心，它将网络中大量不同类型的存储设备通过应用软件集合起来协同工作，形成一个安全的数据存储和访问的系统，适用于各大中小型企业与个人用户的数据资料存储、备份、归档等一系列需求。云存储最大优势在于将单一的存储产品转换为数据存储与服务，在这个技术下，网盘行业只有向云存储转变才能使其迎来蓬勃发展的未来。

网盘的功能仅在于存储，用户通过网盘的服务器可以存储自己的资源。而云盘除了具备网盘的存储功能外，更注重资源的同步和分享，以及跨平台的运用，如计算机、平板电脑和手机的同步等。因此，云盘的功能更强，使用也更便捷。

例如，"百度云"是由百度公司出品的一款云服务产品，它不仅可以为用户提供免费的存储空间，还可以将视频、照片、文档、通讯录等数据在移动设备和 PC 端之间跨平台同步、备份等，百度云还支持添加好友、创建群组等。其目前已上线的产品有 Android、iPhone、iPad、百度云管家、网页端等。通过"百度云管家"，用户可以将照片、文档、音乐、通讯录数据在各类设备中使用，并在众多的朋友圈里分享与交流。而"百度网盘"只是"百度云"提供众多服务中的一项服务。

综上，网盘和云盘都可以用于存储资料，两者的区别主要在于：发展的前后不同，网盘在前，云盘在后；技术的侧重点不同；提供的服务不同；使用的技术也不同。因此，云盘通常都包含网盘的功能，而网盘却并不都具有云盘的功能，如多数电子邮箱提供的网盘仅有存储功能。但在应用中，很多用户并不十分清楚云盘与网盘的区别，而习惯将云盘和网盘都称为"网盘"，下面介绍时，除了针对特定的功能，本章也将其统称为网盘。

7. 网盘应用中要考虑的事项

当选择和应用网盘时，需要考虑的因素如下：

① 稳定性：考虑到资料的重要性，首先要考虑的就是稳定性，为此，应当选择稳定的公司或企业开发和提供的网盘。

② 同步备份：申请时，应当考虑永久型，具有同步备份功能的网盘或云盘，因为申请的盘突然中断或取消服务，将给自己造成无可弥补的损失。

③ 容量：与使用的硬盘一样，网盘的尺寸越大，存储空间也就越大。

④ 速度：使用网盘时速度是很重要的，上传或下载的速度越快，使用起来就越方便。

⑤ FTP 功能：网盘带 FTP 功能能够增加很多功能，如可通过 FTP 协议及客户端访问网盘；另外，通过 CuteFTP、迅雷等支持 FTP 协议的客户端软件登录网盘后，除了上传、下载更为方便、速度更快外；还支持断点续传或者从其他服务器上下载文件到申请到的网盘账户中。

⑥ 永久免费或费用低廉：使用网盘时当然希望是永久且免费的，但免费网盘提供的空间通常较小，稳定与安全性也令人担忧，因此，应根据需求进行选择，如某公司的网盘提供 2 GB 的免费使用空间，60 GB 的收费低廉的空间，作为小公司用户，则建议选择后者，而不是前者。

8. 国内著名网盘

这里介绍的网盘为泛网盘，既可以是真正的云盘，如微云、百度云、360 云盘；也可以是邮箱中附加的网盘，如网易邮箱中的网盘。前者可以在多种环境中提供云服务，即可以在多种设备之间进行文件、数据的同步；而后者只能在特定的环境中使用，仅指在网络中提供的免费在线存储和网络寄存的服务空间。下面将介绍几种典型的包含云服务的网盘。为了争夺用户，目前著名的云盘大都支持常见的计算机及各种移动设备，如安装了 Windows、Android、iOS、Mac 操作系统的设备；著名云盘允许用户免费使用的空间通常都可以达到 T 级别，注册会员可以获得更大、更稳定的存储空间。

（1）腾讯微云

① "腾讯微云"是腾讯公司推出的一项云存储服务。腾讯正式宣布推出 10 TB 免费云空间的重磅服务，此举使得个人云存储从 "G 时代"进入 "T 时代"，一步到位地打造个人云存储服务的标准。

② 目前其提供的有 Web 版、Windows 客户端、Android、iOS 手机或平板电脑客户端；因此，用户可以在各种终端上将文件上传到自己的网盘上，并可以在多种终端上随时随地查看和分享网盘的文件。如果完成指定的任务，还可以领取更多的永久空间。有测试表明，其网盘的上传、下载速度优于国内外大多数的网盘，因此，被认为国内较稳定的网盘。

③ 网址：http://www.weiyun.com/。

（2）百度云和百度云盘

① 百度云是百度公司为用户精心打造的一项智能云服务，用户通过百度云可以方便地在手机、平板电脑及计算机之间同步文件、推送照片和传输数据。

② 网址：http://yun.baidu.com；http://pan.baidu.com/。

（3）360 云盘

① 360 云盘是奇虎 360 科技提供的一款分享式云存储服务产品。它为网民提供了存储容量大、免费、安全、便携、稳定的跨平台文件存储、备份、传递和共享服务。360 云盘为每个用户提供 TB 级的免费初始容量空间，通过完成任务、每天登录签到等都可以扩容至更多，例如，笔者具有的网盘空间是 40 TB 以上，基本不用担心存储空间。

② 网址：http://yunpan.360.cn/invite/veqnckquen。

除上述 3 家著名公司提供的云盘外，国内还有众多提供网盘服务的公司或集团，如迅雷云盘、乐视云盘、华为网盘、天翼云、金山快盘之类，此外，还有网易（163、126）邮箱中提供的网盘等。

6.3.4　云盘的应用

对于广大用户，在了解了网盘的功能后，最重要的就是应用好网盘，使我们体会到云服务的方便与便捷。若想更好地发挥网盘的作用，还需要不断地应用。下面仅以百度云为例来介绍网盘的典型应用技术。

1. 获取与安装百度客户端软件

【操作示例 9】下载和安装百度云。

① 打开浏览器，第一步，输入网址 http://yun.baidu.com；第二步，在打开的网页中，单击"立即注册百度账号"按钮；最后，跟随注册向导，完成百度账号的注册任务，如图 6-14 所示。

② 当使用电子邮箱注册时，除了需要登录邮箱进行验证外，还会打开图 6-15 进行手机验证，其步骤：第一步，输入手机号码；第二步，发送验证码到手机；第三步，填写百度发送到手机中的验证码；第四步，单击"确定"按钮，完成注册。

③ 在图 6-14 所示的窗口中，单击工具栏中的"客户端下载"按钮，打开图 6-16 所示的页面。

④ 在"百度云客户端下载"页面，第一步，选中要下载的系统版本，如 Windows 版；第二步，选择要下载的客户端软件，如"百度云管家"，激活下载进程。

⑤ 完成"百度云管家"客户端软件下载后，双击文件 BaiduYunGuanjia_5.3.4.exe，跟随安装向导完成安装任务。

⑥ 在百度云管家安装完成后，双击桌面图标 百度云管家，打开图 6-17 所示的对话框。

⑦ 在"登录百度账号"对话框中，第一步，正确输入登录名和密码，如手机号和密码；第二步，单击"登录"按钮，成功登录后打开图 6-18 所示的窗口。

⑧ 在其他计算机、手机或 iPad 上，分别下载并安装适合其操作系统的"百度云管家端"客户端软件，即可在不同设备上使用"百度云管家"完成各种任务，如照片、通讯录的备份，上传文件等。

图 6-14 浏览器中百度账号登录窗口   图 6-15 百度账号注册对话框

图 6-16 百度云管家下载窗口   图 6-17 百度云管家"登录百度账号"对话框

2. 百度云管家的基本应用

【操作示例 10】百度云管家的基本应用。

（1）百度云管家的设置

① 安装百度云管家后，会在桌面、任务栏中创建图标，双击"百度云管家" 图标。

② 在打开的图 6-18 所示的"百度云管家"主窗口中，第一步，单击窗口右上角的"设置"按钮，第二步，在展开的下拉菜单选择"设置"，打开图 6-19 所示的对话框。

③ 在"设置"对话框中，在左侧窗格选择"基本"选项后，在右侧窗格对"基本"项目进行设置，如取消"开机时启动……"复选框。

④ 在左侧窗格选择"传输"选项后，在其右侧窗格对"传输"项目进行设置，如指定默认的下载路径，如图 6-20 所示。设置完成后，单击"确定"按钮，完成此设置。

图 6-18 "百度云管家"主窗口　　　　　图 6-19 百度云管家"设置"对话框

（2）上传

① 在图 6-18 所示的窗口中，第一步，确认处于"我的网盘"选项卡，如果需要可单击"新建文件夹"按钮，创建自己所需要的新文件夹；第二步，定位要上传的文件夹后，单击工具栏中的  按钮，打开图 6-21 所示的对话框。

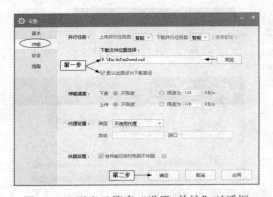

图 6-20 百度云管家"设置-传输"对话框　　图 6-21 百度云管家"请选择文件/文件夹"对话框

② 在"请选择文件/文件夹"对话框中，第一步，浏览定位计算机中要上传的文件或文件夹；第二步，单击"存入百度云"按钮，自动开始上传选定的文件夹；上传完成后，在"我的网盘"中，可以看到成功上传的文件与文件夹。

③ 最简单的上传方式是在图 6-22 所示的窗口：第一步，直接从计算机的资源管理器窗口选中文件或文件夹后，第二步，按住鼠标左键，拖动至百度云管家的"我的网盘"或悬浮窗中，释放鼠标，即可自动完成文件夹或文件上传到百度云网盘的操作。

（3）下载

① 在图 6-23 所示的百度云管家"文件-下载"窗口，第一步，选中要下载的文件并右击；第二步，在激活的快捷菜单中，选择"下载"命令，会自动完成下载任务。

② 最简单的下载方式是直接从图 6-23 所示的百度云管家中，如网盘中，选中文件或文件夹，再直接拖动至本地计算机，如拖动至资源管理器的选定目录或桌面。

图 6-22　百度云中"文件-拖动上传"窗口　　　　图 6-23　百度云管家"文件-下载"窗口

3．利用百度云管家传输文件或信息

用百度云管家在自己的各种设备间传输信息、文件是常用的功能，如在计算机上查询了乘车路线，发送到手机或 iPad。条件是在各个设备中都安装了百度云管家客户端。

（1）分享和传递文件

利用云技术传递各种文件是云技术的重要应用，最常见的应用就是将网盘存储的大文件分享给朋友们。使用 E-mail 接收与发送时，经常受到邮箱附件大小的限制，以及上传邮件附件的速度限制，而导致传送的失败。使用网盘传送时，由于仅仅是将网盘中大文件生成的下载链接分享给友人，因此没有上述限制；收到链接的朋友通过接收到的下载链接即可下载或转存大文件到自己的网盘。

【操作示例 11】不同百度账号利用百度云管家传输大文件。

① 在图 6-24 所示的窗口中，第一步，选中"网盘"中要分享的文件，如"西班牙行程（18天）.pdf"；第二步，单击"创建分享"⦿图标，打开图 6-25 所示的对话框。

② 在图 6-25 所示的"分享文件-私密分享"对话框中，第一步，选择"私密分享"选项卡；第二步，单击"创建私密链接"按钮，打开图 6-26 所示的对话框。

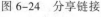

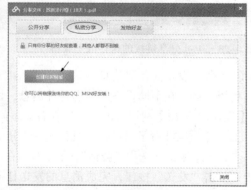

图 6-24　分享链接　　　　　　　　图 6-25　百度云　"分享文件-私密分享"对话框

③ 单击"复制链接及密码"按钮，当提示 复制链接成功 时，表示链接已经复制到剪贴板上；随后，选择一种方式，如发送一封邮件、一则消息将此链接发送给要分享的朋友。

④ 朋友们接到链接后，可以选择提取（下载），也可以选择转存到百度云管家（接收者的百度云管家）。接收者的操作：在 iPad 中收到链接后，单击这个链接，第一步，在打开的图 6-27 所示窗口中，按照提示进行操作，如输入好友发过来的"提取密码"；第二步，单击"提取文件"按钮，打开图 6-28。

⑤ 在图 6-28 所示的 iPad 分享链接的保存或下载窗口，可以选择将链接的文件下载到本地硬盘，也可以选择"保存到百度云"选项，选择后系统会根据提示自动完成操作。

⑥ 不同操作系统、不同客户端版本的操作大同小异，大家可以举一反三完成本任务。例如，安卓手机的上述文件夹的分享提取界面如图 6-29 所示，输入提取密码后，将显示与图 6-28 类似的界面。

图 6-26　"分享文件-复制链接"对话框　　　图 6-27　iPad 中"分享链接-提取"窗口

图 6-28　iPad 分享链接的保存或下载窗口　　　图 6-29　安卓手机的"分享链接-提取"对话框

（2）各种设备间传递信息

利用云技术在不同设备间传递各种消息，快捷方便。

【操作示例 12】利用百度云管家在各设备间传输信息。

① 在图 6-30 所示的窗口工具栏选中"分享"选项卡，当左侧窗格列出要发送信息的好友时，第一步，在左侧窗格选中"会话"；第二步，在底部的文本框中输入或粘贴要传送的文字内容；第三步，单击"发送"按钮，完成消息的发送任务。

② 单击图 6-30 所示窗口好友行中的"▼"，在打开的窗口中可以添加或更换好友；单击 分享文件 按钮，可以给选中的好友分享文件或文件夹，如分享了"Internet 应用基础教程-第 3 版"文件夹，以及"2015-09-30 160110.png 等多个文件"。

③ 登录其他设备的百度云，如安卓手机，如图 6-31 所示：第一步，单击底部的"分享"工具；第二步，单击要分享文件或消息的好友，如尚晓航，打开图 6-32 所示的对话框。

④ 在图 6-32 所示的窗口中，第一步，在 🖹 状态下，在后边的文本框输入消息；第二步，单击"发送"按钮，将输入的消息发给指定的好友。

⑤ 其他应用：在图 6-32 所示的窗口中，单击 🖹 图标，文本框变为"分享文件"按钮，可以选择文件或文件夹发送给好友；单击 🔘 图标，在打开的图 6-33 所示的窗口中将列出所有好友之间分享过的文件，选中"分享人"选项卡，可以查看不同好友分享的文件。

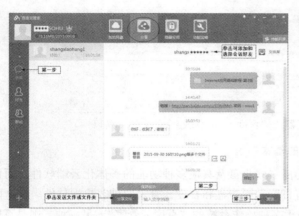

图 6-30 PC 中"百度云管家–会话"窗口

图 6-31 安卓手机中"百度云–分享"窗口

图 6-32 安卓手机"百度云–分享–消息"窗口

图 6-33 安卓手机"文件库–全部文件"窗口

4．百度云管家资源的管理与访问

百度云管家的管理与访问很简单，不但可以通过计算机、iPad、安卓智能手机的客户端进行，还可以通过任一款浏览器，在任何地方登录百度云管家的网页版，进行百度云管家文件的管理与访问。

【操作示例 13】百度云管家中的资源管理。

① 打开任一款浏览器，如 360 安全浏览器；第一步，输入网址 http://pan.baidu.com；第二步，在"网页版登录"窗口，正确输入百度云的用户名及密码后单击"登录"按钮。

② 验证成功后的 360 安全浏览器窗口如图 6-34 所示。在窗口左侧的目录树中，已经包含了常见的分类；在右侧窗格中，用户可以像管理"资源管理器"那样对其进行管理。例如，在左侧

窗格选中"目录"选项，如图片；在右侧窗格可以对其进行管理，在工具栏中可使用各种管理工具进行管理，如单击"新建文件夹"，即可在选定的目录中建立新的文件夹，如在"全部文件"中创建"201509-西班牙游"文件夹。

图 6-34　360 安全浏览器的"百度云-网页版-全部文件"窗口

5. 百度云管家、自动备份与同步盘的基本知识

百度云管家是一款集成了自动备份功能、同步盘及其他多种功能的一体化云端软件，而百度提供的客户端软件正如图 6-16 所示，有百度云同步盘和百度云管家两种客户端软件。在这两种客户端软件中，一种是前面介绍过的适用于多种操作系统的"百度云管家"，另一种，则是百度的"同步盘"。这两种终端软件都具有通过云端上传和保存文件的功能。为了方便用户使用，在应用前还需要弄清百度云管家、云管家的自动备份及同步盘的主要功能、区别所在，以及各自适用的场合。

（1）百度云管家

其侧重点就是计算机文件的云端保存，其使用的人数众多。百度云管家实质上就是一款网盘在本地的管理软件，其主要功能是上传与下载，此外，还具有离线下载、不占用本地磁盘空间、用来存储海量图片、电影、视频等特色功能。为此，其可以有效地节省本地磁盘的存储空间。例如，当用户需要下载的是尺寸大的冷门资源时，当选择百度云管家中的离线下载后，用户不用上线，而是由事先设置好的百度服务器替代用户下载；完成之后，用户再上线，并可以通过较高的速度从百度服务器将这个冷门资源下载到本地计算机。

（2）同步盘

百度云同步盘的基本功能是自动同步。所以用户不必手动进行上传下载，只需在登录"同步盘"时设置一个同步文件夹即可。同步盘将对这个文件夹里的文件和服务器上的文件进行自动同步，省时又省心。

百度的同步盘主要用于文档、文件夹、软件的同步，在计算机中设置的同步盘需要占用本地的磁盘空间；因此，其主要目的不是海量存储，而着眼于工作文件或文件夹常用内容修改后的更新与同步。例如，百度云同步盘主要解决多地办公的文件双向同步问题，适合需要在多种设备共享数据的人群，即多地点办公人群。同步盘的作用是让网盘的内容随时保持最新版本，共有 10 个历史版本可供恢复。

（3）百度云管家的自动备份功能

为了确保本地计算机及其他客户端中数据的安全，很多用户都有定时备份的习惯。尤其是那些工作中的主要资料，往往会经常备份。然而，这种人工的备份只能是不定时的，如每天或每周一次；即使如此，由于备份不够及时，有时还会造成数据的丢失。利用"百度云同步盘"的自动备份功能，可以很好地解决这个问题，因为其过一段时间就会利用网络空余的时间自动备份一次，从而大大减少丢失数据的概率。

百度云管家中的"自动备份"允许用户将计算机中指定的文件夹中的内容自动备份到云端。自动备份文件夹设置后，软件会每隔 10 分钟，将指定的本地文件夹中的文件传到网盘。由于备份的作用是将文件保存起来，只要文件名不同就不会被覆盖。这个备份是单向的，只能上传，不会改动计算机中的文件，因此用户不必担心重要的办公或学习资料被误删。

6. 百度云管家中自动备份的应用

百度云"自动备份"的操作特点如下：

① 本地文件删除，不影响云端已存储文件；

② 云端文件删除，不影响本地文件；

③ 云端添加新文件，本地不会添加。

【操作示例 14】文件的自动备份。

① 注册：没有百度账号的用户，首先参照【操作示例 9】注册一个百度账户。

② 下载和安装：确认已经完成"百度云管家"的下载与安装任务。

③ 登录：参照【操作示例 9】登录百度云管家。

④ 打开配置对话框：在图 6-19 所示的"设置-基本"对话框中，在右侧窗格的自动备份

<u>自动备份： 管理自动备份的文件夹 管理</u> 中，单击"管理"按钮，打开图 6-35 所示的对话框。

⑤ 在图 6-35 中，第一步，选中"开启文件多版本"复选框；第二步，单击"手动添加文件夹"，打开图 6-36 所示的对话框。

⑥ 在图 6-36 中，第一步，选择计算机中要自动备份的文件夹（不超过 5 个）；第二步，单击"备份到云端"按钮，打开图 6-37 所示的对话框。

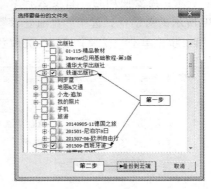

图 6-35 "管理自动备份-手动添加文件夹"对话框　图 6-36 "选择要备份的文件夹"对话框

⑦ 在"选择云端保存路径"对话框中，第一步，单击"新建文件夹"按钮；第二步，输入文件夹名称"自动备份"；第三步，单击"确定"按钮，打开图 6-38 所示的对话框。

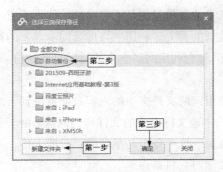

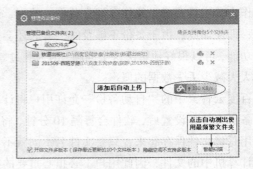

图 6-37 "选择云端保存路径"对话框   图 6-38 "管理自动备份"对话框

⑧ 在"管理自动备份"对话框中，应确认自动备份的文件夹，单击"智能扫描"按钮，系统将自动测试最近几天使用频率最高的文件夹；如果需要，则单击"添加文件夹"按钮，添加使用频率最高的文件夹；从打开此对话框开始，悬浮窗会自动显示自动备份文件的上传速度，直至传输完成。

⑨ 打开图 6-23 所示的百度云管家"我的网盘"窗口，可以看到自动备份的文件夹。

7. 百度同步盘的应用

"同步盘"文件操作的特点如下：

① 本地文件删除，云端也会删除。

② 云端文件删除，本地文件也会删除。

③ 云端添加新文件，本地也会添加新文件。

【操作示例 15】百度云同步盘的基本应用。

① 下载和安装：在图 6-16 所示的百度客户端"百度云管家下载"窗口，在"同步盘"中下载适合自己设备的版本，如单击 ▢下载Windows版 按钮，进入下载流程；下载后，双击其安装程序 ▣BaiduYun_3.9.5.exe，跟随软件的安装向导完成安装任务。

② 登录：需要使用与"百度云管家"一致的百度账户登录。单击桌面上的 图标，打开图 6-39 所示的对话框，选中"普通登录"选项卡，第一步，输入在百度云管家中注册的账号和密码；第二步，单击"登录"按钮，完成登录验证后，打开图 6-40 所示的对话框。

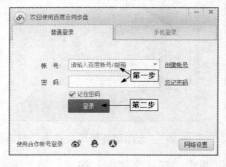

图 6-39 "百度云同步盘-普通登录"对话框   图 6-40 "浏览文件夹"对话框

③ 在"浏览文件夹"对话框中，选中计算机硬盘中的某个文件夹作为同步的真实文件夹，单击"确定"按钮，打开图 6-41 所示的对话框。

④ 在"设置百度云同步盘位置"对话框中，确认同步盘物理位置无误后，单击"下一步"按钮，打开图 6-42 所示的对话框。

⑤ 在"选择同步文件夹"对话框中，首先选择要同步的文件夹，可以是 PC 本地、来自 iPad 和来自手机（XM50h）上的百度云自动备份的文件夹；之后单击"确定"按钮；最后是几个提示文件管理的向导对话框，当出现"完成"对话框时，单击"完成"按钮。

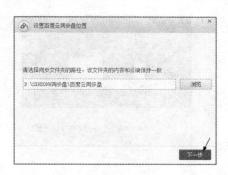

图 6-41　"设置百度云同步盘位置"对话框

图 6-42　"选择同步文件夹"对话框

【操作示例 16】百度云同步盘的管理。

① 右击工具栏中的 按钮，展开图 6-43 所示的"同步盘"快捷菜单，菜单中有很多有关同步盘的操作，如打开、查看同步状态、设置等；选择"设置"，打开图 6-51 所示的对话框。

② 在图 6-44 所示的对话框中，可以对百度同步盘进行常规设置、网络设置和高级设置等管理，当需要修改同步目录选项时，第一步，选中"高级设置"选项卡，第二步，在"选择性同步"项目中，单击"选择文件夹"按钮，在打开的图 6-42 中，可以随时对同步的文件夹进行修改，如取消"来自 iPad"复选框，表示本地的百度同步盘，不再同步 iPad 中百度云备份的文件；任何更改后，可以在图 6-50 中，选择"立即同步"命令进行手工同步操作，当然，自动同步时间到达，系统也会自动同步。

图 6-43　"同步盘"快捷菜单

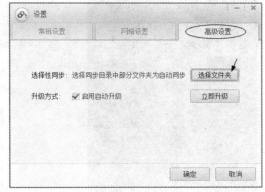

图 6-44　"设置-高级设置"对话框

【操作示例 17】利用百度云在同一局域网中实现计算机与手机的文件互传。

计算机与手机在同一无线网络内，利用百度云直接传输文件的条件是：其一，手机安装了百度云；其二，计算机安装了电脑版的百度云管家；其三，多种设备登录同一百度账号。其操作如下：

① 启动安卓手机"百度云"，第一步，单击底部的"发现"选项，第二步，在功能菜单中选择"数据线"选项（见图 6-45），打开图 6-46 所示的对话框。

② 在百度云"数据传输"对话框中，按照提示的两个步骤进行：第一步，在计算机中启动百度云管家 5.0 及以上版本，并进入计算机的"数据线"功能界面；第二步，单击"探测电脑"按钮，打开图 6-47 所示的对话框。

图 6-45　手机百度云"发现"对话框

图 6-46　手机百度云"数据传输"对话框

③ 在手机百度云"连接电脑"窗口中，会显示出所有探测到的计算机名称，选中需要传输的计算机名称，如 GZHPC，打开图 6-48 所示的对话框。

图 6-47　手机百度云"连接电脑"窗口

图 6-48　手机百度云"数据传输"窗口

④ 在手机百度云"数据传输"窗口中，第一步，选择要传送到计算机的文件或文件夹，如选中了含有 25 个文件的"Clipper"文件夹；第二步，单击"传输"即可进入安卓手机直接传输给计算机的传输过程如图 6-48 所示。

⑤ 开始传输文件后，打开计算机中的"百度云管家–功能宝箱"，可以看到正在传输过程中的文件，如图 6-49、图 6-50 所示。

图 6-49　计算机百度云管家的"功能宝箱"窗口　图 6-50　PC 中百度云管家"功能宝箱–文件直传"窗口

8．百度云管家和百度云同步盘的应用提示

① 如果需要在家中和办公室的计算机之间保持某些文件夹的同步，两台计算机都应安装 PC 版的百度云管家和百度云同步盘，这样可以极大地提升自己的工作效率。此外，还可以同时使用百度云管家的特色功能。

② 在不同计算机、笔记本、iPad 或手机上，利用百度云中的自动备份、自动同步、会话等的功能，可以轻松地交流信息和交换文件。应用时可以参照上边的理论与操作基础，举一反三即可完成，应用建议如下：

● 不同百度账号交换信息：参见【操作示例 12】。

● 同一百度账户的同步文件：参见【操作示例 16】。

● 不同百度账号传递大文件：参见【操作示例 11】。

● 同一无线网络中的相同或不同设备之间直接传递文件：参见【操作示例 17】。

③ "数据线"传输：可以发送任何文件给处于同一 Wi-Fi 下、同一账号中的安卓设备（手机或平板电脑）、计算机和笔记本。

④ 百度云同步盘的会占用本地的磁盘空间，因此，建议存储少量经常使用的文件夹，不要存储太多的文件夹。

⑤ 文件的变化：百度"自动备份"和"同步盘"文件增减操作的变化是有差异的。

⑥ 其他：手动上传文件可以备份单个文件，自动备份只限于文件夹。

9．网盘应用归纳

通过百度云管家和百度同步盘的上述应用，现将常见网盘的应用流程归纳如下：

① 应当经过比较、调研，选择一款大公司的网盘服务产品，推荐使用百度云管家、百度云、腾讯微云、360 云盘等产品。

② 在浏览器中，输入选中产品的网址，登录首页。

③ 无论哪款产品都需要注册一个账户，如果没有选中产品的账号，请单击"注册"按钮或选项，跟随向导完成账户注册的任务。

④ 根据设备确定要使用的客户端版本和类型后，再下载、安装相应的客户端产品。例如，使用 Windows 的，在计算机可下载 Windows 载客户端；而在 iPad 和安卓手机中，应下载其合适、并授权过的客户端软件。

⑤ 在各种设备上，安装好相应的客户端软件，并按照目录分类创建文件夹，分类上传自己需要保存的文件。

⑥ 其他：每款客户端都会具有一些特定的功能，用户可以根据需要选择并使用，如"百度云同步盘"提供的"部分同步"功能，"百度云管家"提供的"自动备份"等都能实现避免常用文件丢失的功能。

⑦ 如果已开启了网盘的自动备份或同步功能，应注意将已安装的网盘客户端设置成开机自动启动，或者每次登录都进行手工启动，否则设置的功能不会自动生效。

习　　题

1. 文件传送协议 FTP 的英文全称是什么？简述 FTP 的工作模式和原理。
2. FTP 的两个基本功能是什么？其传输的两种访问方式是什么？
3. 当前流行的下载技术有哪些？它们各有哪些特点？
4. 请举例说明 P2P 和 P2S 技术。
5. 写出常用的专用下载软件的名称，以及主要的技术特点和功能。
6. Internet 上常用的下载方法是什么？
7. 迅雷应用的主要技术有哪些？它能完成的主要功能有哪些？
8. 请解释什么是多源文件传输协议、BT 协议、断点续传和多线程下载。
9. 什么是离线下载？其适用于什么场合？请举例说明离线下载的优点。
10. 如何安装和设置迅雷软件？
11. 迅雷支持的下载协议有哪些？
12. 如何利用迅雷 7.9 下载单个文件或下载多个文件？
13. 如何在迅雷 7.9 中控制多个同时下载任务的先后顺序？
14. 什么是断点续传？如何利用迅雷 7.9 续传中断的单个或多个文件？
15. 什么是"多线程下载"？如何在迅雷 7.9 中设置、实现多线程与离线下载？
16. 电驴（eMule）是什么软件？上网查找后，写出它工作的技术类型与特点。
17. 什么是 URL 地址？如何将要下载文件的 URL 地址手工添加到下载任务列表中？
18. "云应用"跟"云计算"的根本区别是什么？
19. 什么是物联网？什么是云物联？这两者有什么区别与联系？
20. 什么是云存储？云存储可分为哪三类？公共云存储与私有云存储有何不同？
21. "云应用"的工作原理是什么？"云应用"有哪几个重要应用？
22. 网盘与云盘有何区别？通过查询写出国内外比较出名的 3 个网盘和云盘的名称？
23. "百度云管家"和"百度同步盘"的区别是什么？各适合应用在什么场合？

24. 百度云管家的自动备份功能有什么用？该功能与"同步盘"的区别有哪些？

25. 百度云的"数据线"功能有什么用处？

本章实训环境和条件

① Modem、网卡、路由器等接入设备，以及接入 Internet 的线路。

② ISP 的接入账户和密码。

③ 已安装 Windows 7/XP 操作系统的计算机。

④ 已安装安卓或 iOS 的移动智能设备（手机或平板电脑）。

实 训 项 目

实训 1：迅雷的安装与基本应用实训

（1）实训目标

掌握专用下载软件迅雷 7.9 和 QQ 旋风安装和下载的基本技术。

（2）实训内容

① 完成【操作示例 1】～【操作示例 4】中的操作步骤。

② 参考①中的内容，在 QQ 旋风中完成【操作示例 1】～【操作示例 4】。

实训 2：专用下载软件的高级应用实训

（1）实训目标

掌握专用下载软件迅雷 7.9 和 QQ 旋风软件的一些应用技巧。

（2）实训内容

① 完成【操作示例 5】～【操作示例 8】中的操作步骤。

② 参考①中的内容，在 QQ 旋风中完成【操作示例 5】～【操作示例 8】。

实训 3：云盘的应用实训

（1）实训目标

掌握多种设备间云盘的应用技术与技巧。

（2）实训内容

① 使用百度公司的客户端软件，完成【操作示例 9】～【操作示例 17】。

② 参考①中的内容，腾讯公司的微云系列产品中，完成【操作示例 9】～【操作示例 17】的主要内容。

第 **7** 章 即 时 交 流

学习目标：

- 了解：即时交流的基本概念、方式、功能和工具。
- 掌握：通过 QQ 软件进行即时交流的基本技术。
- 掌握：通过 QQ 软件进行网络通话的技巧。
- 掌握：通过"微信"软件进行即时交流的基本技术。
- 掌握：通过"微信"软件进行网络通话及分享资源的技巧。

7.1　即时交流概述

即时交流是指两个或两个以上的用户，使用自己的智能终端设备，在网络环境下进行文字、音频、视频、图像等多种媒体形式的交流方式。"即时交流"又被称为即时通信、实时交流、网络聊天和广义网络通话。

即时交流通常采用音频（即时通话）、视频（视频电话）和即时消息 3 种主要形式。此外，还包含短消息、图片、表情等多种即时交流的方式，其中应用最多的是即时短消息。当前比较流行的即时通信软件有：微信、QQ、飞信和 Skype（海外用户应用较多）。

1. 即时通信的应用状况

根据 CNNIC 截至 2014 年 12 月的统计，我国即时通信网民的规模达 5.88 亿，比 2013 年底增长了 5561 万，年增长率为 10.4%。即时通信使用率为 90.6%，较 2013 年底增长了 4.4%，使用率位居各类应用的首位。

2. 网络即时交流的应用

（1）网络音频

早期，为了避免昂贵的长途通信费用，人们很早就开始尝试通过网络进行即时交流，如 MSN、QQ。当前，五花八门的即时交流软件应运而生，比较著名的有微信、QQ、阿里旺旺、飞信和 Skype 等即时交流平台。

（2）网络视频交流

随着计算机、智能手机、平板电脑等硬件，以及网络的快速发展，网络音频、视频等多种媒体的交流不断出新；其中，视频电话与微视频的应用极为广泛。

① 视频电话：已经成为网络的宠儿，当前主流的即时通信软件大都提供了单人或多人的视频通话功能。

② 微视频：是时代的新宠。它是指短则 30 秒，长则不超过 20 分钟的视频短片。微视频的内容涉及面十分广泛，视频形态多样，通常涵盖微电影、纪录短片、DV 短片、视频剪辑短片、广告片段等。微视频可以通过计算机、手机、摄像头、DV、DC、MP4 等多种视频终端设备摄录或播放。微视频的最大特点是短、快、精，大众广泛参与性强，此外，制作与发布具有随时、随地与随意的性质。

（3）即时消息

在网络上购物时，通常需要与卖家即时交流商品信息，例如，淘宝网使用"阿里旺旺"为交流平台；又如，在线社区已成为很多人每天必去的网上社区，如微信群、QQ 群等。人们除了使用"文本+表情"的短消息方式外，也常使用"语音"留言的消息方式。

收发方式：发送端通常采用"即时发送"，而接收端则有"即时接收"或"离线接收"两种方式。当前流行的即时通信软件平台大都支持即时消息。

随着各种智能终端设备（手机、平板电脑、计算机）的普及，腾讯的微信与 QQ、移动的飞信等客户端软件的不断发展，人们通过智能终端上安装的各种即时交流客户端软件的平台，可以相互免费发送和接收文字、音频或微视频等各类即时消息。

3．什么是网络电话

所谓的"IP 网络"理论上指"使用 IP 协议的分组交换网"，实际上是指使用了 TCP/IP 协议的各种网络。Internet Phone 就是人们常说的 IP 电话，其含义有以下两种：

① 狭义的 IP 电话：专指在 IP 网络上使用电话号码进行的语音通话，例如，通过电话机或手机使用付费 IP 电话卡进行的实时通话。

② 广义的 IP 电话：不仅指"语音或 IP 电话"方式的通信，还包括在 TCP/IP 网络上进行的交互式多媒体实时通信与交流，常见的有音频、视频、图片、即时通信、网页、邮件、表情等通过网络而实现的多种媒体的交流方式。为此，广义的 IP 电话专指即时交流，即通过互联网和聊天客户端软件进行的多媒体即时通信，例如，通过各种终端设备和微信、飞信、QQ 等进行的即时交流。

无论是狭义还是广义，IP 电话的最大优点都是可以节省大量的长途电话费或通信费用。这是因为通过 Internet 交流时，是通过 ISP（Internet 服务商）提供的 Internet 与世界各地的亲友进行联络的，因此，用户所付出的只是 ISP 的通信和服务费。这些费用与国际长途或国内长途电话费、电报费、邮资相比，显然是微不足道的。这也是"打国际长途电话，市话标准收费"说法的起源，也是为什么 IP 电话虽然存在着各种缺陷，却仍能红透半边天的缘故。Internet 电话卡通常由专门机构经营。而本章介绍的网络电话却是用户可以通过 Internet 和智能终端的软、硬件平台来实现的。

4．网络电话的工作方式

常用 IP 电话按其工作方式可以分为以下几种：

（1）智能终端设备之间（PC—PC，PC—PAD、手机—PAD、手机—PC）

智能终端设备之间的通话是指相同或不同智能终端设备之间的 IP 通话，智能终端设备可以是计算机、笔记本式计算机、PAD（平板电脑）、智能手机。

① 通话特点：使用这种方式通话时，第一，双方的智能终端设备都能连接到 Internet；第二，双方都安装了相同的 IP 电话软件；第三，与普通电话类似，进行语音通话时，双方必须同时上网；但使用"即时消息"时，双方不必都在线，只要一方在线即可进行。

② 通话费用：这种通话方式需要付出的费用为通常意义上的上网费。如，可能有计时包月、包月、包年、限定流量等；因此，这是通话费用最低的一种 IP 电话。

③ 条件：使用这种通话方式所需的计算机软、硬件基本条件：

硬件条件：

- 智能终端设备：计算机（笔记本）、平板电脑（PAD）和智能手机。
- 接入速率为 1～20Mbit/s 或以上。
- 语音系统：为了进行声音的双向传递，计算机需要配置全双工的声卡、麦克风和音箱；其他智能终端设备须具备语音系统，如智能手机的通话系统。
- 视频系统：如果希望通话的同时，可以见到双方的影像，需加装视频摄像装置。
- Wi-Fi 网络：目前常使用无线路由器来提供小型局域网内部的 Wi-Fi 功能；机场、校园、旅馆、企业网等很多场所都会提供免费的 Wi-Fi 功能。

软件条件：

- 使用智能终端设备流行的操作系统，如 Windows 7、安卓或 iOS 系统。
- 在操作系统中安装可用的通话软件。这类软件通常被命名为"聊天工具"，一般分为：社交聊天、网络电话、视频聊天三大类，如腾讯公司的微信与 QQ、移动的飞信与飞聊、Skype、阿里旺旺、通通、YY 语音、新浪 9158 等。

（2）终端设备（PC 或笔记本、PAD、手机）—普通电话（固话或移动电话）

这种方式是指各种终端设备到普通电话间的通话。

① 通话特点：使用这种方式时，一般主动通话的一方（主叫方），需要通过终端设备上网，再使用专门的 IP 电话软件，直接拨叫对方的普通电话；还可以经过浏览器，通过 IP 电话服务机构，直接拨叫对方的普通电话，如使用 Skype 软件拨打普通电话。

② 通话费用：这种通话方式，除了需要付出通常意义上的上网费之外，有时还需要为所使用的 IP 电话服务支付少量的费用，即"IP 电话服务费"，如 0.06～0.12 元/分钟。因此，所需要的费用比 PC—PC、PAD—PAD、PAD—PC 的基本免费方式高一些。

③ 条件：使用这种方式通话时，主动通话的一方需要的终端设备的软、硬件条件与前一种方式类似；而接收方可以仅使用普通的电话。

（3）普通电话—普通电话（Phone 到 Phone）

Phone 到 Phone 是指普通电话之间的 IP 电话。

① 通话特点：Phone 到 Phone 通话方式下，双方不需要计算机，只需要普通的电话。通话的方法与普通电话的方法类似。使用起来比较简单，工作原理与前面介绍的两种相同，都是通过 Internet 传递语音信息。

② 通话费用：为购买各种 IP 电话卡所支付的费用。由于这种通话方式一般由电信部门运行、控制和管理，因此，不在本书的介绍范围之内。其通话方式最简单，但所需的费用是几种 IP 电话中最高的一种。

5. 广义网络电话实现的通信类型

① 网络电话。

② 即时消息：通常有即时文字、即时语音和传情动漫（聊天表情）几类。

③ 视频通信：可以是视频消息，也可以是即时视频。

④ 即时文件。

⑤ 共享文件。

⑥ 网络会议，又包含视频和音频网络会议。

7.2 网络聊天工具QQ

QQ 与微信都是腾讯公司开发的网络即时交流的客户端软件，又称"网络聊天"工具。由于QQ 与微信是同一家公司的产品，因此两者的操作有很多相似之处。但 QQ 推出的更早，用户的数量更多，功能也更为强大。

7.2.1 网上通话的准备条件

使用腾讯聊天工具软件进行终端设备之间的通话时，应具备如下的软硬件条件。

1. 进行网上通话的条件与检测

① 获得实现网上聊天工具的软件：下载相应操作系统的应用软件，如安卓系统的 QQ 或微信、Windows 7 系统中的 QQ 或微信网页版，或者苹果 iOS 系统的 QQ 或微信。

② 安装和设置聊天软件：例如，在智能手机的安卓系统中安装 QQ 或微信软件。

③ 硬件测试：在聊天软件中进行文字、语音和视频硬件系统的测试，以便能正常通话。

④ 与朋友进行首次网上通话。

2. 网上通话软件的获取与安装

获取各类操作系统聊天软件的途径很多，如腾讯官网、360 助手与管家等。

① 联机上网。

② 下载和安装方法：在手机或 PAD 的应用商店中直接下载和安装，或从 PC 下载聊天软件后，传送到手机或 PAD 中再安装。

注意，如果使用 QQ 或微信通话一段时间了，当系统突然不能正常通话时，就应当对照上述操作步骤进行检查。

7.2.2 使用QQ进行网上通话

由于很多用户对 QQ 已十分熟悉，因此，在此仅对 QQ 的相关知识与操作做简要介绍。

1. 使用QQ的前期准备

【操作示例 1】计算机中下载和安装 QQ 软件。

① 联机上网，打开浏览器，在地址栏输入 http://www.qq.com。

② 登录"腾讯"网站后，单击"QQ"链接。

③ 在打开的窗口中，选中要下载的 QQ 软件版本后，右击，选择"使用迅雷下载"链接。下

载完成后，在迅雷指定的目录中，可以找到已下载的 QQ 安装文件，双击该文件，跟随安装向导完成 QQ 软件的安装。

【操作示例 2】申请 QQ 号。

使用 QQ 或微信进行聊天之前，必须拥有 QQ 号；之后，才能通过所安装的软件、QQ 账号，登录 QQ 进行网上聊天、视频通信或使用 QQ 提供的其他服务。

① 双击桌面上的 QQ 图标，打开图 7–1 所示的窗口。

② 单击"注册账号"链接，打开图 7–2 所示的页面。

③ 在图 7–2 所示的"QQ 注册"页面，第一步，按照要求填写各种必要信息；第二步，填写手机号码和获取到的短信验证码；第三步，单击【提交注册】按钮；最后，跟随注册向导完成 QQ 号的注册任务。

④ 依次单击"开始→所有程序→腾讯软件→QQ→腾讯 QQ"命令，打开 QQ 登录窗口。

⑤ 在图 7–1 所示的窗口中，第一步，输入注册成功的 QQ 号及密码；第二步，单击【登录】按钮，验证通过后，会打开图 7–3 所示的 QQ 主窗口。

图 7–1　QQ 的登录窗口

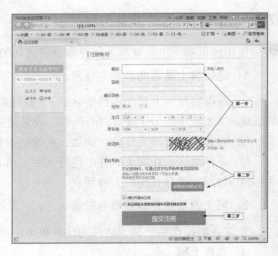

图 7–2　"QQ 注册"页面

【操作示例 3】添加 QQ 好友。

① 在图 7–3 所示的 QQ 窗口底部，单击"查找"按钮，打开图 7–4 所示的窗口。

② 在图 7–4 所示的"查找"窗口中，第一步，在查找文本框中，输入好友的标志信息，如对方的 QQ 号；第二步，单击"查找"按钮；如果能够找到，将显示该好友的信息，如对方的 QQ 号、昵称等；第三步，确认查到的是自己的好友后，单击"+好友"按钮。第四步，在打开的"添加好友"对话框中输入对方能识别自己的信息，如"我是 GLM"；第五步，单击"下一步"按钮。

③ 在打开的"添加好友–分组"对话框中，选择分组后，单击"下一步"按钮。

④ 在"添加好友–完成"对话框，单击"完成"按钮。

⑤ 对方同意后，图 7–3 所示的 QQ 窗口将出现该好友的图标；如果好友不同意，则不出现其图标。

⑥ 重复上面的步骤，添加自己的所有好友。

图 7-3　登录后的 QQ 主窗口

图 7-4　"查找"窗口

【操作示例 4】QQ 通话前的准备。

① 联机，接入 Internet。

② 依次单击"开始→所有程序→腾讯软件→QQ→腾讯 QQ"命令。

③ 在图 7-1 所示的窗口中，输入 QQ 号及密码，单击"登录"按钮，通过验证后，打开 QQ 主窗口。

④ 在 QQ 主窗口中，单击窗口底部的"设置 📷"按钮，打开图 7-5 所示的对话框。

⑤ 在图 7-5 所示的"系统设置"对话框中，第一步；在左侧窗格选中设置项目，如"音视频通话"；在右侧窗格，可以对所选项目进行设置，第二步，单击"麦克风测试"按钮，可以测试和调节麦克风声音的大小；第三步，单击"播放测试声音"按钮，扬声器中应当正常播放出测试音；第四步，选中"摄像头"选项，拖动右侧的滑块，显示出图 7-6 所示的选项。

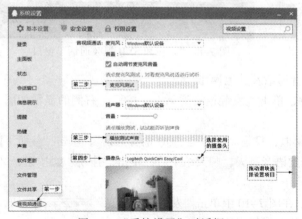

图 7-5　"系统设置"对话框

图 7-6　"系统设置-摄像头"对话框

⑥ 调整摄像头使得摄像画框中的画质正常，还可以对视频通话的各个部分进行设置，例如，第一步，单击"更改目录"；第二步，浏览定位存储视频的目录；单击对话框的"关闭 ✖"按钮，关闭"系统设置"对话框。

2. 在计算机中与移动设备通过 QQ 进行即时交流

【操作示例 5】与 QQ 好友进行视频通话。

① 在 QQ 窗口中双击要聊天的在线好友，如 SXH，打开图 7-7 所示的聊天窗口。

② 聊天窗口的下部窗格是文本框，中部窗格是与好友间的聊天历史信息，窗口最上部工具栏包括各种快捷按钮，如语音⚪、视频⚪等。

③ 单击窗口上部的"发起视频通话⚪"按钮，将发起视频通话，打开图 7-8"正在和 SXH（某好友）视频通话"窗口。

④ 图 7-9 所示的是好友收到的视频通话受邀窗口，第一步，单击【视频接听】⚪按钮，表示接受此次邀请；第二步，打开的视频通话窗口右侧上部的小窗口将显示自己的视频，下部大窗口中显示的是邀请方的视频图像；第三步，视频通话结束后，单击【挂断】⚪按钮，将结束此次的视频通话。

注意：其一，如果对方长时间没有接听，可以在图 7-8 所示的窗口单击"发送视频留言 发送视频留言"按钮，录制一段视频发给好友，最后单击 挂断 按钮，结束此次邀请；其二，在图 7-9 中，如果受邀方没有安装或打开摄像头，则可以单击"语音接听"⚪按钮，表示只进行语音通话，不进行视频通话。

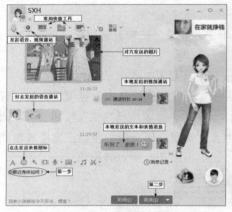

图 7-7　QQ 的聊天窗口

图 7-8　"正在和 SXH 视频通话"窗口

【操作示例 6】QQ 好友之间进行语音通话及其他操作。

① 邀请者在图 7-7 所示的窗口中，单击"发起语音通话⚪"按钮，右侧的显示如图 7-10 所示。

② 受邀请一方显示的图与图 7-9 相似，只是显示的是"QQ 语音通话"；单击"接听"⚪按钮，表示接受该语音通话，双方可以开始语音聊天，聊天结束后，单击"挂断"⚪按钮，结束此次的语音通话。

③ 如果对方长时间没有接听，可以在图 7-10 中单击"发送语音消息 发送语音消息"按钮，给好友发送一段语言留言，之后，单击"取消"按钮，取消此次通话。

④ 在图 7-7 所示的窗口上部是各种通信快捷工具，如，单击"传送文件⚪"按钮，可以将本地的文件直接发送给好友；又如，单击"应用⚪"图标右侧的▼，在展开的图 7-11 所示的下拉菜单中，可以选择更多的应用，如"发送邮件"等。

⑤ 在图 7-7 所示的窗口下部的窗格是"消息"窗口，其上部的快捷工具是消息窗格中可以使用的快捷工具，用鼠标指向工具会显示其功能；如，指向表情⚪，会打开表情框，从中可以选择要发送的表情；又如，指向"发送图片⚪"图标，可以选择本地的图片发送给好友；最后，消

息的编辑完成后，单击【发送 】按钮，即可将消息窗口输入的信息发送给好友；中部窗格是与该好友进行的各种通话的历史。

图 7-9　iPad 中"QQ 视频通话-受邀"窗口　　图 7-10　"语音-邀请方"窗口　　图 7-11　"应用"下拉菜单

3. 移动设备之间通过 QQ 进行网上通话

在移动设备之间通过 Wi-Fi 进行的网上通话，由于可以节约大量通话费，因此，是出门在外者的首选；其操作步骤与上述计算机与 iPad 之间的通信操作类似，下面仅作简要介绍。

【操作示例 7】移动设备之间 QQ 好友的通话。

① 在 iPad（iOS）中单击 QQ 图标，打开图 7-12 所示的 QQ 主窗口，双击要聊天的在线好友，如"利利"（该好友显示的状态是 2G 在线）。

② 在图 7-13 所示的好友聊天窗口中，第一步，单击上方的"通话" ■图标；第二步，在底部展开的通话方式中选择一种，如"QQ 电话"。

图 7-12　iPad 的 QQ 主窗口　　　　图 7-13　iPad 的 QQ "好友聊天"窗口

③ 图 7-14 所示的邀请方 QQ "好友-呼叫"窗口状态是"等待好友接听"。

④ 接收方的窗口与图 7-9 相似，单击其中的"接听" ■按钮，表示接受该语音通话邀请，双方即可开始语音聊天。接听后的安卓设备如图 7-15 所示。

⑤ 在图 7-15 所示的是安卓设备（PAD）"受邀好友"的聊天窗口中，在顶部可以见到邀请方为"SXH"，其通过 iPad 上网，在线状态；中间窗格是以往聊天的历史；底部窗格是聊天可用的快捷工具，按住中间的"麦克风" ■图标，可以进行实时对讲，还可以输入文字、表情或单击"+"添加图片或其他信息。

图 7-14　iPad（iOS）中"QQ-呼叫好友"窗口

图 7-15　安卓（PAD）中受邀好友聊天窗口

7.3　启用聊天工具微信

使用腾讯微信进行各种终端设备之间的网上通话的准备工作主要包括硬件和软件两个方面。其中，软件准备又包含"软件的获取"和"软件安装"两个主要过程。

1. 进行网上通话的条件

无论是在通话的开始，还是以后，使用腾讯微信软件进行终端设备之间通话时，必须具备如下条件。因此，如果通话成功已一段时间了，在重装系统之后不能通话了，就应当对照下述步骤进行检查：

① 获得实现网上聊天工具的软件：下载安卓系统的微信、Windows 7 系统中的微信网页版或苹果 iOS 系统的微信软件。

② 安装和设置聊天软件：如在智能手机的安卓系统中安装微信软件。

③ 硬件测试：在聊天软件中进行语音和视频系统的测试，以便能正常通话。

④ 与你的亲朋好友进行第一次网上语音通话。

2. 网上通话软件的获取与安装

获取各类操作系统聊天软件的途径很多，如腾讯官网、360 助手与管家等。

① 联机上网，在浏览器的地址栏，输入 http://weixin.qq.com/，按【Enter】键。

② 在打开的图 7-16 所示的微信下载窗口中，可以选择自己需要的微信版本，如单击 "Android" 图标，下载安卓版本微信。

③ 在智能终端设备（智能手机、PAD、PC）中，安装"微信"软件后，在进行网络交流之前，应确认所使用的声卡、麦克风、扬声器和视频等硬件装置工作正常；如在 iPad 中单击"设置"图标，分别查看声音、视频、显示等项，完成硬件系统的确认任务。当然，也可以按照本节的方法在聊天工具中进行测试。

【操作示例 8】使用助手下载和安装"微信"软件。

智能手机上，通过移动设备中的应用商店、助手或管家，如腾讯手机管家、360 手机助手、苹果 App（应用）商店、乐商店等，可以很容易下载到所需的软件。

① 使用手机的 USB 电缆连接计算机的 USB 接口，在计算机中打开图 7-17 所示的 360 手机助手，第一步，依次选择"找软件–微信"；第二步，找到需要下载的软件名称后，单击后面的"一键安装"按钮；第三步，跟随向导完成其后的下载过程与安装进程。

② 安装完成后，通常会自动弹出微信注册/登录窗口，首次使用微信的用户应直接进入"注册"微信账号的环节。

图 7-16 微信下载窗口

图 7-17 360 手机助手"微信&一键安装"窗口

【操作示例 9】注册、默认和使用其他账户登录微信。

PAD 或智能手机上都会有软件商店，如 iPad 的 AppStone、联想移动设备的乐商店，用户需要的各种软件都可以从上述应用商店下载。在 iPad 上，下载和安装通常是一起完成的。

在 iPad 的 App Store 中下载并成功安装"微信"后，单击桌面上的"微信" 图标，打开图 7-18；该图的 3 种操作方式简述如下：

① 第 1 种：在 iPad 的微信"注册/登录"窗口，首次使用时，可以单击"注册"选项，并跟随向导完成"微信"账户的注册和登录任务；倘若显示的窗口如图 7-18 所示，则表示已经有用户登录过，因此会显示默认的登录账号，此时应单击最下行的"更多"选项，并在打开的对话框中单击"注册"选项；注册成功后，再使用新注册的账户名和密码登录微信；通过验证后，即可

开始使用微信。如果已拥有 QQ 账号，则不必重新注册微信账号，可以直接使用 QQ 账号登录到微信。

② 第 2 种：如图 7–18 所示，显示的是已经成功登录的账户，如 guolim；此时，打算采用其他的非显示（默认）账户登录时，应在图 7–18 所示的下部单击"其他登录方式"选项，并在展开的菜单中选择自己要登录的方式，如选择 QQ 号登录，就会打开图 7–19。在图 7–19 所示的"微信–其他账户登录"窗口中，输入正确的 QQ 用户名和密码，并单击"登录"按钮；成功登录后，新的微信账户即可开始使用。

③ 第 3 种：是最常用的登录方式，即采用显示的（默认）账户名登录，只须输入该账户的密码，单击"登录"按钮。

图 7–18　微信登录窗口

图 7–19　iPad 的"微信–其他账户登录"窗口

7.4　微信的基本应用

7.4.1　微信的添加好友与订阅公众号

1. 微信公众号的类型

"公众号"即"公众的微信号"，是指开发者或商家在微信公众平台上申请的应用账号。通过申请到的公众号，商家可在微信平台上实现与特定群体，进行文字、图片、语音、视频等全方位的沟通与互动。微信公众号的类型主要有：订阅号、服务号、企业号 3 种。下面简单介绍两种常见的公众号。

① 公众平台"订阅号"：是普通用户使用比较多的类型，订阅号的主要目的是提供信息和资讯。订阅号每天都可以群发一条信息，群发的信息将直接出现在订阅号文件夹中。

② 公众平台"服务号"：是媒体、银行和企业用得较多的类型，公众平台服务号的目的在于为用户提供服务。

各种微信公众号的类型、功能和具体区别与限制可以到百度进行查询。

2. 微信窗口简介

① 在图 7–18 所示的 iPad 的微信登录窗口，使用已注册的账户名和密码登录微信，通过验证

后，将打开图 7-20 所示的对话框。

②　在"发现"对话框中，依次完成不同的功能，如单击"朋友圈"，可以查看好友发布到"朋友圈"的信息；最下面一行分别是：微信、通讯录、发现和我，单击可以进入不同的界面，如单击"我"，打开图 7-21 所示的对话框。

③　在"我"对话框中，会显示与自己相关的各种信息，如单击自己头像后面的箭头>，在打开的对话框中，会显示自己的头像、名字、微信号等信息，可以进一步选择和编辑允许修改的与自己相关的信息，如更换头像。

图 7-20　微信"发现"对话框

图 7-21　微信"我"对话框

3．添加微信好友

各种聊天软件，通话前最重要的步骤就是添加好友或联系人。

【操作示例 10】添加新的微信好友。

①　在图 7-21 所示的窗口下方，单击"通讯录▢"选项。

②　在图 7-22 所示的"通讯录"对话框中，单击"新的朋友▢"选项。

③　在图 7-23 所示的"通讯录-新的朋友"对话框中，第一步，在"微信号/手机号/QQ 号"

图 7-22　微信"通讯录"对话框

图 7-23　微信"通讯录-新的朋友"对话框

文本框中输入好友的账号，如手机号；第二步，单击"浏览" 🔍 按钮；搜索到后，会打开"朋友验证"对话框，填写对方能够识别的信息，如自己的姓名；设置该好友在朋友圈的权限，如开启"不让他（她）看我的朋友圈"选项，则该好友只能在两人之间的对话框进行通讯但不能看邀请者的朋友圈；单击"发送"按钮，会将验证信息发送给你邀请的朋友。

④ 通过对方的验证后，该好友的用户名会出现在自己设备的"通讯录"中；这就表示该好友已添加成功，双方可以开始交流。

⑤ 重复上述步骤①～④，继续添加下一个好友，直至将所有的好友都加入为止。

注：也可以在图 7-23 所示的对话框中，单击"添加手机联系人 📱"图标或者"添加 QQ 好友 🔔"图标，在打开的对话框中，直接选择手机好友或 QQ 好友进行添加。但是，如果好友不是用手机号或 QQ 号加入的微信，则选择不会生效。

4．添加微信"公众号"

人们日常分享的微信资源很多都来自于微信"公众号"。由于每个人的爱好与关注点不同，因此，每个人都会订阅一些自己关注的公众号。

【操作示例 11】订阅（添加）微信的"公众号"。

① 在图 7-22 所示的"通讯录"对话框中，单击"公众号 👤公众号"选项，打开"通讯录-公众号"对话框，第一步，在"搜索"文本框中，输入拟订阅的微信公众号的名称或具体号码，如"文语斋"或"wenyuzhai_wg"；第二步，单击"浏览" 🔍 按钮，进行搜索。

② 在图 7-24 所示的微信"添加-查找公众号"窗口中，单击该账号的"查看历史消息"选项，展开其发布的信息；如果对其感兴趣，可单击"关注"按钮，完成订阅。

图 7-24　微信的"添加-公众号"窗口

③ 订阅后，打开所关注的公众号，单击右上角的小人图标，打开图 7-25 所示的窗口；单击"查看历史消息"选项，可以阅读该公众号以往发布的信息。

④ 当对该公众号不再感兴趣时，第一步，单击右上角的"..."打开更多操作选项；第二步，选中"不再关注"选项，可以取消对此公众账号的订阅；当然，也可以选择"推荐给朋友"等其他选项。

7.4.2　微信中的即时通信

即时通信中使用最多的是文本（短消息）、音频（语音信息）与视频等 3 种交流方式，交流的过程与 QQ 类似，因此，仅作简要介绍。

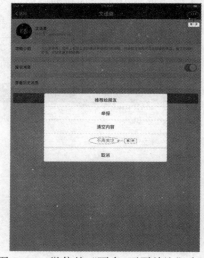

图 7-25　微信的"更多-不再关注"窗口

1．即时通信中时长的限制

在微信中发送各种短消息时，要注意由于消息是非实时的消息，不是传统意义上的实时通话，因此，在智能设备上发送的文字、语音或视频消息的长短是有限制的。例如，在 iPad 上发送的语音短消息的时长大约为 60 秒，其文本虽然规定为 2 048 字节，但是还要包括其他控制字符，其实际许可发送的文字大约为 1 300 字节。

总之，由于不同设备的编码、操作系统的不同，在不同设备、相同客户端上使用的文本长度的最大值可能会有差异。总之，长度达到限制值时，各种消息都会自动结束。

2．网上文字交流

在微信中发送文本消息的字数长度是有限制的，如 1 300 字节，若用了表情还会减少。

【操作示例 12】好友间的"文本"信息交流。

① 成功登录到"微信"后，单击图 7-20 中最下行左侧的"微信🖼"图标。

② 在打开的"微信"对话框中，好友是按照最近通信的时间顺序排列的。双击拟通信的好友，如"晓晓"；打开图 7-26 所示的"聊天"窗口，即可开始即时通信。

③ "文字"聊天时，可以进行文字或表情信息的交流；如果当前状态是图 7-26 所示的正处于"语音通话"状态，则应单击下部窗格空白框左侧的"文本🖬"按钮，可以将语音通话状态先转变为"文本"聊天状态后，再在文本框内输入文字后，单击窗口下端的"发送"按钮，完成文字短消息的发送；在文字中，单击😃表情图标，还可以添加各种表情。

3．网上的"语音"信息通话

【操作示例 13】好友间的"语音"信息通话。

此处的语音通话与传统的电话不一样，发送给好友的是一段限时长的语音信息；如果一段语音信息不够，可以分成多段发送给好友。

① 成功登录到"微信"后，单击图 7-20 中最下行左侧的"微信🖼"图标，在打开的"微信"对话框，双击好友列表中拟通信的好友，如"晓晓"。

② 在图 7-26"微信"所示的"语音"交流窗口，如果好友也在线，就可以进行即时语音通话；如果好友不在线，则发送的语音信息也会离线发给对方；好友上线后即可看到，单击离线消息即可聆听对方的留言；其发送过的语音、文本、视频等信息都会显示在窗口内。如果当前是文字通信状态，则应单击🎙语音图标，将"文本"状态转为"语音聊天"状态；此后，按照图中的提示，长按"按住 说话"按钮，同时对着麦克风讲话；松开该按钮，即可将刚刚录制的语音信息发送给对方。

4．网上的"视频"信息通话

视频信息通话与传统的视频电话不一样，是指发送一段限时的语音与视频消息。

【操作示例 14】邀请好友进行"视频"信息通话。

① 成功登录到"微信"后，单击图 7-20 中最下行左侧的"微信🖼"图标，双击列表中拟通信的好友，之后打开与其通话的图 7-26 所示的窗口。

② 在图 7-26 所示的微信聊天窗口，单击最下端的➕图标。

③ 在图 7-27 所示的"视频与其他"聊天窗口，当单击"视频聊天"图标后，将发起视频聊

天进程；自己的屏幕上会显示"正在等待对方接受邀请"，如果对方没有接受，将显示"未接通"；如果对方接受，即可开始视频通信。

 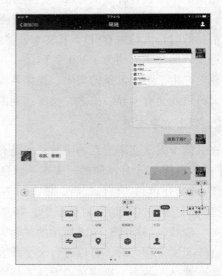

图 7-26　微信中"语音"聊天窗口　　　　图 7-27　微信中"视频与其他"聊天窗口

【操作示例 15】受邀参与"视频"信息通话。

视频通信包括实时的视频映像和语音两方面，因此，利用视频通信，不但可以完成一般意义上的视频通信，还可以实现实时的即时通信，即实现免费的网络电话。

① 成功登录到"微信"后，单击图 7-20 中最下行左侧的"微信▣"图标，在打开的"微信"对话框，当有人呼叫你后，会打开与其通话的窗口。

② 在图 7-28 所示的受好友邀请的"视频通话"窗口，有多种选择：第一，单击"接听"按钮，开始视频通话；第二，当网络拥挤时，可以单击"切到语音接听"按钮，开始语音通话；第三，如果当时不便接听，则可以单击"拒绝"按钮，将断开联系，对方将显示为"未接通"。

③ 通话结束后，在通话窗口单击"挂断" 挂断 按钮，完成此次通话。微信窗口会显示出此次视频通话的信息时长，单击视频通话和语音通话的信息均可以重复观看，如图 7-29 所示。

图 7-28　受好友邀请的"视频通话"窗口　　　　图 7-29　微信的"与好友-聊天"窗口

5．多名好友间的网上通话

微信中的"实时对讲"是微信最新版推出的语音功能；其功能强大，与电话通信相似，两人或多人交流起来十分方便。这就是人们常说的群里的"网络会议"或"网上通话"。

（1）创建"微信群"

"微信群"是腾讯公司推出的微信多人聊天交流服务。在群主创建"群"后，就可以邀请朋友或有共同兴趣爱好的人到一个群里聊天；在群内除了聊天，还可以共享图片、视频、网址等。

【操作示例 16】建立微信群。

① 建立群的用户为"群主"，在群成员的头像中排列在第一位。虽然群中的其他成员可以将自己的好友加入群，但只有群主才可以删除群成员。因此，群主担负着群的建立、删除、成员的管理、命名等操作。此外，只有微信好友才能被加入到微信群，因此，需要先将所有入群的用户加为自己的好友。

② 登录到"微信"后，单击窗口右上角的加号，如图 7-30 所示；在展开的下拉菜单中选择"发起群聊"命令。

③ 在图 7-31 所示的"建群–选择联系人"对话框中，选中所有要入群的好友，最后单击最下端的"确定"按钮；接下来打开图 7-32 所示的对话框，显示出所邀请的好友，单击右上角的双人 图标。

④ 在图 7-33 所示的"群属性"窗口中，可以更改群名称、添加/删除群成员、将群置顶等多项管理操作。例如，首先将"未命名"的群更名为"GL 家"；之后，向下刷屏，并根据需要选择管理操作，如打开"置顶聊天"选项。

图 7-30　"微信+发起群聊"菜单

图 7-31　"建群–选择联系人"对话框

图 7-32　微信"群聊–显示加入者"对话框

图 7-33　"群属性"对话框

（2）微信群中进行多用户间的视频通话

在微信群中，有时需要在多名好友之间进行聊天，这就是所谓的"网络视频电话会议"。在微信中，这种通话方式与前面介绍的两人之间的视频通话类似；如果微信的版本较低，则可以选择"实时对讲机"进行多人之间群聊。

【操作示例 17】进行多用户视频通话

① 只有当通话朋友同时在线时，才能进行视频实时群聊；为此，通话前建议用其他方式通知群中的好友同时上线微信群，如群"GLM-SXH"，以便进行视频通话。

② 在图 7-34 所示的微信群窗口，第一步，单击文本框后面的"更多 ⊕"图标，展开更多操作栏目图；第二步，单击"视频聊天"图标。

③ 在图 7-35 所示的"选择成员"对话框中，第一步，选中邀请参加此次视频的成员；第二步，单击"开始"按钮；接下来自己的屏幕上会显示"等待接听"对话框，如果长时间没有人接受，将显示"未接通"；如果对方接受，即可开始视频通信。这与【操作示例 14】与【操作示例 15】的通话相似。

图 7-34　微信"发起视频聊天"窗口

图 7-35　视频聊天中"选择成员"对话框

7.4.3　微信中的其他交流方式

微信"朋友圈"是目前应用最多的一项功能。朋友圈是指用户在微信上，通过各种渠道认识的多位朋友形成的圈子。朋友圈的应用功能很多，但最大的功能是分享。它支持用户将自己的照片、文字、视频、图片、网页或其他资源等分享到自己的朋友圈，好友之间还可以对发布的各种资源信息进行"评论"或"点赞"。

1. 发布文字到朋友圈

有时需要发布一则文字信息给所有的朋友，下面将完成此任务。

【操作示例 18】发布图片或文字到朋友圈。

① 成功登录到"微信"后，单击最下行的"发现"选项。

② 在图 7-20 所示的"发现"窗口，单击左上角的"朋友圈"。

③ 发布图片：在图 7-36 所示的"朋友圈"窗口，第一步，单击右上角的"相机 ◙"图标；第二步，在激活的对话框中，选中"从手机相册选择"之后，在打开的手机相册中选中要发布的图片或照片（不超过 9 张）；最后，单击"发布"即可。

④ 发布文字：长按图 7-36 右上角的"相机 ◙"图标，打开图 7-37 所示的"发布文字"窗口，第一步，输入或粘贴文字；第二步，单击"发送"按钮，完成文字信息的发布。

⑤ 返回朋友圈窗口，即可见到自己新发布的图片或文字信息。如果不满意，可以选择信息下方的"删除"选项，进行删除操作。

2. 资源的发布与共享到朋友圈

微信中应用最多的是将喜欢的资源共享到朋友圈，下面将完成此任务。

【操作示例 19】阅读与发布"共享资源"到朋友圈。

① 成功登录到"微信"后，单击最下行的"发现"选项。

② 在图 7-20 所示的"发现"对话框中，单击左上角的"朋友圈"。

③ 在图 7-36 所示的"朋友圈"对话框中，可以看到按时间排列的朋友发布的共享信息，选中某项资源。

图 7-36 "朋友圈-发布图片&阅读资源"对话框

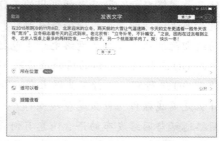

图 7-37 朋友圈中"发表文字"对话框

④ 在图 7-38 所示的新版微信（微信 6.3.6）朋友圈"阅读资源"窗口，第一步，向下刷屏，阅读朋友发布的资源；第二步，感觉资源不错，要转发给朋友时，单击右上角的"操作类型 ●●●"图标，展开右上角的"操作类型"对话框，旧版微信会打开图 7-39 所示的"操作类型"。

图 7-38 新版微信"阅读资源"窗口

图 7-39 旧版微信"阅读资源-操作类型"窗口

⑤ 第一步，单击"分享到朋友圈"；第二步，在打开的窗口中，单击右上角的"发送"按钮，完成将选中的资源分享到自己朋友圈的操作。

朋友共享资源的常用操作类型简述如下：

- 发送给朋友：表示要将此资源发送给指定的朋友，而不是所有朋友。
- 分享到朋友圈：是指将此资源发送给所有朋友，这里指的是朋友圈中得到你授权的朋友（即可以观看你朋友圈的那些用户）。
- 收藏：可以将微信中朋友圈中好友分享的内容，或者是平时的聊天文字、图片、语音、扫描等各种信息收藏起来，以便日后在"我–我的收藏"中查看和使用。
- 邮件：是指将朋友圈中好友分享的资源发送到邮件中，如在智能手机中发送到邮件中，可以在计算机中打开，以便于今后的阅读或打印。

习　　题

1. 什么是即时通信？　常用的即时通信软件有哪些？
2. 什么是网络电话？网络电话可用的工作方式有哪几种？
3. 进行网上通话的软、硬件条件有哪些？
4. 网络即时通信（即广义网络电话）包括哪些内容？
5. 使用 QQ 进行网上通话的前期准备有哪些？
6. 使用 QQ 进行可以进行哪些网上交流？其中哪些必须在线，哪些可以离线进行？
7. 什么是离线操作？什么是在线操作？
8. 网络通话与网络发布的语音消息有何异同？
9. 什么是文字、音频、视频短消息？在微信发送短消息时是否有长度限制？
10. 什么是微信、微信群、微信公众号、微信好友？
11. 微信公众号有几种类型？每种类型的主要功能是什么？各种公众号之间有何区别？
12. 什么微信公众号？如何添加或取消你喜欢的微信公众号？
13. 什么是网络会议？写出在微信中进行网络视频会议的主要步骤。
14. 在微信中，如何将自己的一段文字、图片、共享资源分享到"朋友圈"？
15. 如何将自己喜欢的共享资源存储起来？

本章实训环境和条件

① Modem（或网卡等其他接入设备），以及接入 Internet 的线路。
② ISP 的接入账户和密码。
③ 已安装 Windows XP/ 7 操作系统的计算机。
④ 其他终端设备，如智能手机、平板电脑（PAD）。

实 训 项 目

实训 1：聊天工具 QQ 的基本操作实训

（1）实训目标

掌握 Internet 中，使用 QQ 进行网上通话的基本技术。

（2）实训内容

完成【操作示例 1】～【操作示例 3】的操作步骤。

实训 2：聊天工具 QQ 的操作技巧实训

（1）实训目标

掌握 Internet 中，使用聊天工具 QQ 进行网上交流的其他技巧。

（2）实训内容

① 完成【操作示例 4】～【操作示例 7】的操作步骤。

② 参照"微信"的实训内容和要求完成下述内容：

● 参照【操作示例 16】的要求建立 QQ 群；

● 参照【操作示例 18】的要求发布照片到 QQ 群；

③ 经过 Internet 的查询，完成在 QQ 群中添加群的共享文件和照片的任务。

实训 3：微信的基本操作实训

（1）实训目标

掌握 Internet 中，用微信进行网上通话的基本技术。

（2）实训内容

完成【操作示例 8】～【操作示例 12】中的操作步骤。

实训 4：微信的技巧操作实训

（1）实训目标

掌握 Internet 中，使用"微信"进行网上即时交流的技巧。

（2）实训内容

① 完成【操作示例 13】～【操作示例 19】中的操作步骤。

② 在百度查询"微信公众号的类型"，写出 4 种公众号的功能与区别。

③ 登录网址 http://www.anyv.net，选择添加其中两个自己喜欢的微信公众号。

④ 取消上面已经添加的一个微信公众号。

⑤ 将已添加的微信公众号中的一则精彩微信发布到朋友圈，并转发到邮箱。

⑥ 保存刚才分享的一则精彩微信到计算机的硬盘，并将其打印出来。

⑦ 通过互联网查询：第一，完成保存一段朋友圈发送过来的音乐或视频链接，到计算机硬盘和移动设备中的操作；第二，删除原有的资源链接，播放刚刚保存过的那段音乐。

第 *8* 章 | 电子商务基础与应用

学习目标：

- 了解：电子商务的基本知识。
- 掌握：电子商务的基本类型。
- 了解：电子商务系统的组成、物流与支付系统。
- 了解：上网安全保护的基本措施。
- 掌握：B2C 方式的网上购物应用技术。
- 掌握：C2C 方式的网上购物应用技术。
- 掌握：网络支付的类型与应用要点。

8.1 电子商务技术概述

随着 Internet 的飞速发展，人们面临一个全新的世界，互联网引起了人们在社会、经济、文化、生活等各方面的变化。其中，电子商务就是发展最快的应用分支之一。作为当代大学生，无论从事何种工作，都应具有电子商务的一些基本概念及应用技术。

8.1.1 电子商务的基本知识

1. 电子商务的产生与发展

电子商务是伴随着 Internet 技术的发展而飞速发展。中国的电子商务发展迅猛，根据 CNNIC 于 2015 年 7 月的第 36 次报告的数据显示，中国网络购物发展迅速，截至 2015 年 6 月底，我国网络购物用户规模达到 3.74 亿，较 2014 年底增加 1249 万人；其中，我国手机网络购物的用户规模增长迅速，高达到 2.70 亿，半年度增长率为 14.5%，手机购物市场用户规模增速是整体网络购物市场的 4.1 倍，手机网络购物的使用比例由 42.4%提升至 45.6%。在电子商务的各类应用中，手机端的应用发展更为迅速，如手机购物、手机网上银行、手机团购、手机支付等。

（1）电子商务的发展进程

电子商务的推广应用是一个由初级到高级、由简单到复杂的发展过程，其对社会经济的影响也是由浅入深、由点到面的。从开始时的网上相互交流的需求信息、发布的产品广告，到今天的网上采购、接收订单、结算支付账款。当前，中国的很多企业的网络化、电子化已经可以覆盖其全部的业务环节。如今电子商务系统已经发展到更为完善的阶段，人们不但可以完成早期商务系统可以完成的各种商务活动，还可以进行网上证券交易、电子委托、电子回执、网上查询等更多方便、快捷的电子商务活动。

（2）电子商务发展的 5 大阶段

① 第 1 阶段：为"电子邮件阶段"。此阶段被认为是从 20 世纪 70 年代开始；电子邮件的平均通信量以每年几倍的速度增长着，至今日已经逐步取代了纸质邮件。

② 第 2 阶段：为"信息发布阶段"。该阶段被认为是从 1995 年起；其主要代表为以 Web 技术为基础的信息发布系统。这种信息发布系统以爆炸的方式成长起来，成为当时 Internet 中最主要的应用系统；该阶段的中小企业面临的是如何从"粗放型"到"精准型"营销时代的电子商务。

③ 第 3 阶段：为"电子商务阶段"，即 EC（Electronic Commerce）阶段。此阶段 EC 在发达国家也处于开始阶段，但在几年内就遍布了全中国。为此，EC 被视为划时代的产物。由于电子商务成为 Internet 的主要用途，因而，Internet 终将成为商业信息社会的支撑系统。

④ 第 4 阶段：为"全程电子商务阶段"。该阶段主要特征是 SaaS（Software as a Service，软件即服务）模式的出现。在此阶段中，各类软件纷纷加盟互联网，从而延长了电子商务的链条，形成了当下最新的"全程电子商务"概念模式。

⑤ 第 5 阶段：为"智慧电子商务阶段"。该阶段主要特征是"主动互联网营销"模式的出现。此阶段始于 2011 年，随着互联网信息碎片化、云计算技术的完善与成熟，主动互联网营销模式出现；其中，i-Commerce（individual Commerce）顺势而出。电子商务从此摆脱了传统销售模式，全面步入互联网，并以主动、互动、用户关怀等多角度、多方式地与广大互联网用户进行深层次、多渠道的沟通。

2．电子商务与传统商务之间的关系

① 电子商务的发展是以传统商务为基础而发展的。

② 电子商务的发展目的不是取代传统商务模式，而是对其的发展、补充与增强。

③ 在电子商务发展的过程中，传统企业的电子商务是我国电子商务发展的重点。

④ 电子商务系统是一个新生事物，因此，在发展中必然会出现反复、问题与漏洞。

3．电子商务的定义

电子商务是指在因特网（Internet）、企业内部网（Intranet）和增值网（Value Added Network，VAN）上以电子交易方式进行交易活动和相关服务活动，是传统商业活动各环节的电子化、网络化。总之，电子商务是利用微电脑技术和网络通信技术进行的商务活动。

（1）电子商务的分类定义

① 广义电子商务（Electronic Business，EB）定义：是指使用各种电子手段与工具从事的商务活动，这就是由 IBM 定义的电子商务，又被称为广义电子商务。总之，EB 是指通过使用 Internet 等电子工具，使各个公司的内部、供应商、客户和合作伙伴之间，利用电子业务共享信息，实现企业间业务流程的电子化，配合企业内部的电子化生产管理系统，提高企业的生产、库存、流通和资金等各个环节的效率。

② 狭义电子商务（Electronic Commerce，EC）定义：是指利用 Internet 从事的商务或活动。EC 是指使用 Internet 等电子工具）在全球范围内进行的商务贸易活动；其中的电子工具包括电报、电话、广播、电视、传真、计算机、计算机网络、移动通信等。

人们一般理解的电子商务是指狭义的电子商务，其特指以计算机网络为基础所进行的各种商务活动，包括商品和服务的提供者、广告商、消费者、中介商等各方行为的总和。

（2）电子商务的两个基本特征

无论是广义的还是狭义的电子商务，都包含以下两个基本特征：

① 电子商务是以电子和网络方式进行的；因此离不开互联网平台，没有网络就不能称为电子商务，例如，人们通过 Internet 查看与订购商品，通过 E-mail 或其他方式（手机验证码）进行确认。

② 电子商务是通过互联网完成的是一种商贸活动，例如，通过 Internet 确定电子合同，通过网络银行支付交易费用。

（3）电子商务的 3 个重要概念

电子商务就是利用电子化技术和网络平台实现的商品和服务的交换活动，它涉及以下 3 个重要概念：

① 交易主体：是商业企业、消费者、政府，以及其他参与方。

② 交易工具：在各主体之间通过电子工具完成，如通过浏览器、Web、EDI（电子数据交换）及 E-mail（电子邮件）等。

③ 交易活动：是共享的各种形式的商务活动，如通过广告、商务邮件及管理信息系统完成的商务、管理活动和消费活动。

（4）实际电子商务系统关联的对象

一个实用的电子商务系统的形成与交易离不开以下 3 种对象：

① 交易平台：第三方电子商务平台（即第三方交易平台）是指在电子商务活动中为交易双方或多方提供交易撮合及相关服务的信息网络系统总和。

② 平台经营者：第三方交易平台经营者（即平台经营者）是指在工商行政管理部门登记注册并领取营业执照，从事第三方交易平台运营并为交易双方提供服务的自然人、法人和其他组织。

③ 站内经营者：第三方交易平台站内经营者（即站内经营者）是指在电子商务交易平台上从事交易及有关服务活动的自然人、法人和其他组织。

4. 电子商务的应用模式及电子商务系统

电子商务系统通常是在因特网的开放网络环境下采用的基于 B/S（浏览器/服务器）的应用系统。电子商务系统是以电子数据交换、网络通信技术、Internet 技术和信息技术为依托的，在商贸领域使用的商贸业务处理、数据传输与交换的综合电子数据处理系统。

电子商务系统使得买卖的双方，可以在不见面的前提下，通过 Internet 实现各种商贸活动。例如，可以是消费者与商家之间的网上购物、商家之间进行的网上交易、商家之间的电子支付等各类商务、交易与金融活动。

5. 电子商务系统中应用的主要技术

电子商务综合了多种技术，包括电子数据交换技术（如电子数据交换 EDI、电子邮件）、电子资金转账技术、数据共享技术（如共享数据库、电子公告牌）、数据自动俘获技术（如条形码）、网络安全技术等。

6. 电子商务的发展、作用与影响

电子商务是因特网迅速发展、快速膨胀的直接产物，也是网络、信息、多媒体等多种技术应用的全新发展方向。电子商务改善了客户服务，缩短了流通时间，降低了费用，合理配置社会资源，促进贸易、就业和新行业的发展，改变了社会经济运行的方式与结构。

电子商务的发展极大地促进了电子政务的发展，其发展迅猛。主要优势为：有利于政府转变职能，提高运作的效率；简化办公流程；实现合作办公；在辅以安全认证技术措施后，具有高可靠性、高保密性和不可抵赖性；更好地实现了社会公共资源的共享；有利于提高政府管理、运作的透明度；可以提高公众的监管力度，达到廉政办公的目的。

8.1.2 电子商务的特点

1．电子商务的优点

① 无须到购物现场，快捷、方便、节省时间。
② 有着无限的、潜在的市场，以及巨大的消费者群。
③ 开放、自由和自主的市场环境。
④ 直接浏览购物，与间接的银行支付、物流系统、采购等服务紧密结合。
⑤ 虚拟的网络环境，与现实的购物系统有机地结合。
⑥ 网络的公众化与消费者的个性化消费与服务良好的相结合。
⑦ 节约了硬件购物环境，简化了中间环节，直接向厂家购物，极大地降低了成本。

2．电子商务的缺点

（1）货品失真

消费者经常遇到的是购买到的商品与网上展示的商品不符，或者是没有标签或合格证，例如，可能是三无产品；另外，卖家没有输入其商品商标部分，导致了网上展示商品的详细信息缺失，从而误导了消费者；又如，颜色在照片中与实物往往会由于光线而产生变化。

（2）搜索商品宛如大海捞针

在网上购物时，消费者往往缺乏计算机方面的知识与操作技能，因此，对于同样的商品如何找到最低价格的商家，往往成为最大的问题；如，购买同一位置、同一个单元的二手房，不同中介的价格差异能在几十万元；一件同样的上衣，价格差异也可能在 40%以上。为此，用户在网上购物时，只能逐一登录各个网站，直到找到自己满意的货品。

（3）信用危机

电子商务与传统商务相比，遇到上当受骗的现象较传统商务多。首先，由于交易的双方互不见面，增加了交易的虚拟性；其次，当代中国社会的信用制度、环境、信用观念与西方发达国家相比，尚有差距。这就要求中国的消费者提高保护自己的意识，保留足够的交易证据，以期减少自己可能发生的损失。

（4）交易安全性

由于 Internet 是开放的网络，电子商务系统会引起各方人士的注意；但是，在开放的网络上处理交易信息、传输重要数据、进行网上支付时，安全隐患往往成为人们恐惧网络与电子商务的最重要因素之一。据调查数据显示，不愿意在线购物的大部分人最担心的问题是遭到黑客的侵袭而导致银行卡、信用卡信息被盗取，进而损失卡中的钱财。由此可见，安全问题已经成为电子商务进一步发展的最大障碍。

（5）管理不够规范

电子商务在管理上涉及商务管理、技术管理、服务管理、安全管理等多个技术层面，而我国的电子商务属于刚刚兴起的阶段，因此，有些管理还不够完善。

（6）纳税机制不够健全

企业、个人合法纳税是国家财政来源的基本保证。然而，由于电子商务的很多交易活动是在无居所、无位置、无实名的虚拟网络环境中进行的，因此，一方面造成国家难以控制和收取电子商务交易中的税金；另一方面，也使得消费者无法取得购物凭证（发票）。

（7）落后的支付习惯

由于我国的金融手段落后、信用制度不健全，中国人容易接受货到付款的现金交易方式，而不习惯使用信用卡或通过网上银行进行支付。在影响我国电子商务发展的诸多因素中，网络带宽窄、费用昂贵，以及配送的滞后和不规范等并非最重要因素；而人们落后的支付与生活习惯才是最重要的因素。近几年，随着电子商务的突飞猛进，越来越多的客户正在不断改变着传统的支付习惯，采用了先进的支付手段。

（8）配送问题

配送是让商家和消费者都很伤脑筋的问题。网上消费者经常遇到交货延迟的现象，而且配送的费用很高。业内人士指出，我国国内系统化、专业化、全国性的货物配送企业正在发展，配送销售组织正在形成一套更为高效、完备的配送管理系统；但是，物流配送中存在的各种问题，也会在不同程度上影响人们的购物情绪。

（9）知识产权问题

在由电子商务引起的法律问题中，保护知识产权问题又首当其冲。由于计算机网络上承载的是数字化形式的信息，因而在知识产权领域（专利、商标、版权和商业秘密等）中，版权保护的问题尤为突出。

（10）电子合同的法律问题

在电子商务中，传统商务交易中所采取的书面合同已经不适用了。一方面，电子合同存在容易编造、难以证明其真实性和有效性的问题；另一方面，随着电子商务的不断繁荣，现有的法律正在力求对电子合同的数字化印章和签名的法律效力进行规范。

（11）电子证据的认定

信息网络中的信息具有不稳定性或易变性，这就造成了信息网络发生侵权行为时，锁定侵权证据或者获取侵权证据难度极大，对解决侵权纠纷带来了较大的障碍。如何保证在网络环境下信息的稳定性、真实性和有效性，是有效解决电子商务中侵权纠纷的重要因素。

（12）其他细节问题

最后就是一些不规范的细节问题，例如目前网上商品价格参差不齐，主要成交类别商品价格可能相差 40%以上；网上商店服务的地域差异大；在线购物发票问题大；网上商店对定单回应速度参差不齐；电子商务方面的法律，对参与交易的各方面的权利和义务还没有进行明确细致的规定。

8.1.3　电子商务的交易特征

电子商务充分利用了计算机和网络，将遍布全球的信息、资源、交易主体有机地联系在一起，形成了可以创造价值的服务网络。电子商务与传统商务相比具有以下一些明显特征：

1. 交易方式

电子商务的基本特征是以电子方式（信息化）完成交易活动。

2．交易过程

电子商务的过程主要包含：网上广告、订货、电子支付、货物递交、销售和售后服务、市场调查分析、财务核算、生产安排等。

3．交易工具

电子商务的交换工具非常丰富，包括：电子数据交换、电子邮件、手机或聊天工具的电子信息、电子公告板、电子目录、电子合同、电子商品编码、信用卡、智能卡等。

4．交易中涉及的主要技术

电子商务系统在交易过程中，涉及的主要技术有：网络技术、数据交换、数据获取、数据统计、数据处理技术、多媒体技术、信息技术、安全技术等。

5．交易平台

因特网及网络交易平台，如淘宝网提供的交易平台。

6．交易的时间与空间

很多电子商务网站号称的运行与交易时间为全天，即每周 7 天，每天 24 小时。然而，很多网站通常会在法定假期间不上班，或不能按照正常的交易时间完成交易。电子商务系统的交易空间，理论上是全球范围，然而由于支付手段、物流的限制，一般局限于本国。

7．交易环境

电子商务系统的平台，通常是在 Internet 下运行的软件系统，因此，其交易的必要环境是 Internet 环境。

8.2　电子商务的基本类型

电子商务有多种分类方法，通常根据交易主体的不同可以分为图所示的 5 类，即 B2B、B2C、C2C、B2G、C2G，前 3 个是目前人们应用最多的电子商务。图 8-1 所示为依消费主体不同进行的电子商务分类图。

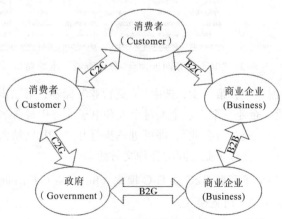

图 8-1　依消费主体不同进行的电子商务分类图

下面对各种电子商务模式进行简要介绍。

1．企业间的电子商务 B2B 或 B-B 模式（Business to Business）

B2B 是指企业间的电子商务，又称"商家对商家"的电子商务活动。B2B 是指企业间通过 Internet 或专用网进行的电子商务活动。例如，业与企业间通过互联网进行的产品信息发布、服务与信息的交换等。

说明：B2B 中的 2（two）的读音与 to 相同，因此，用 2 代表 to，下同。

（1）B2B 电子商务模式的几种基本模式

① 企业之间直接进行的电子商务：如大型超市的在线采购，供货商的在线供货等。

② 通过第三方电子商务网站平台进行的商务活动：例如，国内著名电子商务网站阿里巴巴（china.alibaba.com）就是一个 B2B 电子商务平台。各种类型的企业都可以通过阿里巴巴进行企业间的电子商务活动，如发布产品信息、查询供求信息、与潜在客户及供应商进行在线的交流与商务治谈等。

③ 企业内部进行的电子商务：企业内部电子商务是指企业内部各部门之间，通过企业内联网（Intranet）而实现的商务活动，例如，企业内部进行的商贸信息交换、提供的客户服务等。通常，在 B2B 电子商务常指企业外部的商务活动。

（2）支持 B2B 的著名网站

如阿里巴巴、中国制造网、常州建材网、金大商务在线、天津电子电器网等，如图 8-2 所示。

【操作示例 1】通过电子商务网址大全的 B2B 类别进入"阿里巴巴"。

① 联机上网，打开浏览器，在地址栏输入 http://e-business.elanw.com，如图 8-2 所示的窗口。

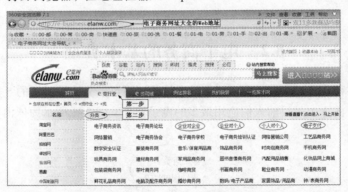

图 8-2 "电子商务网址大全-分类查看"上部窗口

② 在图 8-2 所示的窗口中，第一步，选中"e 览行业"标签，第二步，在图 8-3 所示的分类栏中可以看到企业对企业、企业对个人、个人对个人和电子商务中最著名的机构。

③ 单击某种类型，如"企业对企业"，即可进一步打开"B2B 网站大全"窗口，选中需要进入的网站，如"阿里巴巴"，进行企业之间的各种交易活动。

2．企业与消费者间的电子商务 B2C 或 B-C 模式（Business to Customer）

B2C 是我国最早产生的电子商务模式。

（1）B2C 模式的定义

B2C 是指消费者在商业企业通过 Internet 为其提供的新型购物环境中进行的商贸活动。例如，消费者通过 Internet，在网上进行的购物、货品评价、支付和订单查询等商贸活动。由于这种模式节省了消费者（客户）和企业双方的时间和空间，因此，极大地提高了交易的效率，节省了开支。

对用户来讲，在电子交易的操作过程中，B2B 比 B2C 要麻烦；前者通常是做批发业务，适合大宗的买卖；而后者进行的通常是零售业务，因此，更容易操作，但交易量较小。

图 8-3　"电子商务网址大全导航"窗口

（2）B2C 模式的著名网站

【操作示例 2】通过电子商务网址大全的 B2C 类别进入卓越网（亚马逊）。

① 联机上网，打开浏览器，在地址栏输入 http://e-business.elanw.com。

② 在图 8-2 所示的窗口中，第一步，选中"e 览行业"标签，第二步，在分类栏中，单击"企业对个人"，可以进一步打开"B2C 网站大全"窗口，选中要进入的网站，如"卓越网"。当然，在浏览器的地址栏输入 http://www.amazon.cn/，也可以进入亚马逊首页。

③ 在打开的亚马逊页面中，第一步，先注册；第二步，进行商贸活动，如浏览购物、结算、查询订单等。

3. 消费者对消费者 C2C 或 C-C（Consumer to Consumer）

C2C 同 B2B、B2C 一样是电子商务中的最重要的模式之一，也是发展最早和最快的电子商务活动。

（1）C2C 模式的定义

C2C 是指"消费者"对"消费者"的商务模式。它是指网络服务提供商利用计算机和网络技术，提供有偿或无偿使用的电子商务和交易服务的平台。通过这个平台，卖方用户可以将自己提供的商品发布到网站进行展示、拍卖；而买方用户可以像逛商场那样，自行浏览、选择商品，之后可以进行网上购物（一口价），或拍品的竞价。支持 C2C 模式的商务平台，就是为买卖双方提供的一个在线交易平台。

【操作示例 3】通过电子商务网址大全的 C2C 类别进入著名的"淘宝网"。

① 浏览器的地址栏输入 http://e-business.elanw.com，在窗口右侧按住滑块向下刷屏。

② 在图 8-3 所示的下部窗口，第一步，选中"个人对个人"栏目，第二步，直接单击要进入的网站，如图 8-4 所示的淘宝网首页。当然，在浏览器地址栏输入淘宝网的网址 https://www.taobao.com，也可以直接进入其首页。

图 8-4 C2C "淘宝网" 网站首页

（2）中外 C2C 模式典型网站的区别

eBay 是美国 C2C 电子商务模式的典型代表。它创立于 1995 年 9 月，为全球首家网上拍卖的网站，成为 C2C 电子商务模式的先驱者，在欧美市场获得了巨大成功，在雅虎、亚马逊书店等著名网络公司普遍不能盈利的情况下，成为最早开始盈利的互联网公司之一。

淘宝网成立于 2003 年 5 月，它是中国 C2C 市场的主角，它打破了 eBay 的拍卖模式，从中国网络市场的实际出发，开发出有别于 eBay 的中国模式的 C2C 网站。

eBay 网的重点服务对象是熟悉技术、收入较高的白领，以及喜欢收藏和分享的用户；而"淘宝网"的服务对象则是普通民众；此外，eBay 长于拍卖业务，而淘宝网则定位个人购物网站。

（3）支持 C2C 模式的著名网站

C2C 中文网站（参见图 8-3）：拍拍网、淘宝网、易趣等，其网址如下：

① 拍拍网：http://www.paipai.com/。

② 淘宝网：http://www.taobao.com/。

③ 易趣网：http://www.eachnet.com/。

④ C2C 英文网站：eBay（http://www.ebay.com）、Ubid、Onsale、Yahoo Auction 等。

【操作示例 4】使用直接网址进入 C2C 著名网站"淘宝网"。

① 打开浏览器，在地址栏输入 http://www. taobao.com。

② 在图 8-4 所示的"淘宝网"窗口，第一步，注册"淘宝网"和"支付宝"账号；第二步，进行商贸活动，如浏览购物、查询订单等；第三步，支付货款到第三方，如支付宝。

4. 消费者对政府机构 C2G（Consumer to Government）

C2G 是指"消费者"对"行政机构"的电子商务活动。

（1）C2G 模式的定义

C2G 专指政府对个人消费者的电子商务活动。这类电子商务活动，在中国尚未形成气候；而一些发达国家的政府税务机构，早已可以通过指定的私营税务或财务会计事务所用的电子商务系统，为个人报税，如澳大利亚。

（2）C2G 系统的最终目标和经营目的

在中国，C2G 的商务活动虽未达到通过网络报税电子化的最终目标；然而，在我国的发达城市或地区，已经具备了消费者对行政机构的电子商务活动的雏形，如北京。总之，随着消费者网络操作技术的提高，信息化高速公路的飞速发展与建设，中国行政机构的电子商务的发展将成为必然，政府机构将会对社会的个人消费者提供更为全面的电子方式服务，也会向社会的纳税人提供更多的服务，如社会福利金的支付、限价房的网上公示等，都会越来越依赖 C2G 电子商务系统。

C2G 是政府的电子商务行为，不以营利为目的，主要包括网上报关、报税等，对整个电子商务行业不会产生大的影响。

【操作示例 5】进入 C2G 的代表"北京市地方税务局"网站查询"申报个人所得税"。

① 联机上网，在地址栏输入 http://www.tax861.gov.cn，打开图 8-5。

② 在图 8-5 所示的"北京市地方税务局"窗口，可以进行有关信息的查询或操作，例如，单击"年所得税 12 万的申报"选项；可以进行"查询"或"申报个人所得税"的 C2G 电子商务活动。

图 8-5　C2G "北京市地方税务局"网站窗口

5. 商家对政府机构 B2G（Business to Government）

B2G 是指"企业（商业机构）"对"行政机构"的电子商务活动。

（1）B2G 模式的定义

B2G 是指商业机构对行政机构的电子商务，即企业与政府机构之间进行的电子商务活动。例如，政府将其有关单位的采购方案的细节公示在互联网的政府采购网站上，并通过在网上竞价的方式进行商业企业的招标。应标企业要以电子的方式在网络上进行投标，最终确定政府单位的采购方案。

（2）B2G 模式的发展前景

目前，B2G 在中国仍处于初期的试验阶段，预计会飞速发展起来，因为政府需要通过这种方式来树立现代化政府的形象。通过这种示范作用，将进一步促进各地的电子商务、政务系统的发展。此外，政府通过这类电子商务方式，可以实施对企业的行政事务的监控与管理，例如，我国的金关工程就是商业企业对行政机构进行的 B2G 电子商务活动范例；政府机构利用其电子商务平台，可以发放进出口许可证，进行进出口贸易的统计工作，而企业则可以通过 B2G 系统办理电子报关、进行出口退税等电子商务活动。

B2G 电子商务模式不仅包括上述的商务活动，还包括商业企业对政府机构或企业与政府机构之间所有的电子商务或事务的处理。例如，政府机构将各种采购信息发布到网上，所有的公司都可以参与竞争进行交易。

6. 商家对代理商 B2M（Business to Manager）

B2M 对于 B2B、B2C、C2C 的电子商务模式而言，是一种全新的电子商务模式。

（1）B2M 模式的定义

B2M 模式是指由企业发布电子商业信息；经理人（代理人）获得该商业信息后，将商品或服务提供给最终普通消费者的经营模式。

企业通过网络平台发布该企业的产品或者服务，其他合伙的职业经理人通过网络获取企业的产品或者服务信息，并且为该企业提供产品销售或者提供企业服务；企业通过合伙的职业经理人的服务达到销售产品或者获得服务的目的；职业经理人通过为企业提供服务而获取佣金。由此可见，B2M 模式的本质是一种代理模式。

（2）B2M 模式的特点

B2M 电子商务模式相对于以上提到的几种有着根本的不同；其本质区别在于这种模式的"目标客户群"的性质与其他模式的不同。前面提到的 3 种典型商务模式的目标客户群都是一种网上的消费者，而 B2M 针对的客户群则是其代理者，例如，该企业或该产品的销售者或者其他伙伴，而不是最终的消费者。这种与传统电子商务相比有了很大的改进，除了面对的客户群体不同外；B2M 模式具有的最大优势是将电子商务发展到线下。因为，通过上网的代理商才能将网络上的商品和服务信息完全推到线下，既可以推向最终的网络消费者，也可以推向非网上的消费者，从而获取更多的最终消费者的利润。

7. 代理商对消费者 M2C（Manager to Consumer）

M2C 是针对 B2M 的电子商务模式而出现的延伸概念。在 B2M 模式的环节中，企业通过网络平台发布该企业的产品或服务信息，职业经理人（代理人）通过网络获取到该企业的产品或服务信息后，才能销售该企业的产品或提供该企业服务。

（1）M2C 模式的定义

M2C 模式是指企业通过经理人的服务达到向最终消费者提供产品或服务的目的。因此，M2C 模式是指在 B2M 环节中的职业经理（代理）人对最终消费者的商务活动。

M2C 模式是 B2M 的延伸，也是 B2M 新型电子商务模式中不可缺少的后续发展环节。经理（代理）人最终的目的还是要将产品或服务销售给最终消费者。

（2）M2C 模式的特点

在 M2C 模式中，也有很大一部分工作是通过电子商务的形式完成的。因此，它既类似于 C2C，又不相同。

C2C 是传统电子商务的盈利模式，赚取的是商品的进货、出货的差价。而 M2C 模式的盈利模式则更灵活多样，其赚取的利润既可以是差价，也可以是佣金；另外，M2C 的物流管理模式也比 C2C 灵活，例如，该模式允许零库存；在现金流方面，其也较传统的 C2C 模式具有更大的优势与灵活性。以中国市场为例，传统电子商务网站面对 1.4 亿网民，而 B2M 通过 M2C 面对的将是中国全体公民。

8.3　电子商务系统的组成

电子商务系统由硬件、软件和信息系统组成；它将各种交易实体，通过数据通信网络连接在一起。因此，电子商务系统是实现电子商务活动的、有效运行的复杂系统。

1. 硬件实体

电子商务系统涉及的主要硬件实体如图 8-6 所示。其中的主要物理实体如下：

① 终端设备与网络：终端设备（如计算机、手机、PAD 等）、企业网、电信服务、Internet 及其接入网络。

② 交易主体：消费者、商业企业（网站前台）、政府机构等。

③ 物流实体：物流、仓储与配送机构。

④ 网络支付和认证实体：银行与认证机构（第三方担保）。

⑤ 交易实体：网店及前台、网站的支撑交易平台。

⑥ 进出口实体：当涉及货物的进出口时，还需要海关支持的管理实体。

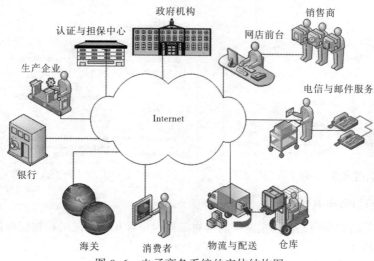

图 8-6　电子商务系统的实体结构图

2．电子商务系统的组成、结构与信息流

① 系统组成：网络、各种交易实体、交易系统。

② 系统结构：因特网、企业网、外联网、物流网、电信网。

③ 信息流：交易信息、资金信息、物流信息。

8.4　电子商务网站的购物流程

电子商务网站的购物流程，对于网上有过购物经历的人来说并不陌生。虽然商务网站的类型五花八门，网站的首页五彩缤纷，然而其终极目的就是销售。因此，大型的商务网站通常都会针对新手有尽可能详尽的指导，较困难的步骤还会有"动画"进行详细的指导。为此，对于初入电子商务网站的用户，建议首先从著名 B2C 网站的"新手入门"开始网上购物之旅。

1．B2C 网站的购物流程

B2C 和 C2C 网站的购物流程基本相似，但是，在货品质量，支付方式上还是有所不同的。例如，C2C 方式的支付方式通常没有"货到付款"一项，而 B2C 中的 B 通常是大型企业，各方面条件都远远超出个体经营散户，为此，不但产品质量有所保证，而且有能力提供"货到付款"的服务。因此，建议新用户选择一个 B2C 商户开始自己的网上购物之旅。

【操作示例 6】了解 B2C 系统"网上超市–1 号店"的购物流程。

① 在浏览器地址栏输入 http://www.yhd.com，即可直接进入 1 号店的首页。

② 在"1 号店"首页中，向下刷屏至窗口的底部，可以看到图 8-7 所示的各个项目；选中"新手入门"，单击其中的"购物流程"选项。

③ 在图 8-8 所示的 1 号店"新手入门–购物流程"窗口，可以看到 7 个主要流程及其执行顺序；向下浏览，可以依次了解各环节的操作和说明。

图 8-7　1 号店的"首页–新手入门"窗口　　　　图 8-8　1 号店的"新手入门–购物流程"窗口

2．C2C 网站的购物流程

下面看一下著名购物网站"淘宝网"的购物流程；并与 B2C 网站的购物流程进行对比，可以得到大同小异的结论。

【操作示例 7】C2C 典型网站淘宝网的购物流程。

① 在浏览器地址栏输入 https://www.taobao.com/，即可直接进入淘宝网首页。

② 在与图 8-9 类似的"淘宝网"首页，向下刷屏，直到接近窗口底部看到 新手上路 栏目；在该栏目中点选"新手专区"。

③ 在图 8-9 所示的"淘宝新会员"窗口，第一步，点选"购物演示"栏目；第二步，窗口中将显示出在该网站的购物流程分别是：注册账户、挑选商品、确认订单、付款、物流跟踪、收货评价和售后服务等 7 个主要步骤；第三步，如果需要进一步了解某个环节，只需单击该环节，如单击"如何付款"选项；第四步，在窗口下部显示的有关内容中，可作进一步的了解，如单击"选择支付方式"选项，展开其后的下拉查看，即可了解各种支付方式的有关内容。

图 8-9　C2C 淘宝网购物演示图

8.5 电子商务中的物流、配送和支付

8.5.1 电子商务中的物流

1. 什么是物流

在电子商务系统中，物流是指物品从供货方到购货方的过程。

2. 物流的分类

物流分为"广义物流"和"狭义物流"两类。

① 广义物流：既包括流通领域，又包括生产领域。因此，是指物料从生产环节到最终成品的商品，并最终移动到消费场所的全过程。

② 狭义物流：只包括流通领域，是指为商品在生产者与消费者之间发生的移动。一般，电子商务中的物流主要是指狭义物流，即商品如何从生产场所移动到消费者手中。

3. 现代"物流"系统的构成

现代物流活动主要包括：运输、装卸、仓储、包装等活动环节；其中，运输业和仓储业是物流产业的主体。为此，物流产业的主体包括：交通运输、仓储和邮电通信业 3 大类，如铁路运输业、公路运输业、管道运输业、水上运输业、航空运输业、交通运输辅助业、其他交通运输业、仓储业、邮电通信业均属于物流产业。

4. 物流的作用

① 确保生产：从原料到最终商品都需要物流的支持，才能顺利进行。

② 为消费者服务：物流可以向消费者提供服务，满足其生活中的各种需求。

③ 调整供需：通过物流系统可以充分调整各地产品的供需关系，达到平衡。

④ 利于竞争：通过物流可以扩展区域，有利于商品的竞争。

⑤ 价值增值：通过物流可以使某地的产品在异地销售，达到价值增值的目的。

5. 电子商务中的配送

（1）什么是物流配送

物流配送是按照用户的订单要求，经过分货、拣选、包装等运输货物的配备工作；最终经过运输和投递环节，将配好的货物送交消费者（收货人）的过程。

（2）配送的基本业务流程

① 备货；

② 储存；

③ 分拣和配货；

④ 配装；

⑤ 配送运输；

⑥ 送达服务。

（3）配送中心

在电子商务系统中，配送中心担负着配送流程中的主要工作。由此可见，配送中心是指：从事货物配备（集货、加工、分货、拣选、配货），并组织对最终用户的送货，以高水平实现销售和

供应服务的现代流通企业。

① 大型商业企业通常设置有自己的配送中心。例如，以 B2C 模式工作的"京东商城"就有自己专门的配送中心，它能够完成配送流程的大部分工作；对于大城市，其物流中心可以直接送达；而对于处于边远地区的客户，它们也会聘请专门的商业快递公司。

② 对于小型网站或消费者，通常采用自己完成前期工作，后期的配送运输和送达服务则聘请专门的商业物流快递公司。例如，按照 C2C 模式工作的"淘宝网（天猫）"通常由顺丰、中通、申通、圆通、韵达、天天快递和 EMS 等完成货物传递。这些快递中心，通常都有严格的管理，用户可以随时上网查询自己订单在快递、配送过程中的状况。

【操作示例 8】通过物流综合网站"快递 100"查阅快递订单。

① 接入 Internet，打开浏览器；第一步，在地址栏输入 http://www.kuaidi100.com，打开图 8-10 所示的页面；第二步，在淘宝网的订单中，以及"快递 100"网站，均可以订阅查询自己所有的订单信息。

② 如果只是偶尔查询，则可以在图 8-10 中默认的"查快递"选项卡，选中待查询的物流公司，如圆通公司。

③ 在图 8-11 所示的"订单查询"窗口，第一步，输入圆通快递公司的订单号码，第二步，单击【查询】按钮，第三步，可以跟踪该快件的整个物流，以及当前状况。

④ 如果经常需要进行快递查询，则建议在图 8-10 中，首先单击"注册"选项，用手机注册一个账号，这样不但可以查询和跟踪自己所有订单的状况，还可以通过订阅的免费短信，自动获得所购货物的物流状况信息，如发货提醒、派件提醒和签收提醒等信息。

⑤ 如果是"寄快递"，则应在图 8-10 所示的窗口选中"寄快递"标签，并依次完成寄快件公司的选择、网上或电话预约等与寄件有关的任务。

图 8-10　物流网站"快递 100"窗口

图 8-11　未注册的"快递 100–圆通–订单查询"窗口

8.5.2　电子商务中的电子支付

在电子商务系统中使用的电子支付和传统支付的方式区别很大。消费者习惯的传统支付主要有网上支付、货到付款、邮局支付及银行转账等多种形式。本节主要介绍与电子商务系统相关的电子支付。

1. 电子支付的定义

电子支付主要指通过互联网实现的在线支付方式。因此，可以将电子支付定义为：交易的各方通过互联网或其他网络，使用电子手段和网络银行等实现的安全支付方式。

在电子商务系统中，电子支付中最重要的安全环节就是如何通过网络银行进行安全支付，其涉及的技术含量也是最高的。

2．电子支付实现的功能

① 网上购物：通过互联网可以直接购买很多商品或服务，如购买手机充值卡。

② 转账结算：现在各种网上银行大都支持消费结算，例如，实现水、煤气等消费结算或者是购物结算，以代替实体银行的现金转账。

③ 储蓄：进行网上银行的电子存储业务，例如，不同银行之间的存款和取款。

④ 兑现：可以异地使用货币，进行货币的电子汇兑。

⑤ 预消费：商业企业提供分期付款，允许消费者先向银行贷款购买商品。

3．电子商务中的支付方式

CNNIC 的数据表明，截至 2015 年 6 月，我国使用网上支付的用户规模达到 3.59 亿，较 2014 年底增加 5455 万人，半年度增长率 17.9%。与 2014 年 12 月相比，我国网民使用网上支付的比例从 46.9%提升至 53.7%。中国个人用户当前使用最多的是网上付款和银行支付。

目前，在网上购物时，常用的支付方式有以下几种。

（1）货到付款

货到付款又分为现金支付和 POS 机刷卡两种。这是 B2C 中有实力的商业企业经常采用的方式，例如，1 号店、京东商城等都支持这种方式，其交易流程参见图 8-8，其支付方式参见图 8-9。

① 现金支付：与传统支付方式类似；其优点是：符合消费者的消费习惯，更加安全和可靠。其缺点是，对商家来说增加了风险和成本，例如，消费者收到自己定的货后，感觉不理想，也可能采取拒付的手段；另外，对时间和地点的限制较多，例如，较为偏僻的地区消费者直接收货与付钱的可能性较小；其他还有手续复杂等问题，例如，为了避免自己的损失，消费者想先开箱验货，而商家要求先签字再开箱。

② POS 机刷卡：对于实力强大的商业企业，大宗商品的支付可以使用配送人员的手持 POS 机刷卡付费。这种方式的优缺点同现金支付。

（2）网上支付

与个人相关的电子商务（B2C、C2C）的网上支付模式通常分成以下的 3 种模式：

① 信用卡支付：银行支付。

② 储蓄卡支付：通过网上银行进行支付。

③ 第三方支付：网上付款中最常用的支付方式是通过第三方支付平台进行支付，在中国市场上的第三方支付工具有很多，如图 8-3 中"电子支付 e 览"所示的有：网银在线、支付宝、财付通、快钱、无忧钱包、移动支付等电子支付方式。

（3）银行转账支付（B2C）

银行转账支付是指国内的顾客通过全国任何一家银行，向商家（如 1 号店），通过指定银行（如招商银行）向商家开立的指定账户汇款支付的业务方式。

（4）其他支付形式

其他支付形式有很多，如礼品卡支付、账户余额支付、优惠券、抵用券支付等，不同商家有不同的规定，购买的商品支付前，可以在商家的支付方式中进行查询。

【操作示例 9】认识、了解以及学习使用"支付宝"购物的流程。

① 在浏览器的地址栏输入 http://e-business.elanw.com，在窗口右侧按住滑块向下刷屏。

② 在图 8-3 所示的下部窗口，第一步，选中"电子支付 e 览"栏目，第二步，可以了解所选择的电子支付服务商的特点，如单击"支付宝"；第三，在打开的页面中提示，要了解"商家用户，还是个人用户？"普通用户点选后者。

③ 在图 8-12 所示的"电子支付–支付宝–注册"窗口，跟随向导，即可完成支付宝的注册；注册时，比较便捷的是使用手机进行支付，如果没有手机可以单击"使用邮箱注册"选项。

下面简单介绍支付宝、快钱和财付通的特点。

① 支付宝：由阿里巴巴集团创办，它是在国内处于领先地位的、独立的第三方支付平台。支付宝为中国电子商务提供了简单、安全、快速的在线支付解决方案。截止目前，支付宝已经拥有 6 亿用户；其用户覆盖了 C2C、B2C、B2B 等多个领域，通过与百余家银行及金融机构的合作，可以最大程度满足用户的需求。"支付宝"的最大作用在于：通过支付平台建立了支付宝、商家与用户三方之间的信任关系，如图 8-13 所示。支付宝最主要的特点是：第一，启用了买家收到货，满意后卖家才能收到钱的支付规则，从而保证了整个交易过程的顺利进行；其次，支付宝和国内外主要的银行都建立了合作关系，因此，只要用户拥有各大银行的银行卡，即可顺利利用支付宝进行网上支付；第三由于支付宝可以将商家的商品信息发布到各个网站、论坛，从而扩大了商品、商家的影响与交易量；因此又促进了商家将支付宝引入自己的网站。

图 8-12　"电子支付–支付宝–注册"窗口

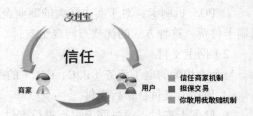

图 8-13　"支付宝–商家–用户"信任关系

② 财付通：是由腾讯公司创办的，也是中国领先的一个在线支付平台，它目前已经拥有 2 亿用户。财付通与支付宝一样，可以为互联网的个人与企业用户，提供安全、便捷、专业的在线支付服务。财付通的综合支付平台的业务，同样覆盖了 B2B、B2C 和 C2C 等多个领域，例如，它提供了京东网上支付及"微信"的移动支付与结算服务。此外，针对个人用户，财付通提供了包括在线充值、提现、支付、交易管理等名目繁多的服务功能；针对企业用户，财付通还提供了安全可靠的支付清算服务，以及 QQ 营销资源的支持。财富通的操作流程：买家付款到财富通；经财富通中介，买家收货满意后财富通付款给卖家。

（5）银行汇款

各大银行都支持银行汇款的方式，常用的如：招商银行、中国工商银行、华夏银行等。

8.6　电子商务网站的应用

如今，电子商务已经非常普及，个人消费者可以在各类电子商务网站上，进行购物、购书、订票、拍卖等。为了确保电子贸易的安全、有效，无论是个人用户还是企业用户，都应当十分了解交易中的注意事项，以及通过网络进行交易活动的流程。

8.6.1　网上安全购物

如今，在进行网上电子商务活动时，有可能会遇到诈骗、假冒、产品质量伪劣等各种问题。因此，进行网络购物时，用户必须加强防范意识，提高对网上各种骗局的识别能力。笔者推荐大家从以下几个方面进行考虑和防范。

1. 谨慎选择交易对象和交易

（1）交易对象的确定

对于网络上的商家，用户应当注意其是否提供有详细的通信地址和联系电话，必要时应打电话加以核实。例如，仔细观察和判断商家的 QQ 和电话是否随时可以进行联系。

（2）交易方式的确定

在进行网上购物时，为了确保资金的安全，应尽量选择货到付款方式；或选择双方利益均可保证的由第三方担保的交易方式，如淘宝网的支付宝平台。千万不要轻易地与商家进行预付钱款的交易；即使需要进行预付款的转账交易，交易的金额也不宜太高。

2. 认真阅读交易的电子合同

（1）确认交易合同

目前，中国尚无规范化的网上交易专门法律，因而，事先约定规则是十分重要的。由于在网络上进行交易的规则或须知就是电子合同的重要组成部分，因此，在网上交易之前，用户应当认真阅读规则中的条款。

（2）合同的主要内容

在电子交易中，应当注意的重点内容有：产品质量、交货方式、费用负担、退换货程序、免责条款、争议解决方式等。由于电子证据具有"易修改性"，因此，请在大额交易时，尽可能地将交易过程的凭证打印或保存。例如，使用抓图工具来抓取交易过程的内容界面。

3. 保存好交易单据

用户购物时，请注意保存交易相关的"电子交易单据"，包括：商家以电子（邮件或短消息）方式发出的确认书、用户名和密码等。我国《合同法》第十一条规定，以电子邮件等形式签订的合同属于"书面合同"的范畴。因此，建议用户保存完整的电子信息，如保存的电子邮件，应注意不要漏掉完整的邮件头，因为该部分详细地记载了电子邮件的传递的路径。这也是确认邮件真实性的重要依据。此外，可以使用截图工具，保存好交易过程中（如旺旺）的交流与交易信息。

4．认真验货和索取票据

用户验货时，应注意核对货品是否与所订购的商品一致，有无质量保证书、保修凭证，同时注意索取购物发票或收据。

5．纠纷的处理

与现有法律的基本原则一致，在网络消费环境中，遇到纠纷时，购买者可采取的方法有：与商家协商、向消费者协会投诉，向法院提起诉讼或申请仲裁等方式寻求纠纷的解决。

8.6.2　B2C 方式网上购物应用

传统购物是在商场，而网上购物时进入的是网录上商城。因此，用户购物时，如何快速地找到网络上的商城则是进行网络购物的关键。首次登录商务购物网站时，通常需要注册一个用户；成功注册新用户后，每次购物时，都要先使用申请到的用户账号进行登录。

【操作示例 10】进入 B2C 网站"京东"购买书籍。

① 接入 Internet，在浏览器的地址栏输入 http://www.jd.com。

② 在"京东"网站的"登录"对话框，第一步，输入用户和密码；第二步，单击"登录"按钮，完成用户登录的任务。

③ 在"京东"网站首页，可以开始搜索自己需要购买的商品。第一步，按照图 8-14 所示的步骤，搜索需要购买的图书或其他商品；第二步，当需要更精确的搜索时，首先选择类型，如图书，还可以单击"高级搜索▨"选项，在展开的对话框中填写搜索条件，直至搜索到自己满意的商品；第三步，将要购买的图书加入购物车。

④ 在图 8-15 所示的窗口，第一步，单击"搜索"按钮后边的"购物车"图标，可以随时查看加入的商品；继续选择商品，直至所有商品选购完成；第二步，单击购物车中的"去购物车"按钮。

图 8-14　京东网站"商品搜索–图书查找"窗口

图 8-15　京东"查看购物车"窗口

⑤ 在图所示窗口的上部可以见到全部已选购的物品，可以随时添加或删除购物车中的商品；最后，单击"去结算"按钮，如图 8-16 所示。

图 8-16　京东"购物车-结算"窗口

⑥ 在接下来的"填写订单"窗口中很多选项，第一，最重要且不能出错的是：收件人的姓名、详细地址、联系电话和付款方式；第二，单击各个商品后的"编辑"按钮，即可修改有关的信息；第三，确认付款方式合适后，单击"提交订单"按钮，完成此次购物下单的过程。

⑦ 在图 8-14 所示的窗口中，单击"我的订单"选项。

⑧ 在打开的"我的订单"窗口中，第一，可以查询订单的状况，如选中"近 3 个月的订单"；第二，选中某个订单后，单击其后的"修改"按钮，可以增加或删除商品；第三，选中订单后单击"取消"按钮，可以取消选中的订单；第四，可以跟踪新下订单的发货状况。总之，消费者经常需要了解所购商品的配送状况，因此，需要掌握订单跟踪的方法。

8.6.3　C2C 方式网上购物应用

1. C2C 模式消费者的网上购物一般流程

不同的 C2C 网站，在电子商务活动的各个环节的称谓可能有所不同，但是整体的安全交易流程如图 8-17 所示。

提示：在 C2C 模式中，为了买卖双方的利益，请务必按照图 8-17 所示流程进行，即选择一个具有第三方担保功能的平台进行交易；否则，如果是消费者先付款给商家，一旦商品出现问题，则很难处理；如果是商家先将商品配送给消费者，货款也可能不能按时返还。

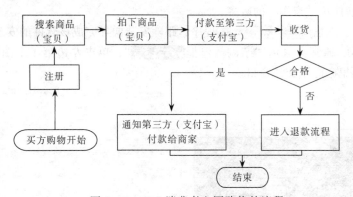

图 8-17　C2C 消费者上网购物的流程

2. C2C 消费者的网上购物应用

（1）熟悉网站的购物流程

在网络上购物时，上线前需要熟悉网上购物的流程，例如，淘宝网的帮助可以参见【操作示例 7】。

（2）注册淘宝网与支付宝的账户

在 C2C 网站购物之前，第一步，注册一个用户账号；第二步，开通具有第三方担保功能的"支付宝"账户。注意，这是两个不同的账户，建议使用不同的用户名与密码。

（3）开通网银

由于支付宝账户中并没有钱，因此，在支付前需要到银行去开通网银，如开通招商银行的网银，购买 U 盾，这样就可以通过网络向自己的支付宝账户充值。

提醒：为了确保银行资金的安全，给新用户提几点建议：第一，建议用户在银行开通网银时购买硬件 U 盾，这样只有账户名、密码和 U 盾都正确时，才能进行网上支付；第二，"网银"所对应的银行卡中，不要存入过多的资金；第三，第三方支付账户，建议用多少充多少，这是指先钱放在"网银"中，在支付时再从"网银"充值到支付宝；第四，慎开快捷支付。

（4）安装"淘宝网"购物实时交易的客户端软件

成功开通"淘宝网"和"支付宝"账户后，为了与商户讨论价格，询问产品详细状况，还需要安装一个可以与商家实时交流的软件客户端平台。在淘宝网上，这个实时交易平台的软件叫"亲淘"或"阿里旺旺"。通常不同客户端应下载不同版本的客户端软件，例如，Windows、安卓或 iOS 的不同版本的"旺旺"。

【操作示例 11】在计算机中下载和安装淘宝网的"亲淘"或"阿里旺旺"软件。

① 联机上网，在浏览器的地址栏输入 http://www.taobao.com。

② 在图 8-9 所示的窗口中，在第一行中单击"网站导航 ≡ 网站导航"选项；在打开的窗口，单击"阿里旺旺"。

③ 在图 8-18 所示的"阿里巴巴客户端产品族"窗口中，第一步，选中"我是买家"选项；第二步，选中可以安装的客户端类型，如单击"亲淘"；第三步，在打开的"亲淘"首页，单击【立即下载 立即下载 ⬇】按钮，开始下载，还可以了解该软件的功能。早期，都是使用"阿里旺旺"作为客户端软件，当前使用"亲淘"的较多。

④ 下载完成后，双击 AliQinTao(1.90.02U).exe 程序，跟随安装向导完成该软件的安装任务。

⑤ 安装完成后，通常会显示"亲淘悬浮框 ⬛⬛⬛⬛ 🐵"，单击左边第 1 个图标⬛，可以打开图 8-19 所示的"阿里旺旺"交流窗口。

图 8-18　"网站导航-阿里旺旺"窗口

图 8-19　淘宝网使用的"亲淘-阿里旺旺"窗口

（5）在淘宝网搜索和拍下商品

在淘宝购买商品，需要货比三家，能够较好地实现这个功能的是"一淘"或"淘粉吧"。

【操作示例 12】通过"一淘"购买淘宝网商品。

① 联机上网，在浏览器的地址栏输入 http://www.etao.com，打开"一淘"首页。

② 在"一淘"首页，第一步，使用成功注册的"淘宝网"账户和密码登录；第二步，在搜索框输入要商品的关键字，如休闲运动鞋无鞋带，按【Eater】键。

③ 在图 8-20 所示的一淘网"搜宝比价"窗口的淘宝过程：第一步，输入所选商品的名称，如休闲运动鞋无鞋带；第二步，输入其他限定条件，如销量和包邮；此外，还可以选择拟搜索的商城，图中默认的是全部，也可以选择 B2C 商城等；之后，单击"搜索🔍"按钮；第三步，在搜宝结果中，单击自己喜欢的宝贝。

④ 在图 8-21 所示的"比价-购买"窗口，有该宝贝的多种参数，如产品图片、价格趋势、产品参数、产品评价等；单击"优惠购买"按钮，去淘宝网商家购买。

⑤ 在图 8-22 所示的淘宝网商铺的"购买商品"窗口，第一步，确认购买商品的具体参数，如尺码为 40，样式为棕色；第二步，查看所选宝贝的细节及其他用户的评价等，还可以单击左上角的旺旺，同卖家在线确认所选宝贝的细节、保修、快递、赠品等；第三步，确认购买后，单击"立即购买"按钮。

⑥ 在图 8-23 所示的"生成和提交订单"窗口，按照图中的步骤，完成订货表单的填写；之后，应反复确认地址、姓名、联系电话等信息无误，再单击"提交订单"按钮。

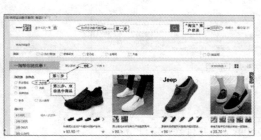

图 8-20　一淘网的"搜宝"窗口

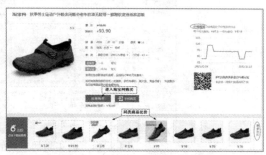

图 8-21　一淘网的"比价-购买"窗口

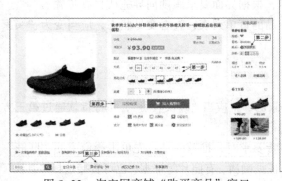

图 8-22　淘宝网商铺"购买商品"窗口

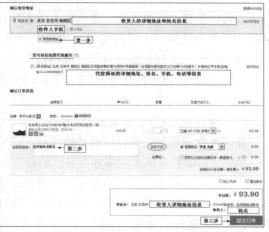

图 8-23　淘宝网的"生成和提交订单"窗口

⑦ 如果要在一家店铺购买多件商品，应全部加入购物车，一同下订单，或重复以上⑤～⑥步骤，拍下该商铺所有要购买的宝贝；之后，要提醒卖家合并邮寄，修改寄费。此外，很多店铺提供的赠品也是需要拍的，否则认为自动放弃。

说明：在图 8-22 中，第一，单击😊旺旺图标，可以随时就商品的表单信息与卖家沟通；第二，在补充说明和重要提醒栏，应当尽量详细地填入收货要求、尺寸、颜色等详细信息，因为以后商品若有问题，这就是订货合同的依据。

（6）付款到第三方担保机构

在 C2C 模式中，为了确保双方的利益，通常要现将货款支付到第三方担保机构。

【操作示例 13】在"淘宝网"付款到第三方担保机构（支付宝）。

① 在"淘宝网"首页，第一步，依次选择"我的淘宝→已买到的宝贝"选项，打开图 8-24 所示的已买商品的订单列表；在列表中，用鼠标选择需要购买的项目；第二步，单击【合并付款】按钮。

图 8-24　已买到的宝贝的多订单"合并付款"窗口

② 应在仔细核对订单无误后，再进行付款操作。在图 8-25 所示的"付款方式确认"窗口中，有多种可供选择的付款方式，常用的有以下几种：第一，支付宝余额支付；第二，余额宝支付；第三，通常会选择网上银行支付，如选中"中国工商银行"；最后，单击"下一步"按钮。

③ 在图 8-26 所示的支付宝"收银台"窗口，根据界面要求跟随向导完成付款步骤。

④ 完成后，再次打开图 8-25 所示的已买商品的订单列表，查看交易状态，应当变为"买家已付款"状态。

（7）确认收货-付款到卖家-评价

在买家收到货后，有以下两种情况：

第一，商品符合店家的描述及自己的订货要求时，就应当"确认收货"，并将货款通过第三方支付机构，如支付宝，支付给卖家，并对商品进行评价。

第二，当商品不符合店家的描述或自己的订货要求时，推荐的是：先单击😊商家的"旺旺"图标，同卖家进行沟通后，再进行操作；当然，若证据确凿，有照片等证据，也可直接选择"退款"。

【操作示例 14】在移动设备上确认收货与支付付款给卖家。

① "淘宝网"首页，依次选择"我的淘宝→已买到的宝贝"选项，打开已发货的商品订单列表；选中已收到的、待"确认收货"的商品，参见图 8-27。

图 8-25　支付宝的"付款方式确认"窗口　　　　图 8-26　支付宝的"收银台"窗口

图 8-27　iPAD 中"跟踪物流-确认收货"窗口

② 在图 8-27 所示的"跟踪物流-确认收货"窗口，第一步，可以单击"查看物流"，以便了解何时发货、接货；第二步，收到货物，并确认符合商家对商品的承诺后，单击"确认收货"按钮；第三步，进入最终付款和评价阶段，确认收货后，支付宝会将货款划拨给卖家，因此，此阶段买家应当十分谨慎，商品确实没有问题后，再单击"确认收货"按钮；当所收到的货物有问题，建议先通过"旺旺"与商家联系，商家同意后，即可单击"退款/退货" 退款/退货 按钮，进入相应的程序；最后一步，是对所购商品和服务进行评价。当然，如果货物有问题与商家沟通未果时，可向商城申请仲裁。

习　　题

1. 什么是电子商务？电子商务是如何定义的？电子商务的交易特征有哪些？
2. 电子商务有哪几种类型？对于普通消费者来说，电子商务又有哪几种基本类型？
3. 在京东商城进行网上购书时，应用的是哪种电子商务类型？这种类型的特点是什么？
4. 在电子商务网站购物时，应当注意哪些事项？
5. 请举例说明，电子商务交易中涉及的主要技术有哪些？
6. 如何迅速获取分布在全国各地的网上商城和网上书店的网址？
7. 如何应用 B2C 网站在网上书店购书？交易时，应当注意些什么？
8. 写出 3 个 B2C 网站的链接地址，以及该网站的特点。

9. 与商家进行即时交流的平台的作用有哪些？列举 3 个常用的交流平台的名称。

10. 登录 B2C 著名的电子产品购物网站"京东商城"，写出其购物流程。

11. 写出 3 个 C2C 网站的链接地址，以及该网站的特点。

12. 写出在著名 C2C 网站"淘宝网"的购物流程。

13. 在互联网中，如何挑选性价比高的商品？常用的比价网平台有哪些？

14. 举例说明如何按照条件挑选出属于 B2C 的某种型号的包邮产品，如某款手机。

15. 通过调查写出支付宝的作用及优点。

16. 电子商务系统由哪些部分组成？

17. 什么是物流？现代物流是由哪些部分组成的？

18. 什么是电子支付？它的作用是什么？

19. 电子商务中的支付常用的方式有哪几种？

20. 在电子支付中，第三方担保机构的作用是什么？列举 3 个常用的第三方担保支付机构。

21. 如何进行网上安全购物？主要注意事项有哪些？

22. 什么是电子商务中的物流配送？

本章实训环境和条件

① 接入 Internet 的硬件系统，如 Modem、网卡、交换机、路由器及 ISP 的账户和密码。

② 智能终端设备：安装 Windows XP/7 的计算机，安装了操作系统的智能手机或 PAD。

实 训 项 目

实训 1：认识电子商务的发展状况

（1）实训目标

认识和商务网站的类型，掌握各种商务网站的进入方法。

（2）实训内容

使用"百度"查询和总结以下内容：

① 输入 http://www.cnnic.net.cn/index.htm，进入 CNNIC；了解最新的"中国互联网络发展状况统计"，查询：我国在互联网进行网络购物的用户人数、网络购物使用率最高的 3 个城市、网络购物使用率和变化情况，以及网上支付使用率变化情况。

② 写出电子商务的主要分类，以及各种分类的应用特点。通过查询，请回答：在电网络购物中，是 C2C 模式还是 B2C 模式使用网上支付手段的比例更高？

③ 近期中国电子商务的有关统计数据，应当包括：网上购物的人数、当年各类电子商务的网上营业额、各类商务网站的数量、使用各种支付方法支付的比例等统计数据。

④ 使用"百度"查询：什么是电子支付、电子货币、电子现金、电子支票。

⑤ 完成【操作示例 1】～【操作示例 5】中的内容。

实训 2：B2C 网站购物

（1）实训目标

进入中国排名前 3 名的一个 B2C 网站，以货到付款的方式购买一本书。通过购物和应用实训，认识和掌握电子商务 B2C 网站购物的基本流程与方法。

（2）实训内容

① 写出通过计算机和移动设备购物的流程。

② 截取购物中各个环节的界面，如注册、登录、购物、下订单、查询订单、收货、付款（现金或划卡）、评价。

③ 跟踪和记录物流信息，写出物流的主要环节。

④ 完成【操作示例 6】～【操作示例 10】和【操作示例 14】中的内容。

实训 3：C2C 网站购物

（1）实训目标

进入中国排名前 3 名的一个 C2C 网站，以第三方担保的支付方式购买一件商品。通过购物和应用实训，认识和掌握在 C2C 网站购物的基本流程与方法。

（2）实训内容

① 写出通过计算机和移动设备购物的流程。

② 截取购物中各个环节的界面，如注册、登录、购物、下订单、付款到第三方担保、查询订单、收货、将货款支付给卖家，进行评价。

③ 跟踪和记录物流信息，写出物流的主要环节。

④ 完成【操作示例 11】～【操作示例 14】和【操作示例 8】中的内容。

第 *9* 章 | 移动互联网

学习目标：

- 了解：移动互联网的基本概念和主要技术。
- 了解：移动支付的基本概念。
- 掌握：移动支付系统的组成与应用。
- 了解：移动互联网的主要应用类型。
- 掌握：移动商店的功能与应用。
- 掌握：移动搜索的相关概念与搜索方式。
- 掌握：移动导航系统的组成与手机导航系统的应用。

9.1 移动互联网概述

随着宽带无线接入技术发展的日新月异，更多的人们走进了互联网。人们已不再满足只在固定的居住地或办公地点使用互联网，而是期望随时随地都能方便地从互联网获取自己所需的信息与服务。于是，移动互联网应运而生，由于存在着巨大的潜在客户，因此发展迅速。

1．移动互联网的应用状况

在我国互联网的发展进程中，计算机固定接入的互联网方式已日趋饱和，而移动互联网却呈现出井喷的发展态势。2015 年 6 月发布的 CNNIC 的数据如下：

① 截至 2014 年 12 月，我国手机网民规模达 5.57 亿，较 2013 年增加 5672 万人。网民中使用手机上网的人群占比由 2013 年的 81.0%提升至 85.8%。总之，当前的手机网民占总网民数的八成以上，手机是上网终端的首选，我国移动互联网发展已进入全民时代。

② 截至 2014 年 12 月，全国企业固定宽带接入比例为 77.4%，是企业接入互联网的最主要方式。随着 4G 的普及，以及企业级移动互联网应用，如移动 OA、移动 ERP、移动 CRM 等的发展，未来移动宽带将会成为企业接入互联网的重要方式。

2．移动互联网的定义

移动互联网就是将移动通信和互联网两者合二为一，使其成为一体。

（1）从技术层面定义的移动互联网

移动互联网是指以宽带 IP 为技术核心，可以同时提供语音、数据和多媒体业务的开放式基础电信网络。

（2）从终端层面定义的移动互联网

移动互联网是指用户使用手机、上网本、笔记本式计算机、平板电脑等各种移动终端，通过移动网络获取的移动通信网络服务和互联网服务。

3．移动互联网的主要特性

（1）便捷性

移动用户的终端设备具有便于随身携带的特性，因此能够在移动状态下随时、随地接入和使用移动互联网的业务服务。基于移动互联网的移动特性，以及其提供的丰富应用场景，人们不但可以随时、随地、方便地接入无线网络，还可以同时运行诸多应用。例如，出行之前不用再去查找路线，上车后打开 GPS 即可导航；还可以同时使用微信、天猫、团购等多种应用，又如，提供通过手机支付业务支付餐饮、打的等的费用。

（2）智能感知

在使用移动互联网业务时，移动互联网的设备可以定位自己所处的方位，采集附近事物及声音的信息；更新型的移动设备还可以感受到温度、嗅觉、触碰感，这显然要比传统的设备更智能，例如，可以自行定位手机所处的位置，提供周边的美食或服务。

（3）终端与网络的局限性

① 移动互联网业务的网络能力会受到无线网络传输环境、技术能力等因素的制约。

② 终端处理能力有限，会受到移动终端的大小、处理能力、电池容量等方面的限制。

③ 在中国无线资源尚属稀缺资源，移动互联网必须采用按流量计费的商业模式。

综上，移动终端在方便携带与使用的同时，必将受到网络资源与终端能力的限制。

（4）业务受限——业务与终端、网络的强关联性

由于移动互联网业务与其网络或终端类型具有强关联性，因此，使得其业务的发展受到了限制。例如，有时用户觉得很好的服务，受限于该业务只限定某网络类型、某种制式的手机，再好，用户也只能放弃。

（5）个性化

移动互联网的个性化表现为如下终端、网络和内容与应用几方面的个性化：

① 终端个性化：由于移动终端的个性化呈现能力非常强，为此，每个人的消费都与其移动终端绑定。

② 网络个性化：表现为移动网络对用户需求、行为信息的精确反映与提取能力，并可与混搭网站、互联网应用技术、电子地图等多种技术相结合。

③ 互联网内容与应用的个性化：表现在采用社会化网络服务、博客、聚合内容（RSS）、新型小工具等 Web 2.0 技术与终端个性化和网络个性化相互结合，使个性化效应极大释放。

9.2　移动互联网技术

9.2.1　发展中的主流移动技术

根据著名相关专家的分析，有关人员近几年应当掌握的移动技术与能力如下：

1．跨平台的多层体系结构应用开发工具

在相当长的一段时间内，移动互联网的应用将无法避开 Android、iOS 及 Windows 三个关键的操作系统平台。

应用（App）开发也将继续围绕 Native（原生应用）、Hybrid（混合模式移动应用）及基于 Web 的移动网页三种形式进行。所以绝大多数企业将需要跨平台/多层体系结构应用开发工具来开发应用。

2．HTML5

经过 8 年艰苦的努力，万维网联盟于 2014 年 10 月 29 日宣布：HTML5 标准规范制定完成，并公开发布。HTML5 是超文本标记语言（HTML）的第五次重大修改标准，其设计目的是在移动设备上支持多媒体。

HTML5 与 Flash 之争由来已久，虽然 HTML5 技术仍然不够成熟，然而随着 HTML5 及其开发工具的日益成熟，它最终将会成为企业在多个平台上开发与应用的关键技术。HTML5 还有望成为梦想中的"开放 Web 平台"（Open Web Platform）的基石，如能实现可进一步推动更深入的跨平台 Web 应用。接下来，W3C（万维网联盟）将致力于开发用于实时通信、电子支付、应用开发等方面的标准规范，还会创建一系列的隐私、安全防护措施。

3．移动定位技术

近年来，移动定位技术受到越来越多的关注，推动了对移动定位技术的研究及测距技术的发展。据统计，国际上各种移动通信业务用户数排名中，定位业务用户已超过移动电子商务、移动银行等增值业务，仅次于语音业务而位居第二。移动定位技术代表着全新的商机，代表着移动技术发展的一个新阶段。

移动定位技术按照提供服务的方式可以分为两种：自有移动手机定位系统与公用移动定位服务。自有的定位系统是为某个企业和政府部门自己使用的定位系统。公用移动定位服务一般由移动运营商来提供。目前，室内定位技术还在进一步研究与完善，一旦突破屏障，定位技术将会与相关的位置服务业务珠联璧合，将更加深入地影响人们的生活。

未来的移动互联网将使用高精度的定位技术，可以将用户位置信息确定在几米范围内。该技术是提供高度个性化信息及服务的关键因素。精确的室内定位应用目前可采用的技术包括 Wi-Fi、成像、超声波及地磁等，此外，蓝牙技术在未来一段也会得到更多的应用。

4．可穿戴设备

① 何为可穿戴设备：是指可以直接穿在身上或是整合到用户的衣服或配件的一种便携式设备。可穿戴设备不仅是一种硬件设备，还通过软件的支持，实现了数据交互、云端交互等实现强大的功能；它必将极大地改变和影响到我们的生活与感知。

② 可穿戴设备的种类：包括医疗传感器、智能手表、显示设备以及各种嵌入衣物中的传感器，通过这些设备，人们可以方便地进行交互和使用各种移动应用，如 MOTOACTV 于 2011 年 10 月 19 日发布了全球首款基于 Android 系统的智能手表；4 年后，可穿戴的智能设备已经从之前的"默默无闻"走向了"大红大紫"。众多厂商纷纷进入该领域，各种产品更是层出不穷，很多消费者已经开始使用这类产品。

5．新 Wi-Fi 标准

Wi-Fi 无线网络大约起源于 20 世纪 90 年代，IEEE 802.11a 协议于 1999 年签署生效，在 5 GHz 无线电波可提供 54 Mbit/s 的速度。今天的 IEEE 802.11ac 路由协议，在 5GHz 波段下，可提供 1.3 Gbit/s 速度；在 2.4 GHz 波段可提供 450 Mbit/s 速度；而新一代的 Wi-Fi 标准 IEEE 802.11ax 的速度可达到 10Gbit/s。目前及未来几年，可能还会是 802.11ac 的天下，因为预计 Wi-Fi 联盟到 2016 年才会完成 802.11ax 第一草案，2017 年 3 月完成第二版草案，直到 2019 年才能获得其最后的认证。

总之，Wi-Fi 的标准从 802.11a 开始，经历了 802.11ab、802.11ac、802.11ad、802.11aq、802.11ah…802.11ax（正在研发过程中）多个标准，一直处在不断的发展和性能快速提升进程中。此外，未来的 Wi-Fi 也会一如既往的与移动的应用进一步相结合；同时，也还会利用 Wi-Fi 不断提供新的服务。但是，随着无线移动设备的与日俱增，对 Wi-Fi 基础设施的需求将会持续高涨。

6．企业移动化管理（Enterprise mobility management，EMM）

企业移动化管理是一套实现企业员工安全的使用手机、平板等移动终端进行移动化工作的技术平台与管理方法。企业移动化管理 EMM 包括：移动设备管理、移动应用管理、企业文件同步和共享等方面。这些工具及技术将会逐渐成熟，最后将能够提供跨操作系统平台、跨设备解决移动管理上的需求。

（1）移动设备管理（Mobile Device Management，MDM）

MDM 提供对企业移动设备的全生命周期管理，即从设备的注册、接入控制、设备激活、配置策略、设备监控、设备管理、安全支持，一直到设备淘汰的整个设备的生命周期进行多层次、全方位的管控。

（2）移动应用管理（Mobile Application Management，MAM）

MAM 是 MDM 向移动应用的延伸，它帮助企业将 IT 策略从设备级延伸到应用级，从而具备对于企业应用 App 的更高控制能力，实现对企业移动应用的全生命周期管理，包括企业应用门户（超市）、应用发布与更新、应用推送、应用跟踪、应用统计分析等。

（3）移动内容管理（Mobile Content Management，MCM）

MCM 提供对企业文档进行分发、权限设定、安全策略相关的管理。

（4）移动邮件管理（Mobile Email Management，MEM）

MEM 安全邮件具有安全邮件网关服务器、安全邮件客户端两个模块。

7．BYOD（Bring Your Own Device）模式

随着移动互联网的发展许多企业，开始考虑允许员工自带智能设备使用企业内部应用的一种新的管理模式 BYOD。这种模式中企业的目标是：在满足员工自身对于新科技和个性化追求的同时提高员工的工作效率，降低企业在移动终端上的成本和投入。为支撑 BYOD 并达到企业级数据安全及稳定运行的要求，Mobile IT 应运而生。

① Mobile IT（移动互联网技术）：是以移动终端为服务中心，它主要包括 3 个部分，即 MDM（移动设备管理）、MAM（移动应用管理）和 MCM（移动内容管理）。

② BYOD 定义：是指携带自己的设备办公，这些设备包括个人计算机、手机、平板电脑等（而更多的情况指手机或平板电脑这样的移动智能终端设备）。在机场、酒店、咖啡厅等，登录公司邮箱、在线办公系统，不受时间、地点、设备、人员、网络环境的限制，BYOD 向人们展现了一个

美好的未来办公场景。

③ 风险与问题：在 BYOD 模式中，为了让员工能够使用公司的资源，在其自己的设备上会安装很多公司的软件。当员工的设备，如 iPhone 上安装了公司的管理软件后，员工的手机就变成了公司的手机（Become Your Office Device）。员工手机上的代理（Agent）会不断地与公司的服务器同步。然而，这些新技术在设计和开发初期，并没有考虑企业的应用环境和要求，因此很多 IT 支持部门非常担心由此带来的安全和支持风险。

8．智能家居

智能家居是在互联网影响之下物联化的体现。智能家居通过物联网技术将家中的各种设备（如音视频设备、照明系统、窗帘控制、空调控制、安防系统、数字影院系统、影音服务器、影柜系统、网络家电等）连接到一起，提供家电控制、照明控制、电话远程控制、室内外遥控、防盗报警、环境监测、暖通控制、红外转发以及可编程定时控制等多种功能和手段。与普通家居相比，智能家居不仅具有传统的居住功能，兼备建筑、网络通信、信息家电、设备自动化，提供全方位的信息交互功能，甚至为各种能源费用节约资金。预计今后的若干年内，中等收入的家庭将会拥有各类智能家居产品，这些产品将是物联网的组成，并最终会与智能手机、平板电脑这些移动设备上的应用进行交互。

9.2.2　移动支付

移动支付系统能够将终端设备、互联网、应用提供商及金融机构融合为一体，为用户提供货币支付、缴费等金融业务。

1．移动支付（Mobile Payment）的相关概念

① 移动支付：又称"手机支付"。它是指消费者通过移动终端，如手机、PAD 等，对所消费的商品或服务进行账务支付的一种支付方式。

② 移动终端：可以是手机、PAD、PDA（掌上电脑）、移动 PC 等；但最常用和使用最多的当属手机。

③ 移动支付的实现：在移动支付中，客户通过移动设备、互联网或近距离传感器，直接或间接地向银行等金融机构发送支付指令，并产生货币的支付与资金转移，实现资金的支付。

2．移动支付的特征

由于移动支付会与移动通信技术、无线射频技术、互联网技术等多种技术相互融合，因此，移动支付虽然也属于电子支付方式中的一种，但是它不仅具有一般电子支付的特征，还具有自己的一些特征。其主要特征如下：

（1）移动性

由于支付终端具有移动通信技术的移动性，因此它具有随身携带的移动性，消除了距离和地域的限制，可以随时随地获取所需要的服务、应用、信息和娱乐。

（2）及时性

由于移动支付不受时间、地点的限制，信息的获取也更为及时，如用户可随时对账户进行查询、转账或购物消费。

（3）定制化

由于移动终端采用了先进的移动通信技术，具有简易、智能化的操作界面，方便用户定制自己的消费方式和个性化服务。移动终端与固定终端相比，其用户账户的交易更加简单、方便和快捷。

（4）集成性

移动支付以移动终端为载体，可以通过与终端读写器近距离的识别来进行信息的交互。运营商可以将移动通信卡、公交卡、地铁卡、银行卡等各类信息整合到以手机等设备为平台的载体中进行集成管理，并搭建与之配套的网络体系，从而为用户提供十分方便的支付以及身份认证渠道。

3. 移动支付的特点

移动支付与普通的支付差异：正是由于移动网络运营商与普通运营商在其所使用的浏览协议、信息系统，以及数据补充业务等方面的不同，移动支付与普通支付相比，其交易资格的审查与处理过程就完全不同；又如，移动支付使用的是 WAP 及技术，而普通网站使用的基本协议是 HTTP 和 Web 技术。

4. 移动支付的实现条件

实现移动支付时，首先应当具有一部能接入互联网的移动终端，此外还需具备的必要条件是：

① 移动运营商提供的网络服务，如购买移动或联通的上网流量。
② 银行提供的线上支付服务，如工商银行的"网银"服务。
③ 有一个移动支付平台，如支付宝。
④ 商户提供的商品或服务，如天猫超市。

5. 移动支付的流程

① 购买请求（消费者）；
② 收费请求（出售者，如商家）；
③ 认证请求；
④ 认证；
⑤ 授权请求；
⑥ 授权；
⑦ 收费完成；
⑧ 支付完成；
⑨ 支付商品（消费者）。

6. 移动支付的主要环节

移动支付与一般的支付行为相似，通常包含 4 个环节：消费者、售货者、发行方和收款方，其中的发行方和收款方都应当是金融机构，如图 9-1 所示。

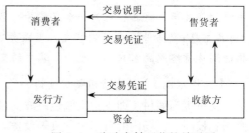

图 9-1　移动支付环节的关系图

7. 移动支付的分类

移动支付从支付的距离分类，可以分为近程支付和远程支付两种。

① 近程支付：又称"近场支付"，是指用移动设备在支付系统的客户端直接支付。例如，通过手机，以刷卡的方式坐车、购物等。近程支付给用户带来极大的便利，很多公共场所的自动售货机均属于这种支付方式。

② 远程支付：是指通过运远程发送支付指令完成的支付方式。例如，通过网银、电话银行、手机支付等方式完成的支付；又如，"掌中付"推出的掌中电商、掌中充值、掌中视频等也属于远程支付范畴。当然，远程支付还可以是指借助于传统支付工具的支付，如通过邮寄、汇款等方式进行的支付。

8. 移动支付的方法

与广大消费者密切相关的是移动支付的方法，目前常用的有短信支付、扫码支付、指纹支付、声波支付等几种类型。

① 短信支付：手机短信支付是移动支付最早的应用。短信支付是指将用户手机的 SIM 卡与用户本人的银行卡账号建立起一一对应关系后，用户就可以通过发送短信的方式，在系统短信指令的引导下完成交易支付的请求。这种方法具有操作简单、交易快捷、方便、随时随地服务等特点。例如，手机短信支付提供的不限地点与时段的移动缴费与消费服务。

② 扫码支付：是一种基于账户体系的、新一代的无线支付方法。在这种支付方案中，商家预先将账号、商品价格等交易信息汇编成一个特定的"二维码"，并将其发布在各种载体上，载体可以是报纸、杂志、广告、图书或电视等；消费者通过手机客户端的"扫码器"扫拍所选商品的"二维码"后，便可实现与商家的支付与结算；之后，商家根据支付交易信息中的用户收货、联系资料等进行商品配送，最终完成交易过程。

③ 指纹支付：又称"指纹消费"，是指采用目前已成熟的指纹系统进行的消费认证。首先，消费者需要使用指纹注册成为指纹消费折扣联盟平台会员；之后，才能通过指纹识别即可完成购物与消费的支付。

④ 声波支付：亦称"支付宝当面付"，是指通过声波的传输，完成两个设备的近场识别与支付。具体过程：首先，在消费者持有的安装了第三方支付产品的手机客户端应内置"声波支付"功能；第二，消费者启用该功能后，用手机的扬声器（发声孔）、麦克风对准收款方的麦克风，经过手机播放的一段特定的"啾啾"声音，即可实现支付。

说明：声波支付的原理：第一，消费者的手机客户端发出声波（手机发出的是为人耳不能识别的频率，人耳能够听到的"啾啾"声，仅为提醒消费者注意的提示音），售货的终端设备获取到手机的声波后，将其转化为一个交易号；第二，消费者用户确定购买商品后，销售方的系统会将"商品信息+交易号"发送到"支付宝服务器"，其后端将据此生成账单；第三，最后的账单会被推送到售货终端的客户端中显示，其中的交易号即可用来识别该订单的来源。

【操作示例1】从售货机购买饮料。

支付宝当面付（即支付宝钱包声波支付）是近些年来出现的新型支付方式，主要用于地铁、商场、校园、机场内的自动售货机等设备。采用支付宝当面付时，即使手机没有连网，也可以使用"当面付"内的声波支付功能完成支付。

例如，从自动售货机购买一瓶饮料，并利用手机的声波支付功能完成支付功能。由于声波售货机内嵌入了支付宝特有的声波模块，所以当售货机接收到手机发出"声波交易号"后，会通过其内置的核销系统自动识别此信息，并经过支付宝服务器端的多次中转；最后，成功付费后的用户才能拿走所购的商品。手机"支付宝当面付"购买饮料的流程如下：

① 消费者在自动售货机中选中要购买的商品，如某品牌饮料一瓶。

② 消费者打开手机上的"支付宝钱包"，单击"当面付"选项，并将手机的发声孔对准售货机的接收器。这时，手机中的支付宝会将消费者用户的购买需求变为一串随机生成的交易号，并通过声波的形式传送到售货机上。

③ 售货机获得指令后，会将"商品信息+用户的交易号"发到支付宝服务器；处理后，支付宝会生成一个账单，再发回到消费者用户的手机上。

④ 当消费者用户"确认付款"账单后，则支付宝会自动扣掉商品的费用；还会将"已扣费"的信息，从后台传到售货机上，显示给消费者；售货机的出货口将会掉出一瓶饮料。

9.2.3　移动互联网中的主要协议 WAP

随着移动通信技术以及 Internet 技术的发展，WAP 技术与应用已经深入到人们生活的各个角落，给人们的生活带来了翻天覆地的变化和便利。在不方便使用计算机的各种场合及候车、乘车的闲暇时间段，人们通过自己手机的 WAP 访问移动互联网，即可完成一切想要完成的事情，如接收电子邮件、下载图片、下载和安装手机软件，以及与分布在全球各地的网友进行交流，当然，还可以通过 WAP 随时购物与结账。

1. WAP 的特点

WAP（Wireless Application Protocol，无线应用协议）已经成为移动终端访问无线信息服务的全球主要标准，也是实现移动数据以及增值业务的技术基础。其主要特点如下：

① 通用性强：WAP 支持大多数无线网络，如 GSM、CDMA、GPRS、TDMA、3G、CDPD 等，几乎所有的移动终端设备的操作系统都支持 WAP，其中专门为手持设备设计的有 PalmOS、EPOC、Windows CE、FLEXOS、OS/9 及 JavaOS。此外，WAP 还支持互联网 Web 网站的 HTML（超文本标记语言）和 XML（可扩展标记语言）；但只有下文中介绍的 WML（无线标记语言）才是专门为小屏幕和无键盘手持设备服务的语言。

② 自动转换平台：支持 WAP 技术的手机能浏览由 WML 描述的 Internet 内容，这是因为 WAP 定义的通用平台能够将 Internet 网上 HTML 的信息自动转换成用 WML 描述的信息，并显示在移动电话的显示屏上。WAP 只要求移动电话和 WAP 代理服务器的支持，而不要求现有的移动通信网络协议做任何改动，因而可以广泛地应用于 GSM、CDMA、TDMA、3G 等多种网络。

③ 全球开放性标准：WAP 是在数字移动电话、互联网或其他 PDA、计算机应用，以及未来的信息家电之间进行通讯的全球性开放标准。

2. WAP 网站

WAP 网站早期的页面语言为 WML，后来升级为 WAP 2.0（即 3G 版）的 XHTML。用户借助支持 GPRS 上网功能的手机，即可通过 WAP 来获取信息。

WML 是一种纯粹的页面标记语言，它是一种从 HTML 继承的基于 XML 的标记语言，但其代码的编写结构比 HTML 严格。WML 和 WML Script 用于制作 WAP 的内容，这样可最大限度地利用小屏幕显示。WAP 的内容可从一个最新式的智能电话或其他通信器的两行文字的屏幕上显示出来，也可以转变为一个全图像屏幕显示。

3．WAP 的应用

WAP 的应用范围及其广泛，归纳起来主要涉及公众服务、个人信息服务和商业应用等 3 个主要方面。

① 公众服务：是指为公众实时提供的最新信息，如天气、新闻、体育、娱乐、交通及股票等信息。

② 个人信息服务：是指用户可以通过网页可以浏览查找的信息，如地址查询、电话号码、身份信息的查询。此外，还包括使用最为广泛的收发电子邮件与传真。

③ 商业应用：包括移动办公和移动商务两大主要类型，而移动商务中最早发展起来的应用有股票交易、银行业务、网上购物、机票及酒店预订、产品订购等。

9.3　移动互联网的应用

2008 年电信行业重组和 3G 牌照发放后，各运营商开始在全国各地积极部署 3G 网络，推进了移动网络升级的步伐，中国移动互联网时代拉开序幕。

通过使用移动终端接入互联网将成为一种标准，而 WAP 就是实现这一标准的技术工具。如今，通过移动终端上网数量的增长速度要比通过计算机上网数量的增长速度快；这就意味着，多数新的移动终端都会配有 WAP 浏览器；而持有 WAP 设备的无线用户均可获得互联网提供的各类服务。为此，在不久的将来，对绝大多数用户而言，WAP 设备将成为获取互联网服务的最常用的工具。

9.3.1　移动互联网应用概述

从移动互联网应用的角度来看，全新的电信业务开始展现在人们面前。移动互联网应用缤纷多彩，娱乐、商务、信息服务等各种各样应用开始渗入人们的基本生活。手机电视、视频通话、手机音乐下载、手机游戏、手机 IM、移动搜索、移动支付等移动数据业务开始带给用户新的体验。

1．业务种类繁多

目前以移动游戏、移动音乐等娱乐型业务为主。贝叶思调研数据表明，手机游戏市场吸引了越来越多的用户参与，其收入比重达到 29.7%，其次为移动音乐，占据 27.4% 的市场份额；接下来依次为移动 IM、手机视频、移动广告、移动搜索及移动支付。

2．应用领域与发展状况

最新一期的 CNNIC 数据表明：2014 年是移动互联网飞速发展的一年，移动互联网的应用发展呈现整体上升的态势。从表 9-1 的数据中可以看到，位列应用首位是"即时通信"，其网民使用率高达 91.2%；而 2014 年与 2013 年的数据相比，增长率最高的前几位分别则是"手机旅游预订（194.6%）、手机网上支付（73.2%）、手机网上银行（69.2%）和手机网上购物（63.5%）"，由此可见，基于移动互联网的电子商务类应用保持着快速的发展，而微博、电子邮件等其他交流沟通类的应用的使用率持续走低。

表 9-1　2013—2014 年中国网民各类手机互联网应用的使用率

应用	2014		2013		全年增长率
	用户规模（万）	网民使用率	用户规模（万）	网民使用率	
手机即时通信	50762	91.2%	43079	86.1%	17.8%
手机搜索	42914	77.1%	36503	73.0%	17.6%
手机网络新闻	41539	74.6%	36651	73.3%	13.3%
手机网络音乐	36642	65.8%	29104	58.2%	25.9%
手机网络视频	31280	56.2%	24669	49.3%	26.8%
手机网络游戏	24823	44.6%	21535	43.1%	15.3%
手机网络购物	23609	42.4%	14440	28.9%	63.5%
手机网络文学	22626	40.6%	20228	40.5%	11.9%
手机网上支付	21739	39.0%	12548	25.1%	73.2%
手机网上银行	19813	35.6%	11713	23.4%	69.2%
手机微博	17083	30.7%	19645	39.3%	−13.0%
手机邮件	14040	25.2%	12714	25.4%	10.4%
手机旅行预订	13422	24.1%	4557	9.1%	194.6%
手机团购	11872	21.3%	8146	16.3%	45.7%
手机论坛/BBS	7571	13.6%	5535	11.1%	36.8%

3. 应用技术

（1）移动终端的应用软件（application，App）技术

App 通常专指移动设备上的应用软件，又称"手机客户端"，因此手机 App 就是手机的应用程序。

苹果在 2008 年 3 月 6 日率先对外发布了针对 iPhone 的免费的应用开发包（SDK），方便了第三方应用开发人员能够开发针对 iPhone 及 Touch 的应用软件。这使得 App 开发者们，有了直接面对用户的机会，同时也催生出国内众多的 App 开发商。2010 年，基于 Android 平台的 App 开发商的发展迅猛。

总之，苹果公司的 App store 开创了手机软件业发展的新篇章，第三方软件的提供者的参与愿望强烈、积极性空前高涨。随着智能终端的普及、用户对手机软件商店的需求日益增长，基于 App 的开发前景光明而广阔。

（2）四大主流 App 系统与开发工具

虽说，移动终端的种类、品牌五花八门，但是归纳起来 App 的主流系统如下：

① 苹果 iOS 系统版本，其开发语言是 Objective-C。

② 微软 Windows Phone 7 系统版本，其开发语言是 C#。

③ 安卓 Android 系统版本，开发语言是 Java。

【操作示例 2】在安卓手机上安装 App "淘宝"客户端软件。

在智能手机或 PAD 上，通常安装有手机助手或管家，如腾讯手机管家、360 手机助手、苹果商店等，使用这些工具可以很容易搜索下载到需要的 App。

① 在手机上打开图 9-2 所示的 360 手机助手窗口，第一步，在顶部的搜索框输入"淘宝网

客户端"，单击后边的"搜索Q"按钮；第二步，在窗口中找到拟下载的 App，如"手机淘宝"后，单击后面的"下载　下载　"按钮，进入自动下载与安装过程。

②　当打开图 9-3 所示的"手机淘宝-安装提示"窗口时，根据自己手机的情况注意提示内容，单击"是"按钮，完安卓手机系统 App 的下载与安装。图 9-4 是已经安装好的手机淘宝窗口。

图 9-2　360 手机助手窗口　　　　　　图 9-3　安卓系统中"手机淘宝-安装"窗口

【操作示例 3】从 iPad 的 App 商店下载安装"百度地图 HD"客户端软件。

①　在 iPad 中，打开"App Store"窗口，第一步，在顶部的搜索框输入"地图"，单击前边的"搜索"按钮；第二步，在窗口中找到拟下载的 App，如"百度地图 HD"，单击前面的"下载⚪"按钮，等待完成下载与安装过程。

②　安装完成后的应用窗口如图 9-5 所示，单击"打开　打开　"按钮，测试软件的功能。

 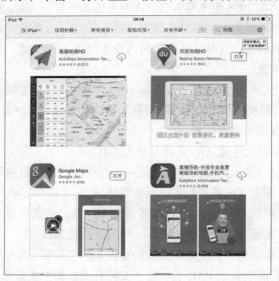

图 9-4　安卓手机中的"手机淘宝"窗口　　图 9-5　苹果 iOS"百度地图 HD-下载安装"窗口

9.3.2　移动互联网的主要应用

展望互联网市场，移动互联产业已成为新一代信息技术。随着移动互联网对人们生活的进一步渗透，未来将会有更多的突破性产品出现，对人们的各个方面都将产生更深远的影响。目前，移动互联网的应用五花八门，主要应用领域为：移动互联网的搜索与下载、手机购物、手机支付、移动 IM（即时信息）、移动音乐、手机游戏、手机视频等。这里仅对移动互联网作如下简单介绍。

1．移动浏览/下载

通常，人们将计算机中的浏览器看作是互联网的入口，通过浏览器人们可以获得各种信息与服务，为此，360 安全浏览器及安全导航获取了市场份额的首位。在移动互联网中也是如此，如表 9-1 所示，位于网民使用率前三位的手机应用分别是：即时通信（91.2%）、手机搜索（77.1%）和手机网络新闻（74.6%）。由此可见，用户在手机上的最大需求除了"即时通信"外，就是搜索与浏览信息了。因此，移动互联网的入口还是浏览器，大部分用户正是通过这个入口进入到他所关注的移动互联网。目前，使用最多的手机浏览器：UC 手机浏览器、QQ 浏览器、欧鹏浏览器、百度浏览器和 360 手机浏览器。

有研究表明未来的移动互联网可能是"浏览器取代应用下载的模式"，即未来人们将通过浏览器和网页进行各种操作，包括下载和使用一切应用程序。由于长期以来下载资源是 iPhone 用户最大的困惑，其国内用户下载资源的成功率仅为 78%，因此很多浏览器开发商正着手解决这个问题，如 UC 浏览器就推出了云下载的解决方案，其目标是使资源下载的成功率提升到 90% 以上，即接近完全成功的 100% 比例。

2．移动即时通信（Instant Messenger，IM）

即时通信是指通过互联网进行的实时信息发送、接收服务。正如表 9-1 所示，中国网民对 IM 的使用率高达 91.2%。在推出的最新手机即时通信客户端的队伍中，既有老牌的厂商，如腾讯的 QQ 和微信、中国移动的飞信；也有新涉足 IM 领域的互联网巨头与创业团队，如盛大、开心、阿里巴巴、小米科技、个信、Talkbox 等。

即时通信软件大都提供单人或多人的多种媒体的即时通信。从界面和功能上看，IM 客户端软件的基本功能大同小异，但不同软件会有不同的侧重点，并因此具有的各自特点，具体应用参见本书的各相关章节。

3．移动视频

移动视频业务是通过移动网络和移动终端为移动用户传送视频内容的新型移动业务。随着 3G 网络的部署和终端设备性能的提高，移动视频业务呈爆炸式增长，依赖和使用的用户越来越多，有数据表明在 2014 年移动视频已经占所有移动通信流量的 70%。各种移动视频的业务特性不同，对移动网络和移动终端的技术要求也各不相同，但是大多数的移动视频业务需要 3G、4G 网络的支持。移动视频的主要业务分类如下：

（1）移动视频消息

移动视频消息是通过某种媒体非实时地发送视频消息，包括人到人、人到 PC、PC 到人等三种情况。例如，目前正在推广的"视频邮件"和"多媒体消息业务"就属于移动视频的消息业务。

① 视频邮件：是在纯文本邮件的基础上，增加了视频和音频的多媒体邮件。视频邮件可以用附件形式传送，也可以直接以流媒体方式播放。视频邮件不仅使个人移动通信变得丰富多彩，

也可以加强企业电子商务的广告效应。

② 微视频：是时代的新宠。它是指短则 30 秒，长则不超过 20 分钟的视频短片。微视频的内容涉及面十分广泛，视频形态多样；通常涵盖了微电影、纪录短片、DV 短片、视频剪辑短片、广告片段等。

③ 多媒体消息业务：不仅可传递文本信息，而且还可以传递内容更为丰富的图像、音频、视频等数据信息，是 2.5G、3G 和 4G 的一种核心业务。

（2）移动视频游戏

目前，移动游戏的种类越来越多，移动游戏市场的竞争也越来越激烈。但是，嵌入在手机终端的游戏、SMS 游戏等画面单一，给用户带来的感受无法同交互式视频游戏相比。

基于 Java 和 Brew 的彩屏手机终端可以下载游戏，在某种程度上改变了移动游戏原有的单一面貌。但是，交互式网络游戏将是移动视频游戏发展的最终趋势，同单机游戏相比，网络游戏给移动运营商带来的收益更多。

（3）移动视频电话/会议

移动视频电话是一种使用了视频和话音的点对点通信业务，在两个移动终端、移动终端和固定视频电话或者 PC 等之间实现视频和音频的双向实时交流。移动视频电话业务是一种高级的 3G、4G 业务，对无线网络带宽有较高的要求。在宽带网络出现后，移动视频电话/会议才可能以可以接受的质量被大规模推广。

移动视频电话/会议是比话音、数据通信更高级的一种通信形式，实现了点对多点的通信业务，极大地满足了人们个人通信和商务交流的需求，为商务用户带来更大的便利。现在，各国的 3G、4G 移动运营商都将移动视频电话业务作为一项移动视频中的拓展业务进行大力的推广。

（4）移动电子商务

今天，随着社会的发展产生了多种消费方式，电子商务早已走进了人们的生活。移动电子商务是一种使用移动终端进行的电子商务交易，是电子商务向移动通信领域的发展。移动视频与电子商务的结合，将使用户可以随时随地利用移动终端的视频业务了解商品信息，进行网上购物。

（5）移动视频监控

利用无线网络的高带宽，通过移动网络和移动、固定视频前端，可实现远距离的移动视频监控。通常移动视频监控业务用于特定的工作场合，当然，也可以用于生活中。例如，用于儿童安全保护的移动监控系统使得家长通过携带的移动终端，如手机，即可远程了解自己孩子的状态。

4．移动搜索

（1）移动搜索的定义与搜索方式

① 移动搜索：是指以移动设备为终端，进行对普遍互联网的搜索，从而可以高速、准确地获取信息资源。

② 搜索方式：移动搜索是基于移动网络的搜索技术的总称，用户可以通过短信息（Short Message Service，SMS）、无线应用协议（Wireless Application Protocol，WAP）、互动式语音应答（Interactive Voice Response，IVR）等多种接入方式进行搜索，并获取互联网信息、移动增值服务及本地信息等各种信息服务的内容。

（2）移动搜索的应用

① 语音搜索：是指将"语音信息"为关键字的搜索技术。例如，苹果公司推出的语音服务

Siri 语音控制功能，只需说几句话即可进行搜索，这种搜索的最大优点在于舍弃了烦琐的键盘输入，使用语音搜索功能可以直接将手中的 iPhone 或 iPad 直接演变成一个智能化的机器人。

② 谷歌搜索：谷歌搜索可以基于搜索位置、搜索偏好及个人的社交网络等各种不同信息，其推出的加密搜索、Google+、搜索加上你的世界（SPYW）等，使其搜索更加个性化。如今，移动设备的个性化搜索也更加本地化，例如，通过谷歌定位约会地点时可以约定在某条街道、某个电线杆子下，同时显示出约定地的真实电线杆子图片。

③ 百度搜索：百度搜索客户端主界面包括 4 部分，即搜索区（包括：垂直搜索切换+搜索框+语音输入搜索）、内容导航区（包括：新闻、贴吧、小说、热搜榜、导航）、功能导航区等，其语音输入搜索在相对安静环境下的普通话识别率接近 100%。

【操作示例 4】搜索定位北京意大利签证中心。

① 参照【操作示例 3】下载并安装好地图导航类的应用，如 iOS 系统中的"手机百度"。

② 在 iPad 中，打开 iOS 系统中成功安装的"百度地图 HD"应用，如图 9-6 所示。

③ 在图 9-6 所示的苹果 iOS"百度地图 HD–语音搜索"窗口，第一步，单击麦克风图标，激活语音输入模块；第二，按照窗口提示操作并讲话，例如，用标准普通话说"北京意大利签证中心"后，单击搜索按钮。

图 9-6　苹果 iOS"百度地图 HD–语音搜索"窗口

④ 在图 9-7 所示的"百度地图–搜索"定位窗口，第一步，用语音或键盘输入要搜索的地点；第二步，单击"到这里去"图标，出现搜索地点的地图。

⑤ 在图 9-8 所示的窗口，第一步，选中"公交"；第二步，输入选择条件，如"较快捷"；第三步，选中自己需要的公交线路，如"特 16"；第四步，单击"发送到手机"，输入手机号码后，系统会免费将搜索到的结果发送到指定手机上。

图 9-7　苹果 iOS 的"百度地图–搜索"定位窗口

图 9-8　"百度地图–公交换乘–搜索"窗口

5．移动广告

人们的手机、PAD（平板电脑）、PSP（掌上游戏机）等智能移动设备几乎每时每刻都在发布着各种广告，因此作为当今一代大学生有必要了解有关移动广告的一些基本知识。

（1）移动广告的定义

移动广告是指通过移动设备（手机、PSP、PDA 等）访问移动应用或移动网页时显示的广告，其广告形式为：图片、文字、插播广告、HTML5、链接、视频、重力感应等。

（2）移动广告的特点

① 精准性：相对于传统广告媒体手机广告具有更高的精确性。这是因为，手机广告可以根据用户的实际情况和实时情境将广告直接送到用户的手机上，实现的是"精准传播"。

② 即时性：手机的可移动性决定了手机广告的即时性。手机属于个人随身携带物品，绝大多数用户会将手机带在身边，且 24 小时开机，所以手机媒介对用户的影响力是全时段的，广告信息到达的速度也是最及时有效的。可见，在即时性方面，移动广告超过了任何一种传统媒体。

③ 互动性：手机广告的互动性为广告商与消费者之间搭建了一个互动交流平台，让广告主能更及时地了解到客户的需求，以提高消费者的主动性。

④ 扩散性：手机广告具有良好的扩散性，即再传播性强，因为很多用户会将自认为有用的广告信息，通过微信、短信、微博等方式转发给其亲朋好友，有效地扩散或传播了广告。

⑤ 整合性：手机广告的整合性高，主要得益于 3G 技术的发展。手机广告可以通过文字、声音、图像、动画等多种形式展现出来。手机已经不仅仅是一个实时语音或者文本通信设备，更是一款功能丰富的娱乐工具。为此智能手机不仅整合了影音功能、游戏终端、移动电视等功能，还同时作为一种金融终端，如作为电子钱包、证券操作工具等。

⑥ 可测性：对于发布广告的业主来讲，手机广告相对于其他媒体广告的突出特点还在于它的可测性或可追踪性，使受众数量可准确统计。

（3）移动广告的发展

① 移动广告在国际的发展：据 2013 年 7 月美国互动广告局和 IHSiSuppli 公司最新发布的研究报告显示，2012 年全球移动广告市场营收的增长为 83%，高达 680 多亿；其中搜索引擎贡献了 53% 的收入，较前年增长 2%。上述数据意味着移动搜索市场表现出强劲的增长势头，随之而来的国际移动广告市场将会继续占有半壁以上的江山。

② 移动广告在中国的发展：自 2013 年以来，国内的移动互联网已经进入了发展的快车道，百度、腾讯、搜狗等著名机构，都加强了在移动搜索方面的投入，以构筑移动搜索的围墙；同时，还有一批电商正陆续进入移动搜索的领域，不断推出各自的移动 App。另据 CNNIC 的最新数据表明，截至 2014 年 12 月，我国网民规模已达 6.49 亿，其中的手机网民规模就高达 5.57 亿；网民中使用手机上网的人群占比，已由 2013 年的 81.0% 提升至 85.8%。另有其他机构的数据表明，中国的 5 亿手机网民中的 4.4 亿为智能手机用户，2 亿左右为能够给企业带来利润的消费者，即移动黄金消费者。

综上所述，无论是国内还是国外，智能手机用户的规模之大、影响之强都预示了移动互联网将进入到"群雄争霸"的时代；而移动营销行业（含移动广告）已经展现出其广阔的发展前景与强大的生命力。

6．应用商店

应用商店诞生的初衷，是让智能手机用户在手机上完成更多的工作和娱乐。从 2008 年的诞生，仅仅一年的时间，在 2009 年底手机应用商店的概念就迅速风靡起来，各大手机厂商纷纷开始搭建自己的应用商店，以便提升自家手机产品的卖点和吸引力。

（1）什么是应用商店

手机软件商店，又叫手机应用商店，是由苹果公司率先提出的概念。在线应用程序商店是新型的软件交易平台，应用商店是满足移动互联网用户个性化需求的一个平台。手机应用商店里中的内容涵盖了手机软件、手机游戏、手机图片、手机主题、手机铃声、手机视频等多种类型。软件的主要提供者为：操作系统厂家、终端厂家、电信运营商和独立第三方，其中的操作系统厂家为应用商店的市场主导者。

（2）应用商店的起源与发展

在 2008 年 7 月，苹果公司借助其 App Store 成功地打造了"操作系统+终端+内容"的闭环式生态系统。苹果依托 iPhone、iPad 和 iPod Touch 的庞大市场取得了极大成功，于是产业链中的其他各方纷纷效仿，出现了应用商店遍地开花的景象。

在移动互联网的快速成长期，国内产业链中的各方都不会不放弃任何可能的商机，为此均积极布局应用商店，争取在移动互联网中占有一席之位，并掌控话语权。iiMedia Research 的数据显示：72.0%的中国手机应用商店的用户，经常搜索与查看手机应用商店的应用类型，手游搜索下载的"经常使用"比例达 48%。据预测，应用程序商店将成为手机服务的重要组成部分，也是移动互联网最重要、最新的发展趋势。但是，由于国内用户付费习惯的缺失、盈利模式的局限、内容的同质化等原因，国内应用商店生存环境恶化，至今仍没有一家公司对外公布其应用商店已经开始盈利。

7．在线游戏

（1）什么是在线游戏

在线游戏是指一些大型多人在线类网络游戏（MMORPG）或一些基于互联网平台的小游戏（如 Flash 小游戏等）的集群的统称，他们都是以互联网为平台的大大小小的网络游戏的综合称谓。

（2）在线游戏的类型

① Flash 小游戏：简单轻松，无须下载客户端，打开网页即可进行，是很多办公族在忙碌的工作中一种很好的休闲方式。

② 网页游戏：其一，是 Flash 游戏的在线版本，如连连看、祖玛（ZUMA）、四国大战、锄大地、斗地主、开心农场等；其二，已演变为大型客户端网游简化版的网页游戏，如修真传奇、逆仙等，这类网页游戏首先改进了 Flash 游戏过于简单、单调的弊端，由于增加了大量的剧情和技能，从而丰富了网页游戏的可玩性；第三，简化了客户端网游的安装程序。

③ 大型客户端网游：是在线游戏的主体，也是玩家最多的游戏种类，更是深度玩家的不二之选；无论是 2D 还是 3D 网游，其共同的优势都在于拥有丰富的剧情任务、精良的游戏画面、精彩的游戏装备、良好的社交平台等，典型的有：仙剑奇侠传、封神榜 3、古剑奇谭等；在此类网游的平台中，玩家既可以形成自己的好友交际圈，也成为平时休闲的好去处。

④ 游戏对战平台：是一种放在游戏客户端平台上的在线游戏，如 QQ 游戏、快快游戏等，玩家只有登录了平台，才可以与其他玩家在该平台上展开对决。这类游戏以竞速类、棋牌类的小游

戏为主。

⑤ 手机游戏：当智能手机普及之后，很多计算机上的游戏都被移植到了手机平台。手机上的游戏分为"在线"和"单机"两种。然而，由于手机硬件、设备和网络信号的局限，当前手机中的在线游戏数量不是很多。

（3）在线游戏玩家

目前，在线游戏的访问者主要是以年轻一代具有消费能力的个人用户以及大量游戏公会的会员及会长，他们平均在多玩浏览 10 个以上的页面，符合粘性网站的标准；每个用户在多玩会停留 30 分钟以上，用于获得资讯以及和朋友交流；共有 9 万个以上公会团体的加入，成为在线游戏最核心的竞争力，其中每天发帖的公会占 75%左右，为活跃公会。

（4）国内在线游戏的发展状况

在线游戏是目前国内最大，拥有注册会员数量最多的公会系统，早期以 2 万个魔兽公会为基础，现在已聚集了 9 万个跨游戏的公会，活跃会员 200 万名；一个会长只需 3 分钟，便能拥有自己的公会系统，包括公会首页、公会论坛 BBS、DKP 系统、语音聊天，通讯录等等；玩家公会是游戏中最基本的组织单位，相对于个体玩家，公会玩家游戏的持续时间更长，消费更为稳定；在线游戏在 1 年里和数万会长建立了稳定的联系，帮助厂商多次完成各地公会聚会，协助多款游戏联络公会进入游戏测试，并取得良好反馈。更有站内信件直达会长，会长有信件直达会员。

有数据表明，在世界范围内，40%的网民都有玩在线游戏的经历，男性玩家的人数超过全部玩家总数的一半。在亚洲太平洋地区，玩家的规模是非常庞大的，但是北美和欧洲依然是目前对在线游戏收入贡献最大的地区。

（5）在线游戏玩家的付款形式

在线游戏的付款方式：信用卡支付占据首要地位，交互型的付款方式，如电子钱包的使用率也在不断攀升。

9.3.3　移动导航系统

1. 电子导航地图（Electronic map）

电子导航地图是一套用于在 GPS 设备上导航的软件，主要用于路径的规划和导航功能上的实现。电子导航地图，即数字地图。它是利用计算机技术，以数字方式存储和查阅的地图。电子导航地图储存资讯的方法：一般使用向量式图像储存，地图比例可放大、缩小或旋转而不影响显示效果；早期使用位图式储存，地图比例不能放大或缩小，现代电子导航地图软件一般利用地理信息系统来储存和传送地图数据，也有其他的信息系统。

2. 全球卫星导航系统

（1）全球定位系统（Global Positioning System，GPS）的发展

GPS 是 20 世纪 70 年代由美国陆海空三军联合研制的新一代空间卫星导航定位系统，其主要目的是为陆、海、空三大领域提供实时、全天候和全球性的导航服务，并用于情报收集、核爆监测和应急通信等一些军事目的。GPS 是美国全球战略的重要组成，经过几十年的研究实验，耗巨资布控的 24 颗 GPS 卫星，早在 1994 年 3 月其全球覆盖率就已经高达 98%。

（2）北斗卫星导航系统（BeiDou Navigation Satellite System，BDS）

中国的 BDS 是中国自行研制的全球卫星导航系统，也是继美国全球定位系统（GPS）、俄罗斯格洛纳斯卫星导航系统（GLONASS）之后第三个成熟的卫星导航系统。中国的 BDS 和美国的 GPS、俄罗斯的 GLONASS、欧盟的 GALILEO，是联合国卫星导航委员会已认定的供应商。中国的 BDS 系统由空间段、地面段和用户段三部分组成，可在全球范围内全天候、全天时为各类用户提供高精度、高可靠定位、导航、授时服务，并具短报文通信能力，已经初步具备区域导航、定位和授时能力，定位精度 10 米，测速精度 0.2 米/秒，授时精度 10 纳秒。

（3）全球定位系统的主要特点

① 全天候，不受任何天气的影响；

② 全球覆盖（高达 98%）；

③ 三维定速定时高精度；

④ 快速、省时、高效率；

⑤ 应用广泛、多功能；

⑥ 可移动定位；

⑦ 不同于双星定位系统，使用过程中接收机不需要发出任何信号。

3. 电子导航地图的组成

① 从应用形式划分：由道路、背景、注记和 POI 组成；另外，还包含很多的特色内容，如 3D 路口的实景放大图、三维建筑物等。

注：POI 是 Point of Interest 的缩写，中文可以翻译为"兴趣点"。在地理信息系统中，一个 POI 可以是一栋房子、一个商铺、一个邮筒、一个公交站等。

② 从功能实现环节划分：导航电子导航地图需要有定位显示、索引、路径计算、引导的功能及相应的多种环节。

③ 从物理部分划分，GPS 包含以下环节：

- GPS 空间部分：是由 24 颗工作卫星组成的。它位于距地表 20 200 千米的上空，均匀分布在 6 个轨道面上（每个轨道面 4 颗），轨道倾角为 55°。此外，还有 4 颗有源备份卫星在轨运行。卫星的分布使得在全球任何地方、任何时间都可观测到 4 颗以上的卫星，并能保持良好定位解算精度的几何图像。这样才能提供在时间上连续的全球导航能力。
- 地面控制部分：由 1 个主控站、3 个注入站和 5 个监测站组成。由主控站负责管理与协调整个地面控制系统的工作；地面天线会在主控站的控制下，向卫星注入寻电文；监测站负责数据的自动收集，而通讯辅助系统负责数据的传输。
- 用户装置部分：主要由 GPS 接收机和卫星天线组成，负责接收 GPS 卫星发射的信号，以获得必要的导航和定位信息，经数据处理，完成导航和定位工作。

4. 电子导航地图的功能

电子导航地图能够实现的主要功能如下：

① 可以方便地对普通地图的内容进行任意形式的要素组合、拼接，并形成新的地图。

② 可以对电子导航地图进行任意比例尺、任意范围的绘图输出。

③ 方便修改、缩短了成图时间。

④ 可以方便地与卫星影像、航空照片等其他信息源结合，生成新的图种。

⑤ 可以利用数字地图记录的信息，派生出新的数据，如地图上等高线表示地貌形态，但非专业人员很难看懂；利用电子导航地图的等高线和高程点还可以生成数字高程模型，将地表起伏以数字形式表现出来。

⑥ 可以直观立体地表现出地貌形态，这是普通地形图不可实现的功能。

5. 手机定位系统

手机定位系统是指通过特定的定位技术来获取移动手机或终端用户的位置信息（经纬度坐标），在电子地图上标出被定位对象的位置的技术或服务。

定位技术有两种，一种是基于 GPS 的定位，一种是基于移动运营网基站的定位；此外还有利用 Wi-Fi 在小范围内定位的方式。

① 基于 GPS 定位：这种方式是利用手机上的 GPS 定位模块，将自己的位置信号发送到定位后台来实现手机定位的，其定位精度较高；但由于 GPS 卫星信号穿透能力弱，因此在室内无法使用，而且耗电量高。

② 基站定位：是利用基站对手机的距离的测算距离来确定手机位置的。这种方式不需要手机具有 GPS 定位能力，但定位的精度很大程度取决于基站的分布及覆盖范围的大小，有时误差会超过一千米。

6. 手机导航软件

要实现 GPS 导航，除了硬件外，还需要软件地图的支持，因此，导航软件通常分导航电子地图和服务功能两个部分。

每一种 GPS 导航软件，都是针对不同的操作系统开发的，如 PC 版（针对 Windows）、针对手机安卓系统和针对 PDA 操作系统的版本；为此，使用前既要针对硬件，也要针对操作系统进行选择。

（1）手机导航的条件

智能手机 GPS 导航系统是运行在智能手机或便携式移动计算设备上的，为客户提供"位置指示"（我在哪里？某处在哪里？）和"导航"（怎么去某地方？）应用软件系统的功能。手机导航系统组成的四个条件：

① 具有智能手机或便携式计算设备。

② 手机中具有 GPS 信号接收器（如蓝牙 GPS 信号接收器）。

③ 导航软件：导航软件应当与手机的型号与操作系统兼容，如基于 BDS 的北斗导航软件，基于 GPS 比较著名的有百度地图、高德移动导航系统（安卓版和 iOS 版）和凯立德导航地图；其他还有灵图天行者、图吧导航和城际通等。

④ 电子地图。

（2）手机导航系统的实现步骤

① 安装导航软件和智能手机上的地图。

② 建立起与蓝牙 GPS 卫星信号接收设备到智能手机的连接。

③ 启动和运行导航软件；当导航软件发现卫星后，智能手机就会启动导航服务。

【操作示例 5】高德导航系统的建立与应用。

高德地图是一种具有免流量、免费和离线功能的地图，其基本操作如下：

① 下载和安装高德移动导航系统，该系统有支持安卓和 iOS 的两种常见版本。

② 打开手机上安装的高德地图客户端，就会显示并询问：为了提高位置的精确性是否打开 GPS？

③ 单击设置，在手机定位服务中，打开手机使用的 GPS。

④ 打开 GPS 后，将返回导航软件页面；软件会显示在线导航的使用条款，单击"同意"；最下方将出现：路线、导航、附近和发现四个选项，单击其中的"导航"。

⑤ 在弹出的目的地页面中的"目的地"一栏输入自己拟搜索的目的地，在地址列表中找到并确认合适的地址。

⑥ 导航软件将自动进入导航模式，同时自动开启语音导航和提示功能，当遇到有限速、摄像、隧道、加油站等时，导航系统将会自动进行语音播报。

⑦ 使用导航页面中的"+"和"－"可以实时放大缩小地图，并显示离目的地的距离和剩余的时间，当到达设定的"目的地"之后，导航会自动结束。

注意事项

● 手机导航的方法很多，本节仅以高德地图为例。

● 设置页面中的常用功能，如语音播报、车头方向、地图模式等。

● 手机做导航的时候会产生移动数据流量。

习　题

1. 什么是移动互联网？

2. 移动互联网涉及的主要技术有哪些？

3. 什么是移动支付？移动支付的特征有哪些？

4. 移动支付系统有哪些环节？彼此的关系如何？

5. 什么是 WAP？WAP 的特点有哪些？

6. WAP 的应用分为哪三种类型？

7. 在互联网上调查一下，目前移动互联网应用中使用率最高的前三位是什么？

8. 基于移动互联网的应用当前增长率最快的前三种是什么？

9. 什么是 APP？当前的四大主流 APP 系统与开发工具是什么，各有什么特点？

10. 移动互联网的常用应用的类别有哪些？

11. 什么是移动搜索？主要的移动搜索方式有哪些？

12. 移动搜索中的语音搜索是什么？

13. 支持语音搜索的搜索有哪些，使用语音搜索的条件是什么？

14. 什么是移动广告？移动广告有哪些特点？

15. 什么是应用商店？最早的创意来源于谁？

16. 什么是在线游戏？在线游戏有哪些基本类型？

17. 什么是电子导航地图？GPS 与 BDS 有何异同？

18. 全球定位系统由哪些部分组成？每个部分完成什么功能？

19. GPS 的主要特点有哪些？基于 GPS 的著名导航软件有哪些？

20. 什么是手机定位系统？手机定位技术有哪两种？

21. 使用手机导航的条件有哪些？实现步骤又有哪些？

本章实训环境和条件

① 移动终端：智能手机、iPad、PSD、平板电脑等。

② 接入设备：无线路由器+交换机，或其他 Wi-Fi 接入点及相应流量。

③ 接入 Internet 的线路及 ISP 的接入账户和密码。

④ 已安装操作系统的移动终端设备。

实 训 项 目

实训 1：移动支付基本操作实训

（1）实训目标

掌握 Internet 中实现移动支付的基本技术。

（2）实训内容

完成【操作示例 1】的操作步骤。

实训 2：App 下载、安装与基本使用操作实训

（1）实训目标

掌握 Internet 中，在使用不同操作系统安装和使用 App 的应用技巧。

（2）实训内容

① 完成【操作示例 2】、【操作示例 3】中的任务。

② 登录安卓系统的移动设备，选择和安装 2 个 App，其中一个是"百度搜索"。

③ 登录 iOS 系统的移动设备，选择和安装 2 个 App，其中一个是"百度搜索"。

实训 3：移动搜索的基本操作实训

（1）实训目标

掌握 Internet 中，掌握使用百度进行文字和语音搜索的基本技术。

（2）实训内容

使用文字和语音两种方式完成【操作示例 4】中的任务。

实训 4：导航系统的技巧实训

（1）实训目标

掌握使用"高德导航系统"实现的步行、驾车的语音或文字路线导航的技巧。

（2）实训内容

① 参照【操作示例 5】，完成从学校到火车站的驾车导航，并截取导航路线图。

② 参照【操作示例 5】，完成从学校到火车站的步行导航，并截取导航路线图。

第 *10* 章 | 系统维护与安全技术

学习目标：

- 了解：计算机和网络安全的基本知识。
- 了解：安全系统的关键技术与保护策略。
- 掌握：反病毒的基本知识。
- 掌握：Internet 客户端的常用安全技术。
- 了解：计算机系统维护与安全防护的基本技术。
- 掌握：利用安全软件保护上网设备和提高系统性能的基本技术。
- 掌握：系统的备份与快速恢复方法。

10.1　计算机安全概述

随着 Internet 的发展，网络在为社会和人们的生活带来极大方便和巨大利益的同时，网络犯罪数量也与日俱增，使许多企业和个人遭受了巨大的经济损失。利用网络进行犯罪的现象，在商业、金融、经济业务等领域尤为突出。例如，在网络银行和电子现金交易等场合，出现了多起由于网络犯罪而引发的用户严重受损的事件。因此，计算机上网之前，应当考虑到必要的安全防护措施。

如何才能保证上网的计算机免受病毒与黑客的攻击呢？如何维护自己的计算机系统？浏览器损坏了，该怎么办？如何开启上网时的实时保护措施？什么是系统漏洞，应当如何修补漏洞？下面仅就计算机和上网的安全措施作简单介绍。

10.1.1　计算机安全基础知识

1．ISO 对计算机安全的定义

国际标准化组织（ISO）对计算机安全的定义是：计算机安全性是指为了保护计算机数据处理系统，而采用的各种技术和用于安全管理的措施。其目的是保护计算机硬件、软件和数据不会因为偶然或故意破坏等原因遭到破坏、更改和泄露。

2．计算机安全的内容

计算机安全应当包括如下主要内容：

（1）计算机硬件的安全性

计算机硬件安全性的主要目标是确保计算机硬件环境的安全性。例如，确保计算机硬件设备、安装和配置，以及计算机房和电源等的安全性。

（2）计算机软件的安全性

计算机软件安全性的主要目标是确保计算机系统软件、应用软件和开发工具的安全，使它们不被非法修改、复制和感染病毒等。

（3）数据的安全性

数据的安全性的主要目标是确保数据不被非法访问，并保正数据具有完整性、保密性和可用性。

（4）计算机运行的安全性

计算机运行安全性的主要目标是指在计算机遇到突发事件时，能够自动采取一定的措施来自动保护系统的资源。例如，计算机遇到停电时的安全处理等。

3. 破坏计算机安全的途径

破坏计算机安全的途径有以下几种：

① 窃取计算机用户的身份及密码。例如，窃取计算机用户名称和口令，并非法登录计算机，进而通过网络非法访问数据，如非法复制、篡改软件和数据等。

② 传播计算机病毒。例如，通过磁盘、网络等传输计算机病毒。

③ 计算机数据的非法截取和破坏。例如，通过截取计算机工作时产生的电磁波的辐射线，或通过通信线路破译计算机数据。

④ 偷窃存储有重要数据的存储介质，如 U 盘、硬盘和光盘等。

⑤ "黑客"非法入侵，即"黑客"通过非法途径入侵计算机系统。

4. 保护计算机安全的措施

保护计算机安全的措施有以几种。

① 物理措施：包括计算机房的安全，严格的安全制度，采取防止窃听、防辐射等多种措施。

② 数据加密：对磁盘上的数据或通过网络传输的数据进行加密。

③ 防止计算机病毒：计算机病毒会对计算机系统和资源造成极大的危害，因此，防止计算机病毒是非常重要的防范措施，其主要措施是加强计算机的使用管理，选择较好的防病毒软件。

④ 采取安全访问措施：在各种计算机和网络操作系统中广泛采取了各种安全访问的控制措施。例如：使用的身份认证和口令设置，以及数据或文件的访问权限的控制等。

⑤ 采取其他的安全访问措施：为确保数据完整性而采用的各种数据保护措施、制定安全制度和加强管理人员的安全意识等。例如：计算机的容错技术、数据备份和审计制度等。此外，还要加强安全教育，培养安全意识。

10.1.2　计算机网络安全基础

1. 计算机网络安全

计算机网络安全是指通过采用各种安全技术和管理上的安全措施，确保网络数据的可用性、完整性和保密性，其目的是确保经过网络传输和交换的数据不会发生增加、修改、丢失和泄露等。

2. 计算机网络中受到威胁的网络资源

计算机网络中可能受到威胁和需要保护的网络资源有以下几种。

① 硬件设备：如服务器、交换机、路由器、集线器和存储设备等。

② 软件系统：如操作系统、数据库系统、应用软件和开发工具等。

③ 数据或信息。

3．网络安全威胁和有意危害者的类型

若想保证网络的安全，必须能够防范来自危害者的安全威胁。因此，网络管理员应当清楚网络安全威胁的类型和危害网络安全的人。

（1）网络安全威胁的类型

在网络安全性中，人们将对网络安全造成的威胁分为两种类型。

① 有意造成的危害。

② 无意造成的危害。

（2）有意危害网络安全的三种人

① 故意破坏者（hacker）：即网络"黑客"，他们企图通过各种手段去破坏网络资源和信息，例如，篡改别人主页、修改系统配置与造成系统瘫痪等。

② 不遵守规则者（vandals）：他们企图访问不允许他们访问的系统。其目的有时只是到网络中看看，有时只是想盗用别人的计算机资源，如 CPU 使用时间。

③ 刺探秘密者（crackers）：他们的目的非常明确，即通过非法的手段入侵他人的系统，进而窃取商业秘密和个人资料。

4．攻击计算机网络安全的主要途径

① 通过计算机辐射、接线头、传输线路截取信息。

② 绕过防火墙及用户口令进入网络，进行非法及越权的操作。例如，非法获取信息或修改数据，造成网络工作的混乱，甚至是严重的泄密事件。

③ 通过截获、窃听等手段破译数据。例如："黑客"通过电话线或网络，非法尝试进入计算机网络。由于"黑客"具有较高的计算机知识和使用技巧，因此，他们在破译网络的口令之后，就可以用合法用户的身份进入并使用该系统，进而取得更高的权限，对网络进行全面的破坏，如删除、修改网络中的数据资料等，致使网络部分或全部瘫痪。

④ 向计算机网络注入病毒，造成网络瘫痪。

10.1.3 反病毒的基本知识

要做到反病毒，必须了解病毒、木马等基本特点，才能做到有针对性的防与治的结合，以构建有效的完整防御体系，真正做到拒毒于门外。反病毒与木马的技术主要包括：预防技术、检测技术和清楚技术等 3 个方面。

1．计算机病毒与网络病毒

① 病毒：是指人为编制的、可以破坏计算机或其他智能设备功能或数据的，能够影响设备中程序或系统正常运行的一组计算机程序或指令代码。病毒可以通过多种途径自动地复制、再生、变种、运行和传播；随着智能移动设备的普及，病毒和木马既可以存在于计算机中，也可以存在于其他智能设备中，因此，要十分注意智能设备中的防毒与杀毒。

② 网络病毒：特指通过网络进行传播的病毒，其传染与发作过程与单个计算机的病毒基本

相同。网络病毒的感染通常从客户工作站上开始，但是它的攻击目标是网络服务器。受到感染的网络服务器在病毒传播中的作用是：第一，感染服务器本身，造成网络瘫痪；第二，使得网络服务器成为病毒传播的代理，用来感染更多的计算机工作站。

2．病毒的类型

计算机和智能设备中的病毒类型主要有木马和病毒两种类型，下面简介其区别。

（1）木马（Trojan）

木马又称"木马病毒"，是指隐藏在正常程序中的一段具有特殊功能的恶意代码，它是一种具备破坏和删除文件、发送密码、记录键盘和攻击系统等特殊功能的后门程序。木马通常有两个可执行程序：一个是控制端，另一个是被控制端。木马这个名字来源于古希腊的传说。

（2）计算机病毒（Computer Virus）

计算机病毒（Computer Virus）是编制者在计算机程序中插入的破坏计算机功能或者数据的代码。它是一种能影响计算机的使用，能自我复制的一组计算机指令或者程序代码。

计算机病毒是一个程序，一段可执行码。使它就像生物病毒一样，具有自我繁殖、互相传染以及激活再生等生物病毒特征。计算机病毒有独特的复制能力，使它们能够快速蔓延，又常常难以根除。它们能把自身附着在各种类型的文件上，当文件被复制或从一个用户传送到另一个用户时，它们就随同文件一起蔓延开来。

（3）病毒与木马的区别

现在很多病毒同时具有木马和病毒的特征，因此，有时均称之为"病毒"。两者的本质是一样的，都是人为编制的程序，本质上都属于计算机病毒程序；但两者的目的有所不同。两者的主要区别如下：

计算机病毒的目的：主要是为了破坏计算机中的资料数据；其次，有一些病毒制造者是为了达到威慑或敲诈勒索的目的；还有一些计算机高手是为了炫耀自己的技术。

"木马"的主要目的：是监视他人的行为或盗窃他人的隐私数据，如盗窃管理员密码进而破坏网络；又如，偷窃他人的上网、游戏、股票、网上银行等账户的信息与密码等，以达到偷窥他人隐私或谋取不正当经济利益的目的。

在互联网高度发达的今天，木马和病毒的区别正在逐渐减弱或消失，木马为了进入并控制更多的设备，它通常融合了病毒的编写方式。因此，当代木马不仅能够自我复制，还能够通过病毒的手段，来防止专用软件的查杀；而当代病毒有意破坏计算机系统的变种病毒越来越少，基本都采用了后台隐蔽，长期埋伏的木马方式获取用户的信息，感染了病毒的设备常常会定期发作。因此，所以现在的木马和病毒通常合二而一，统称为"病毒"；有时也常将"木马"专称为"木马病毒"。

3．病毒的特征

① 传染性：这是判断一个程序是否是病毒的最重要的一个条件。

② 未授权性：正常的程序一般具有对用户的目的明确、可执行性和透明等特性。病毒程序具有正常程序的一切特征，它常以正常程序为宿主，并通过潜伏在正常的用户程序中而隐蔽其真正的目的。其动作的后果未知的，也未经用户的许可。

③ 隐蔽性：病毒通常附加在正常的程序和存储介质中，其编制的目的是不让用户发现。因此，病毒常常在用户没有防范的情况下发作。

④ 潜伏性：大部分病毒在感染了其他程序或系统之后，并不立即发作，而是长期隐藏在宿主程序中，只有当病毒程序设置的特定条件满足时才发作。通常当宿主程序运行时，病毒程序也被同时启动。一旦病毒程序取得了系统的控制权，便可以在短时间内传染大量的其他程序。病毒不发作时，宿主程序还可以正常运行，当符合病毒程序所设置的条件时，病毒就会发作，达到其破坏程序和数据的根本目的。例如：CIH 病毒就是一种 Windows 的恶性病毒，它在符合发作的时间条件时就会发作。

⑤ 破坏性：这是病毒程序编制者的一个目的。病毒入侵系统后均会给被侵系统带来不同程度的影响，轻则降低系统的性能和工作效率，重则导致系统的彻底崩溃。例如：对于上述的 CIH 病毒，它是一个能够直接攻击、破坏硬件的计算机病毒，是一种破坏后果十分严重的病毒。它主要是感染 Windows 的可执行程序，发作时破坏计算机 Flash BIOS 芯片中的系统程序，导致主板损坏，同时破坏硬盘中的数据。

10.2　Internet 客户端的安全技术

Internet 中，常用的客户端主要有计算机和移动设备；因此，其可用的安全技术是每个人都必须关心和重视的问题，也是一个十分棘手的问题。在实际应用中，个人用户采用最多的安全技术有：其一，升级和安装系统补丁；其二，安装防病毒软件。

10.2.1　基本安全技术

对于初始上网的用户，杀毒和防毒是上网之前必须考虑的问题。目前，杀毒软件五花八门，各种评测、排名不断推新。全球著名评测机构国际权威评测机构 AV-TEST 于 2015 年 3 月 25 日公布的最新一期杀毒软件的排行榜中，360 杀毒软件首次荣登榜首，卡巴斯基杀毒软件位列第二，BitDefender 杀毒软件位列第三。当然，除了上述几款软件外，中国还有很多适合国情的杀毒软件，如百度、腾讯、金山、瑞星等。

总之，用户上网前，建议至少要选择一款适合自己的杀毒软件，否则计算机将很快遭到攻击或感染病毒。本书仅以 360 安全卫士和杀毒软件为例，简单介绍安全上网的基本措施。

1. 防病毒感染

防止病毒的感染是有效保护自己计算机的最重要的安全策略之一。很多病毒都是利用系统的漏洞来感染计算机的；黑客通常是利用为计算机添加的后门，入侵目标计算机中盗取重要信息的。因此，针对性的安全措施主要有以下两点：

（1）安装病毒和木马的防火墙

无论何时需要联机上网，都要安装好杀毒和安全防护用的软件；目前，常用的是"360 安全卫士和杀毒"软件的组合。

安装杀毒与安全防护软件后，当遇到病毒或木马攻击时，这些软件就会自动发出报警信号；使得用户可以及时地采取措施，从而可以有效地躲避病毒的感染，以及黑客的攻击。这是因为病毒防火墙可以阻止未经许可的程序运行，防止基于 IP 的攻击，通过监视端口来防止一些非法连接消耗系统的有限资源。

总之，应当经常更新安全防护软件的病毒、木马、恶评软件、恶意插件的信息库；这是最有效的防毒病和木马的方法，也是最经常和最耗时的工作之一。

（2）及时下载和安装系统漏洞补丁程序

Windows 操作系统在给大家带来种种方便时，也会由于其自身存在着的某些缺陷（即系统漏洞）而导致病毒的传播，以及黑客的攻击与破坏。因此，为了避免计算机内的重要信息资料遭到致命性的破坏，应该养成定期查看安全公告，及时升级和安装操作系统补丁的良好安全习惯。

2．防止来自网络上的攻击

（1）在浏览器中隐藏主机 IP

通过专用软件或者是设置，可以在使用浏览器访问互联网时，隐藏主机的 IP 地址，从而减小黑客对自己主机的 IP 攻击。

（2）仅使用 TCP/IP 网络协议

在使用 TCP/IP 技术的 Internet 和 Intranet 网络中，为了加快登录网络的速度，并提高网络安全性，应当关闭除 TCP/IP 之外的其他协议。

（3）在即时工具中隐藏 IP 地址

目前进行网络聊天和即时通信工具很多，这些即时通信软件是很容易被黑客进行恶意攻击的。因此，应当注意在这些软件中，通过设置或其他方法来隐藏自己主机的 IP 地址，从而达到避免和减弱攻击的可能性。例如，在最流行的网络聊天即时通信工具 QQ 中，就可以通过设置 Socks 代理服务器的方法来隐藏本主机的 IP 地址。

3．计算机重要信息的备份

在操作系统的注册表和系统文件夹中，记录了 Windows 操作系统的软件、硬件等重要信息。因此，应当养成对注册表、系统分区等重要信息进行备份的习惯。这样，一旦系统出现问题，注册表或系统分区等被修改或破坏，可以通过恢复备份的方法迅速恢复系统。有很多软件可以进行注册表和系统分区的备份。如 Windows 或其他上网设备本身的备份工具、360 杀毒中的"备份助手"、Windows 系统优化大师、GHOST 等工具均可用来备份和恢复指定区域的数据。

4．提高系统账户的安全性

提高登录系统的账户安全性，主要指系统中重要账号的安全设置。包括：设置用户登录密码、重命名 Administrator（系统管理员）账号、禁用或删除不必要的账号、关闭账号的空连接等。

1）Administrator 账号更名策略

Windows 管理员的默认账号 Administrator 是不能被停用的，因此，黑客可以通过穷举法尝试破解该账户的密码。为此，为该账户进行更名，可以使得未经授权人员在猜测此特权用户名和密码组合的难度增大。

2）密码设置策略

在 Internet 中进行各种网上操作时，经常会遇到设置密码的操作。为此，有必要了解一下 Windows 中密码的安全策略。这里的安全策略主要用于系统的用户账户的密码设置。

（1）密码符合复杂性

Windows 7 的"密码符合复杂性"是指当用户更改或创建密码时，最好按照有强制性、复杂密码的设置要求进行设置，这样会提升自己主机、设备或账户的安全性。

① 密码符合复杂性要求时对密码的要求是使用增强的复杂密码，而不允许使用简单密码或空白密码。如启用该策略，则密码必须符合以下最低要求：

- 不包含用户名、真实姓名或公司名称。
- 长度至少为 7 个字符。
- 不包含完整的字典词汇。
- 与先前设置的密码大不相同。

② 作为符合复杂性要求的密码应当包含以下 4 个类别中的 3 种字符：

- 英文大写字母 26 个：从 A 到 Z。
- 英文小写字母 26 个：从 a 到 z。
- 基本数字 10 个：从 0 到 9。
- 键盘上的非字母和数字的其他字符：例如：`、~、!、@、#、%、^、&、$、*、(、) 、_、=、+、−、→、\、{ 、} 、[、] 、:、;、"、<、>、?、,、.。

（2）密码长度最小值

"密码长度最小值"选项，用来定义密码的长度，密码长度最小值可以在 0～14 之间取值，当设置为 0 值时，表示不用设置密码。推荐的策略是 7 位以上。因为，长密码比短密码具有更强的安全性。设置该策略后，用户将无法使用空密码，他们必须创建指定字符长度的密码。在中等安全性的网络中，要求口令长度为 6～8 个字符。在高等安全性网络中，要求口令长度为 8～14 个字符。

【操作示例 1】在 Windows 7 中提升系统管理员账户的安全性

① 打开 Windows 7 主机操作系统的桌面。

② 依次选择"开始→控制面板→用户账户和家庭安全"选项。

③ 在图 10-1 所示的 Windows 7"用户账户和家庭安全"窗口，单击"用户账户"。

④ 在图 10-2 所示的 Windows 7 的"用户账户"窗口，可以进行更改账户名称、更改密码、更改账户类型等操作。例如，本示例中，将容易受到攻击的 Administrator（管理员）账户的名称更改为自己的名字"sxh"，将登录密码改为安全级别较高的复杂密码"aaa111+++"。

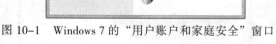
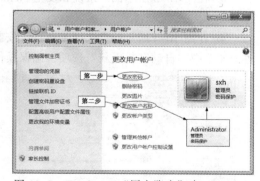

图 10-1　Windows 7 的"用户账户和家庭安全"窗口　　图 10-2　Windows 7"用户账户"窗口

注意，系统正常安装完成后，第一，更改默认的计算机管理员账户"Administrator"的名称；第二，为自己主机的管理员账号设置复杂的强登录密码，这样可以避免很多因弱账户名称或弱密码（口令）引起的系统入侵事件，也可以有效地阻止那些利用弱账户或弱密码进行传播的病毒的扩散。

10.2.2　安装与升级系统补丁

根据以往经验，很多主机系统的入侵事件都起因于用户的主机未能及时安装系统补丁或进行系统升级。为此，建议大家应及时更新系统，保证系统及时更新和安装最新的补丁。

1．系统补丁

系统补丁的作用是修正操作系统的漏洞。通常，系统的开发公司发现操作系统有安全隐患之后，就会及时发布补丁，即修正有漏洞的文件。成功下载与安装补丁后，就会自动替换掉有漏洞的文件，修正系统的某些运行问题，从而避免心怀不轨的人借此漏洞制造病毒或黑客软件，以期传播某种病毒，并达到损害计算机系统或窃取资料等目的。

目前，安装一个新的 Windows 7 操作系统之后，需要安装和更新的补丁高达 150 个以上；安装后会占据很大的硬盘空间，为此，很多人选择不安装系统补丁，而只安装一个好的安全与杀毒软件；如果计算机硬件资源有限，又没有重要机密文件，则可不打补丁，但会留下黑客盗走主机文件、泄密等隐患。因此，建议大家及时下载和更新系统补丁，防患于未然。

2．系统补丁的设置与更新

操作系统中比较大的而且重要的升级补丁 Service Pack 直译是"服务包"，一般说法是补丁，简称 SP；用途是修补系统、大型软件中的安全漏洞，SP 即补丁的集合。在操作系统中，SP 就是一系列系统漏洞的补丁程序包，最新版本的 SP 包括了以前发布的所有的 Hotfix。

Hotfix 是针对某个具体系统漏洞或安全问题而发布的专门解决该漏洞或安全问题的小程序，通常称为修补程序，它用于修补某个特定的安全问题，通常比 SP 发布得更为频繁。

【操作示例 2】Windows 7 中启用自动更新。

若要操作系统自动发现和安装系统的补丁，则应当首先启用系统的自动更新。下面以 Windows 7 操作系统为例进行操作：

① 连接 Internet，确保主机处于联网状态，以便计算机能自动下载和推荐系统补丁。

② 依次选择"开始→控制面板→系统和安全"选项。

③ 在图 10-3 所示的"系统和安全-Windows 更新"窗口，单击"启用或禁用自动更新"功能选项。

④ 在图 10-4 所示的"选择 Windows 安装更新的方法"窗口中，选择 Windows 安装更新的方法，如选中"自动安装更新"选项，确保操作系统平台能够及时更新，获得必要的安全保护。

图 10-3　"系统和安全-Windows 更新"窗口

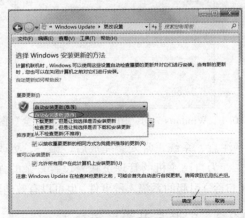

图 10-4　"选择 Windows 安装更新的方法"窗口

10.2.3　病毒防护与综合维护技术

使用专用的杀毒软件可以有效防止病毒的入侵。在专用安全防护软件中，通过简单的设置，即可自动清理无用插件、使用痕迹、恶评软件、系统垃圾等，从而实现提高上网速度的目的。因此，对于时间和经验都比较少的用户，建议选择和使用一些现成的软件。这样可以带来事半功倍的效果。

1．防病毒软件

（1）网络防病毒软件

网络防病毒软件的基本功能是对计算机进行查毒、检查、隔离和报警；发现病毒时，提示清除。

（2）网络防病毒软件的选择

如前所述，防病毒软件是网络服务器和工作站上常用的一种安全保护措施，选择时需要考虑的因素有：扫描速度、正确识别病毒率、误报率、技术支持水平、升级的难易程度、可管理性和报警的手段等。

（3）网络防病毒软件允许用户设置的三种扫描方式

网络防病毒软件允许用户设置的三种扫描方式如下。

① 实时扫描：即设置为"实时监视"，以便构筑一道动态、实时的反病毒防线。设置后，即可时刻监视系统当中的病毒活动；时时监视系统的状况；时时监视 U 盘、硬盘、光盘、因特网、电子邮件中的病毒传染，将病毒阻止在操作系统外部。此方式要求连续不断地扫描和监视系统中的文件，如设置后悔检查读出或写入的每个文件是否带毒。

② 预置扫描：该方式可以在预先选择的日期和时间扫描主机，预置扫描的频度可以是每天一次、每周一次或者是每月一次。应注意，预置的扫描时间应当是系统工作不繁忙的时间。

③ 人工扫描：该方式可以在任何时候要求扫描指定的卷、目录和文件。例如，在使用外部复制的文件，或者是启动怀疑有毒的程序时，常常采用人工扫描的方法。

2．常用的防病毒措施

（1）数据保护与恢复的措施

虽然采取了多种网络安全和防病毒措施，但是仍然不可以高枕无忧，因为没有任何一种防病毒的措施是万能的、可以清除一切病毒的，因此，必要的备份制度是防病毒技术的有效的辅助工具。例如，使用 Windows 内部自带的系统备份与还原功能，当然也可以使用和安装系统工具"一键 GHOST"。这样，当计算机系统安装好及系统更新补丁后，即可及时进行系统盘（如 C 盘）的备份，这样一旦系统和数据遭到毁灭性的破坏，杀灭病毒后的第一件事就是使用备份迅速恢复最近一期的系统备份映像数据，以使得损失降到最低。

（2）防病毒和木马软件的功能

杀毒软件，又称反病毒软件或防毒软件，是用于消除计算机病毒、特洛伊木马和恶意软件的一类软件。杀毒软件通常集成监控识别、病毒扫描和清除和自动升级等功能，有的杀毒软件还带有数据恢复等功能，是计算机防御系统（包含杀毒软件、防火墙、特洛伊木马和其他恶意软件的查杀程序、入侵预防系统等）的重要组成部分。

3．360 软件的获取安装

360 安全卫士是国内最受欢迎免费安全软件，它具有查杀木马、清理恶评及系统插件、管理应用软件、进行在线杀毒与系统实时保护、修复系统漏洞等多个强劲功能；同时还提供系统全面诊断、弹出插件免疫、清理使用痕迹以及系统还原等特定辅助功能；并且能够提供对系统的全面诊断报告，方便用户及时定位问题所在，可以为每位上网浏览的用户提供全方位的系统安全保护。

当驰骋于互联网时，相信每一位用户都受到了病毒、木马或黑客等的影响，因此，上网安全性的问题是每位用户必须解决的首要问题。通过"360 安全卫士"，用户可以进行常规的安全防护和系统修复的工作。其操作界面十分友好，无须太多的专业知识，用户就可以解决好计算机上网的安全问题。360 安全卫士的功能很多，中文版的界面很友好，很多操作可以自动进行，十分适于普通网络用户使用。

下面仅以几例来说明它在上网安全防护、提高开机和上网速度方面的功能。大家可以举一反三，选择和使用更多的功能，使自己的计算机在上网时能够得到有效的安全保护，并及时清除安全隐患。

【操作示例 3】下载和安装"360 安全卫士"软件。

① 打开 IE 浏览器，第一步，在地址栏输入网址 http://www.360.cn 后，按【Enter】键；第二步，在图 10-5 所示的"360 安全中心"窗口中，选中"360 安全卫士"选项，单击其【下载】按钮；第三步，选中"360 杀毒"选项，单击其【下载】按钮；之后，跟随下载向导完成所选软件的下载过程。注意，使用的下载工具不同，自动激活的下载工具将有所不同。

② 分别双击已下载的 360 安全卫士（inst.exe）和 360 杀毒（360sd_std_5.0.0.5104J）文件，启动安装过程，跟随安装向导，接受"许可协议"，即可完成安装任务。

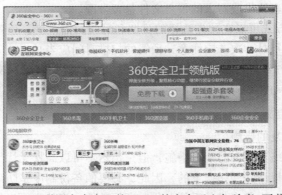

图 10-5　360 互联网安全中心的"360 的安全卫士与杀毒–下载"窗口

4．计算机的安全体检

上网的很多人并非计算机专家，即使自己的计算机已经不健康，也不会察觉。因此，就像人们需要经常体检以便发现身体的隐患一样，计算机也需要经常体检。这样我们就能够快速、全面地检查计算机存在的风险。检查项目主要包括：盗号木马、高危系统漏洞、垃圾文件、系统配置被破坏及篡改等。发现风险后，通过体检软件通常都能提供修复和优化操作，这样可以及时消除风险和优化计算机的性能。为此，强烈建议每台计算机每周至少体检一次，这样可以极大地大大降低被木马入侵的风险。

【操作示例 4】通过"360 安全卫士"进行计算机的全面体检。

大多数普通用户并不知道如何保护自己的计算机，"360 安全卫士"可以使用户以最简单的方式完成系统的安装体检，一键就可解决系统的漏洞、木马病毒、恶评插件，以及潜在的安全隐患等各种安全隐患问题。

① 双击桌面或任务栏的"360 安全卫士"图标 。

② 在打开图 10-6 所示的对话框时，首先应当进行一键式的"立即体检"。查出问题后，可以修复列出的安全隐患，如图 10-6 中显示了"发现 Guest 未禁用"隐患，通过单击选项后的"禁用账户"按钮，可以修复这个问题；重复这个步骤直到所有安全隐患均被修复。最后，单击"重新检测"按钮进行再次体检，确认修复结果。

5. 查杀木马

特洛伊木马，英文为"Trojan horse"，其名称取自希腊神话的特洛伊木马记。木马是一种基于远程控制的黑客工具，具有隐蔽性和非授权性的特点。遭受木马侵袭后，黑客的木马程序可以窃取远程修改文件，修改注册表，控制鼠标，键盘等的权力。因此，清理木马与杀毒一样是一项经常性的工作。经常查杀并清理木马的好处主要有以下几点：

① 可以防止访问恶意网站，进而下载其中的木马程序。

② 防止木马程序盗取用户账号和密码。

③ 防止木马程序监控用户的行为，进而获取用户的隐私资料。

【操作示例 5】通过 360 安全卫士查杀木马。

① 双击桌面或任务栏的"360 安全卫士"图标 。

② 在图 10-6 所示的窗口中，第一步，单击"查杀修复"按钮；第二步，选择木马查杀的扫描方式，如单击"快速扫描"，即可开始扫描关键区域的木马；如果查到木马，则单击"查杀"按钮杀死木马。建议至少每周都要做一次全盘扫描。

③ 在图 10-6 窗口中，单击"立即体检"按钮，安全卫士系统将自动对计算机进行故障检测和清理垃圾，检查结果如图 10-7 所示，单击"一键修复"按钮完成体检。

图 10-6　360 安全卫士"首页-立即体检"窗口　　图 10-7　360 安全卫士"体检与清理垃圾"窗口

6. 检测和修复系统漏洞

如前所述，很多病毒和黑客正是利用 Windows 操作系统的漏洞来感染和攻击计算机的，而系统补丁就是针对系统漏洞而进行的补救，为此，需要及时升级和安装操作系统的补丁。

如果用户没有启用 Windows "自动更新"服务，默认安装和打开 360 安全卫士后，系统也会自动检测当前的计算机系统是否需要安装系统补丁，如果有需要安装的补丁，会弹出提示窗口；总之，有了"360 安全卫士"的帮助，对普通用户来说，解决很多安全问题都是自动完成的。

【操作示例 6】通过"360 安全卫士"检测和修复系统漏洞。

① 右击任务栏的"360 安全卫士"图标 ，打开图 10-8 所示菜单。

② 在 360 安全卫士弹出菜单，选择"设置"命令。

③ 在图 10-9 所示的 360 设置中心"漏洞修复"窗口，根据需要进行设置，第一步，在"选择目录"选项中确认漏洞补丁文件存放的位置；第二步，选中"启用蓝屏修复功能"选项；第三步，确定"关闭 Windows Update"选项没有选中；最后，单击"确定"按钮。

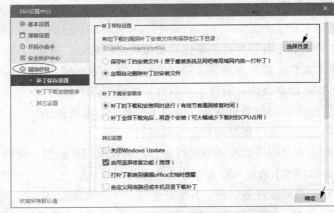

图 10-8　安全卫士弹出菜单　　　　　图 10-9　360 设置中心"漏洞修复"窗口

提示：Windows Update 是当前大多数 Windows 操作系统都带有的一种自动更新工具，这是基于网络的 Microsoft Windows 操作系统的软件更新服务；通常是用来为漏洞、驱动、软件提供升级。因此，Windows Update 的一项重要功能就是修补系统漏洞。

7. 电脑清理

新计算机或者是重装计算机操作系统后，会感到系统运行速度快；但过了一段时间，计算机运行或启动的速度就会大幅下降；因此，我们要养成定期清理电脑系统垃圾的习惯，以使计算机系统运行更加流畅、快速。

【操作示例 7】通过"360 安全卫士"进行计算机清理

① 在图 10-8 所示的菜单中，选中"电脑清理"选项。

② 在图 10-10 所示的"电脑清理"窗口，"360 安全卫士"会列出计算机中可以清理的选项，如可选的清理项目有垃圾、痕迹、注册表、插件、软件等，第一步，选中需要清理的选项；第二步，单击"一键扫描"按钮，系统将自动扫描需要清理的选项。

③ 在图 10-11 所示的"清理电脑-结果"窗口，单击"一键清理"按钮，完成清理电脑的任务。

清理痕迹是很重要的一个选项，当访问网站或进行网上商务活动时，很多网站都会要求填写用户名、密码，以及其他一些私密信息。对于 IE 等浏览器来说，用户输入的表单信息，访问过的网站历史等都会被自动记录。为了保护自己的账户、密码等私密信息的安全性，就应养成及时清理痕迹的习惯。

　图 10-10　360 安全卫士"清理电脑"窗口

图 10-11　360 安全卫士"清理电脑–结果"窗口

8. 开启上网的"实时保护"选项

安全卫士的实时保护功能，可以有效地阻止一些网站、黑客的恶意攻击，极大的提高计算机上网时的安全性。

【操作示例 8】通过"360 安全卫士"进行各种实时保护。

① 在图 10-12 的左侧目录中，展开"弹窗设置"选项，选中要进行实时保护的项目后，单击"确定"按钮，完成设置。

② 在图 10-13 的左侧目录中，展开"安全防护中心"选项，选中需要实时保护的项目后，单击"确定"按钮，完成设置。

　图 10-12　360 设置中心"弹窗设置"窗口

图 10-13　360 设置中心"安全防护中心"窗口

9. 优化加速

进行计算机的优化加速，可以提升计算机系统的运行或启动速度，如清理不需要随 Windows 启动的项目可以提高计算机的启动速度。

【操作示例 9】优化加速。

① 在图 10-8 所示的菜单中，选中"优化加速"选项。

② 在图 10-14 所示窗口中，第一步，选中需要优化的选项；第二步，单击"开始扫描"按钮。

③ 在图 10-15 所示的窗口显示了优化的结果，关闭本窗口，完成任务。

图 10-14　360 安全卫士"优化加速"窗口

图 10-15　360 安全卫士"优化加速-结果"窗口

10．软件管理

每台计算机都需要安装很多实用软件，管理这些软件是必不可少的操作任务。有了 360 安全卫士，就可以简化对软件的管理任务，如升级、卸载应用软件。

【操作示例 10】通过"软件管家"管理计算机中安装的软件。

① 右击任务栏的"360 安全卫士"图标 。

② 在图 10-8 所示的对话框中，选中"软件管家"选项。

③ 在图 10-16 所示的窗口中，第一步，在工具栏中单击"软件升级"选项卡；第二步，单击要升级软件后面的"去插件升级"按钮，之后，等候所选软件的下载和安装结束。

④ 在图 10-17 所示的窗口中，第一步，在工具栏中单击"软件卸载"选项卡；第二步，单击要卸载的软件后面的"一键卸载"按钮，之后，等候所选软件的卸载结束；最后，关闭窗口完成本任务。

图 10-16　安全卫士"软件管家-软件升级"窗口

图 10-17　安全卫士"软件管家-软件卸载"窗口

10.2.4　系统的备份与快速恢复方法

1．系统快速备份与恢复的手段

对于使用 Windows 操作系统计算机的引导分区和数据分区的信息，既可采用 Windows 内置安全工具，如图 10-3 中所示的系统和安全中的"备份和还原"功能；也可采用其他整体备份工具，如一键 GHOST 进行硬盘或分区的备份与恢复。

GHOST 程序可以从 DOS、Windows、CD、DVD 上引导和运行。备份后的程序可以存放在网络云盘或硬盘上，也可以采用刻录机刻录到光盘，当然，还可以制作为 U 盘。为了防止不测事件，备份后的 GHOST 映像至少应当存在两种不同设备上进行备份。总之，使用 Ghost.exe 程序进行系统和数据的备份，具有使用设备价格低廉、方法简单、可靠性较高、恢复时间短，成本低等优点，因此，很适合主机系统的备份与恢复。而对于用户指定的数据文件也可以选择 WinZip.exe 或 Winrar.exe 进行备份。

如今计算机主机的操作系统、应用软件和补丁程序变得越来越庞大，安装时间越来越长，占据的空间越来越大。因此，一旦遭遇了致命病毒或系统崩溃，重装系统将花费越来越多的时间与精力。GHOST 的出现为用户解决了快速备份与恢复系统的问题。仅需少量的时间即可将系统复原到备份时的系统状态。由此可见，Ghost 早已成为个人计算机用户以及机房管理人员不可缺少的一款工具软件，也是普通用户应当掌握的一件得心应手的工具。

2. GHOST 软件

GHOST 为中文"通用硬件导向系统转移"的英文全称的首字母缩略字。这类软件目前有很多种，都能够完整、快速地进行整体操作（备份或还原）整个硬盘或单一分区。早期的版本是诺顿克隆精灵（Norton Ghost），其推出后，被广泛地应用于网络管理与个人计算机管理中。简言之，GHOST 的最大作用就是能够轻松地将磁盘或磁盘分区中的内容备份到镜像文件中去，或者快速地将备份的镜像文件还原到磁盘或分区中。

一键 GHOST 是一款由"DOS 之家"网站首先开发的系统快速备份与还原软件，它的 4 种版本（分别是硬盘版/光盘版/优盘版/软盘版）同步发布了启动盘；因此，可以满足不同用户的需求。不同的启动方式，既可以独立使用，也可以相互配合应用。其主要功能包括：一键备份系统、一键恢复系统、中文向导、GHOST、DOS 工具箱。该软件可以实现高智能的备份与还原，对于普通用户只需按一下所选择的键，如"备份"，即可实现全自动、无人值守的备份和还原操作，因此，非常适合那些一般用户备份系统分区；此外，也适用于那些熟悉该软件的老用户，可以定义操作，如选择分区、操作系统方式（Windows 或 DOS 方式），以及自动或手工备份等多种不同的操作。

（1）下载与安装

首先，需确认第一硬盘的类型为 IDE 接口硬盘，倘若是 SATA（串口）硬盘，则需要在 BIOS 中设置为 Compatible Mode（兼容模式），当挂接有其他硬盘、USB 移动硬盘、U 盘时，应断开其连接。目前，很多新版软件、新主机常常不用确认也可直接使用。

【操作示例 11】通过"软件管家"安装一键 GHOST 软件。

① 右击任务栏的"360 安全卫士"图标，打开图 10-8 所示的菜单，单击"软件管家"选项。

② 在图 10-18 所示的"软件宝库"窗口，第一步，在左侧窗格选中"系统工具"中的"一键 GHOST"选项；第二步，单击该软件后面的"一键安装"按钮，下载并安装好"一键 GHOST"软件；第三步，单击"打开软件"，即可打开图 10-19 所示的窗口。

（2）设置选项

【操作示例 12】对"一键 GHOST"软件进行设置。

① 依次单击"开始→程序→一键 GHOST"命令。

② 在图 10-19 所示的"一键 GHOST-操作"窗口，单击工具栏中的"设置"图标。

③ 在图 10-20 所示的一键 GHOST 的"设置-方案"对话框，第一，对设置方案进行设置，如依次选中"方案→装机方案"，单击"确定"按钮；第二，对密码进行设置，如依次选中"密码→新密码→确认密码"选项，单击"确定"按钮，参见图 10-21；第三，对其他项目进行设置，

如，依次选中"引导→模式 1"选项后（见图 10-22），单击"确定"按钮；其他有关设置，可以单击不同的选项卡，分别进行设置。

图 10-18　360 安全卫士"软件宝库-系统工具"窗口

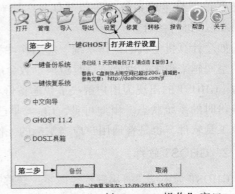
图 10-19　"一键 GHOST-操作"窗口

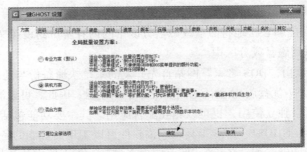
图 10-20　一键 GHOST 的"设置-方案"对话框

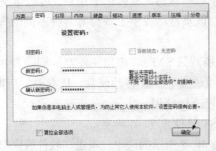
图 10-21　一键 GHOST 的"设置-密码"对话框

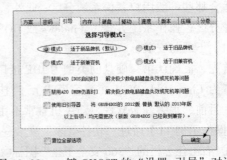
图 10-22　一键 GHOST 的"设置-引导"对话框

说明：

- 设置登录密码：可以预防其他人无意或有意地启动 GHOST 的备份和还原功能。
- 模式：在"引导"窗口中可以进行引导模式的设置，新版本可以不用设置。
- 一键备份：在图 10-19 所示的"一键 GHOST"窗口，根据需要进行选择，如，安装好操作系统及所有的硬件驱动程序和应用软件后，建议做一个系统分区的纯净备份；为了降低损失，建议每个月做一个系统备份，以便系统受到损失后，能够将系统恢复到一个最近的状态。
- 一键恢复：在系统受到破坏，如受到病毒或其他损害后，在使用杀毒、清除、卸载类操作无效后，即可使用图 10-19 中的"一键恢复系统"的功能，将计算机的系统恢复到备份时间的状况。

【操作示例 13】使用"一键 GHOST"对 Windows 7 系统分区 C 进行备份与存档。

① 在 Windows 7 中，依次单击"开始→程序→一键 GHOST"命令。

② 在图 10-19 中：第一步，选中"一键备份"选项；第二步，单击"备份"按钮。

③ 在打开的"建议设置主页为…"对话框，单击"取消"按钮。

④ 在图 10-23 中，提示做好系统重新启动的准备，单击"确定"按钮，开始备份。

⑤ 自动重启计算机，打开图 10-24 所示对话框，等待并跟随向导完成系统分区 C 盘的备份。在图 10-24 中，可以看到备份预计的时间、存储的位置与名称等信息，如备份分区为 168.555 GB，其中已经使用（即要备份）的为 51.445 GB，预计的备份时间为 33.15 分钟；备份文件的存储位置为硬盘的第 4 个分区中的"～1"目录；GHOST 映像文件的名称为 C_PAN.GHO 的文件。

⑥ 备份的查看与导出存档：通常在图 10-26 所示的资源管理器中，存放 GHOST 映像的分区中的"～1"目录是不可见的。查看和导出磁盘映像的操作：

- 依次选择"资源管理器→工具→文件夹选项"命令，在打开的图 10-25 所示的"文件夹选项"对话框中，选中"查看"选项卡；按图中所示进行选择后，单击【确定】按钮；

- 再次打开图 10-26 所示的资源管理器，可以见到原来不可见的"～1"目录。为了保证系统的安全性，所备份的文件应当导出存储，如，保存在另外的设备中，如存储到活动硬盘中。

- 当 Windows 和 DOS 下都无法运行"一键 GHOST 硬盘版"时，就需要使用一键 GHOST 的光盘版、优盘版或软盘版进行系统分区的恢复了。

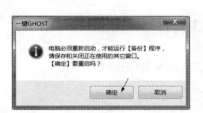

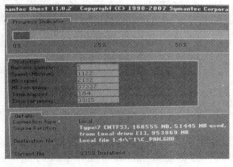

图 10-23　"一键备份系统-计算机重启"提示对话框　　图 10-24　计算机重启后"备份状态与进度"提示框

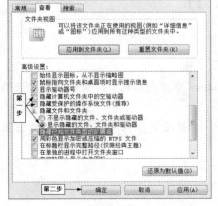

图 10-25　资源管理器的"文件夹
选项-查看"选项卡

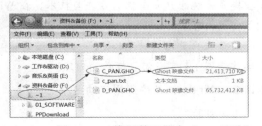

图 10-26　资源管理器中"～1 目录"
中的 GHOST 映像文件

习　题

1. 早期木马和病毒是如何定义的，其主要区别是什么？现在为什么将木马称作"木马病毒"？
2. 计算机病毒和网络病毒有哪些主要特征？网络病毒的主要来源是什么？
3. 网络防病毒软件的基本功能有哪些？应如何选择网络防病毒软件？
4. 网络防病毒软件允许用户设置的 3 种扫描方式是什么？扫描时间又应如何考虑？
5. 如何通过 360 安全卫士来提高启动速度和系统的运行速度？
6. 如何通过 360 安全卫士保护浏览器的主页不被修改？
7. 360 杀毒软件有什么作用？
8. 如何利用 360 安全卫士清除计算机和智能设备中的病毒与木马？
9. 上网安全保护的基本措施有哪些？为什么需要及时下载补丁和修复系统漏洞？
10. 为什么要及时清理上网和计算机的使用痕迹？应如何清除这些痕迹？
11. 什么是电脑体检？360 安全卫士体检包括哪些项目？
12. 体检有问题如何修复？写出体检可以修复中的 5 项内容。
13. 上网查一下，在 360 安全卫士中如何锁定主页？如何更换锁定的主页？
14. 什么是系统补丁？为什么要及时更新系统补丁？
15. 快速进行系统分区备份与还原的常用方法有几种？都是什么？
16. 什么是 GHOST 软件？它有什么功能？
17. 列举三款评价较好的与"一键 GHOST"功能相似的软件，写出其相同与不同之处。

本章实训环境和条件

① 有线或无线网卡、路由器、Modem 等接入设备，及接入 Internet 的线路。
② ISP 的接入账户和密码。
③ 已安装 Windows 7 操作系统的计算机。

实 训 项 目

实训 1：提高系统账户的安全性

（1）实训目标
掌握提高系统账户安全性的方法与技术，在 Windows 中提高系统管理员账户的安全性。
（2）实训内容
为管理员账户更名为"XM+XX"（姓名缩写+学号），设置复杂性符合安全要求的登录密码，参照【操作示例 1】完成需要操作的内容。

实训 2：Windows 7 中启用自动更新

（1）实训目标
在 Windows 中提高系统抗病毒的能力，启用自动更新。

（2）实训内容

为了使得计算机能自动下载和推荐系统补丁，启用实验主机系统的"自动更新"功能，参照【操作示例 2】完成需要操作的内容，查看系统是否有正在更新的补丁。

实训 3：360 杀毒和安全卫士的实训

（1）实训目标

掌握"360 杀毒和安全卫士"的安装、基本使用和安全防护技术。

（2）实训内容

① 下载和安装"360 杀毒"和"360 安全卫士"软件。

② 通过"360 杀毒"软件进行"快速扫描"和"宏病毒"的扫描杀毒。

③ 通过"360 安全卫士"实现电脑体检，并实现系统漏洞的诊断与自动修复。

④ 通过"360 安全卫士"实现上网的实时安全保护。

⑤ 通过"360 安全卫士"提高上网速度和计算机的启动速度。

⑥ 针对上述的内容，分别参照【操作示例 3】～【操作示例 10】完成需要操作的内容。

实训 4：系统备份及快速恢复

（1）实训目标

掌握一键 GHOST 的快速备份和恢复方法。

（2）实训内容

① 参照【操作示例 10】下载和安装"一键 GHOST"软件。

② 参照【操作示例 11】中对"一键 GHOST"软件进行设置，设置登录口令为；XX（学号）。

③ 在 C 盘创建一个名为自己学号的文件夹。

④ 参照【操作示例 12】对本机的 C 盘进行快速备份；之后，首先，参照【操作示例 13】查看备份所在的"～1"目录，将其复制到移动硬盘中存档；删除 C 盘中刚才创建的文件夹。

⑤ 参照图 10-19 对本机 C 盘进行快速恢复，查看删除的文件夹是否已经恢复。

第 *11* 章 网页制作与网站建设

学习目标：

- 了解：网页制作的基本知识。
- 了解：网页与网站开发的相关技术。
- 掌握：Dreamweaver CS6 设计、制作网页的方法。
- 了解：手机移动端制作网页的基本知识，掌握在线自助创建手机网站和网页的设计方法与流程。
- 了解：Web 网站的快速开发模式，掌握基于 CMS 的网站制作方法。

11.1　网页制作和网站概述

随着 Internet 技术的不断发展与普及，互联网应用已深入人们的日常生活之中，从学习到娱乐、从社交到购物、从资讯到医疗，社会生活中的方方面面都与网络密不可分，而这一切的服务又都来源于网站这一载体。本章将从网站的基本元素——网页谈起，重点讲述网页制作流程与方法，详细讲解如何快速建设网站。

11.1.1　网页制作基本知识

1．网页的概念

网页是一个经由浏览器，通过网址（URL）来识别展现信息的文件。它是网站构成的基本元素，一般使用超本文本标记语言（HyperText Markup Language，HTML）编写。

2．网页分类

网页依据不同的标准，可有多种分类，常见的有以下两种分类。

第一个分类标准：从浏览者角度，按照网站中网页所在位置的不同，一般可分为引导页、主页和内页。其中：

引导页是指网站入口页，即网站的第一个页面，它是进入网站主页前用于展现网站理念、形象宣传，或者是多国语言选择的入口页面。但大多数网站不设计引导页，而是将引导页所展示的内容合并到主页中，以主页作为网站的第一个页面。

主页是指进入网站后所看到的第一个页面，又称起始页或首页。它能够反映网站的栏目结构、内容类别与特色，其文件名多以 default、index、portal 等加扩展名命名。

内页是指与主页相链接的子级别内其他的页面。

第二个分类标准：从网页开发者角度，依据网页制作所用语言、内容更新灵活度和交互性，可区分为静态网页和动态网页。其中：

静态网页是指运行于客户端的、没有程序代码、无须后台数据库支持，且不可交互的网页。其主要特点是一经制成，内容不会再改变；信息流向也只能单向地从 Web 服务器到浏览器，不能实现与浏览者之间的交互；一般采用 HTML 标记，以.htm 和 html 为扩展名。

静态网页的工作原理与流程：当用户在客户端计算机的浏览器上输入一个静态网页的网址，并按下【Enter】键后，客户端即向 Web 服务器端发送一个浏览该网页的请求；服务器接到请求后，找出用户所要浏览的静态网页文件，将其直接发送到用户的客户端计算机浏览器上。

静态网页作为网站建设的基础，其优点是适合功能比较简单、内容更新量不大的网站，利于搜索引擎的检索。缺点则是不便于网站内容更新与维护，不适合功能复杂的网站建设需求。

动态网页是指运行于服务器端的脚本程序，以数据库技术为基础，能够支持交互的网页。其主要特点是当用户发出请求时，Web 服务器才依据脚本程序的运行结果返回一个完整的网页；能够实现与浏览网页者之间的交互，其信息流向可以双向；一般根据所用的程序设计语言的不同，以.asp、.php 或.jsp 等为扩展名命名；能够根据不同的时间、不同的来访者显示不同的内容。

动态网页的工作原理与流程：当用户在客户端计算机的浏览器上输入一个动态网页的网址，并按下【Enter】键后，客户端即向 Web 服务器端发送一个浏览该网页的请求；服务器接到请求后，首先找出用户所要浏览的动态网页文件，之后执行该文件中的程序代码，然后将执行结果转换生成为静态网页，并发送到用户的客户端计算机浏览器上。

动态网页的优点在于能够大大减少网站维护的工作量，便于内容更新，可实现诸如用户认证、权限管理、在线调查、论坛留言、数据变更管理等复杂网站的建设需求。不足之处在于网站在进行搜索引擎推广时需做一定的技术处理才可适应搜索引擎的要求。

3. 网页的基本组成

从用户浏览的角度看，一个典型网页依据其内容布局可以有图 11-1 所示的基本组成。

图 11-1　典型网页的基本组成

① 网页标识——主要用于体现网页所属者的形象或网页主题，一般采用极具标识的图片进行展示。

② 导航区——用于引导用户浏览本网站中其他页面的一组超链接，从而便于用户快速、准确地了解和浏览网站内容信息。

③ 内容区——充分体现本网页的重点信息，在网页布局中占主要比重，一般以文字、图片、数据等信息进行展示。

④ 其他网页链接区——可用于引导用户浏览其他相关网站内容的一组超链接。

⑤ 版权区——强调网页内容受版权保护，展现网页所有者信息、备案信息等。

从网页开发者角度看，一个典型网页依据其编码的实现方式则由结构、表现和行为三部分组成，并根据这三部分分别与 W3C（World Wide Web Consortium，万维网联盟）标准语言相对应。其中：

结构——体现了网页的逻辑性与条理性，是对内容布局的处理。在结构标准语言方面一般采用超文本标记语言（HTML）、可扩展标记语言（XML）和可扩展超文本标记语言（XHTML），其中：HTML 主要用于描述网页的内容与外观；XML 最初的设计目的是用于弥补 HTML 在网络信息发布方面的不足，而当前 XML 则多用于网络数据的转换与描述；XHTML 则是为实现 HTML 向 XML 过渡的一个中间产品。

表现——是对网页样式风格的处理，即针对网页内容与结构在版式、样式、颜色等方面进行美工设计，从而使得网页外观更加赏心悦目。在表现标准语言方面一般采用层叠样式表（CSS），创建该标准语言的目的在于通过 CSS 取代 HTML 中表格式布局和其他表现语言，从而使外观表现与内容信息结构相分离，以达到更便于维护和更新的作用。

行为——是指与客户端浏览者的互动行为，反映了网页的交互操作。在行为标准语言方面一般采用文档对象模型（DOM）和 ECMAScript。其中，DOM 是一种与浏览器、平台、语言无关的接口，它不依赖于任何程序设计语言和网页描述语言，能够允许程序和脚本动态地访问和更新网页文档的内容、结构与样式，即将网页中的各个元素都看作一个个对象，从而使网页中的元素可被计算机语言获取或编辑。因此，DOM 为 HTML 和 XML 等信息载体与数据载体在内存中的处理提供了一种标准、独立的接口，具有对 HTML 文件和 XML 文件元素的访问控制能力；ECMAScript 则是一种脚本在语法和语义上的标准，目前 JavaScrip、JScript 等脚本语言都是基于 ECMAScript 标准实现的。而且，通过 JavaScript（以及其他编程语言）就可对 DOM 进行访问。

11.1.2　网站概述

1．网站的概念

网站是指在互联网上根据一定的规则，使用 HTML、Dreamweaver 等工具语言编制的用于展示特定内容相关的一组网页集合。它是一种信息发布与交流沟通工具，在当今社会中，人们可通过网站来获取所需的资讯和相关的网络服务。

2．网站的构成

一个网站的构成需要 3 个基本要素，即网页、服务器或空间、域名。其中：

网页——用于展示网站中各类相关信息内容。

服务器或空间——是指支持网站运行的设备，一般由专门的独立服务器或租用服务器商的虚拟主机来承担，同时也是网站文件、网页内容的存储空间。其主要作用就是当用户使用浏览器提出网页浏览请求时，由服务器查找相应的网页文件并通过 HTTP 传送给客户端的网页浏览器。

域名——是为便于人们记忆，由一串用点分隔的字符组成的互联网上某台计算机或计算机组的名称，主要用于在数据传输时标识计算机的电子方位。它是以字符标识形式来替代互联网上以数字标识的 IP 地址寻址，一般通过域名系统（DNS）将域名解析映射为对应的 IP 地址。域名在命名规则上要求其组成的字符是由字母、数字和连接符"-"构成，且首字符只能是字母或数字。

3．网站的分类

根据不同的标准，网站可有以下 4 种分类。

（1）依照网站主体性质的不同，网站可分为：

- 政府网站；
- 企业网站；
- 商业网站；
- 教育科研机构网站；
- 个人网站；
- 其他非营利机构网站。

（2）按照网站规模划分，则有：

- 大型网站——主要以大型门户网站为主；
- 中型网站——主要以行业网站为主；
- 小型网站——主要以企业网站和个人网站为主。

（3）根据网站的功能用途和服务内容，可划分为：

- 资讯类门户网站——以提供各类信息资讯和信息服务为主要目标的网站。其中，各类信息资讯包括：新闻、视频、娱乐、音乐、旅游、酒店、医疗等资讯。信息服务则包含：地图查询、机票酒店预订、在线影视、生活服务等功能。
- 电子商务网站——是以实现电子交易为目的的网站，又可细分为：
  ➢ B2C 网站（Business to Consumer），即商家——消费者，主要是购物网站。
  ➢ B2B 网站（Business to Business），即商家——商家，主要是企业间的交易网站。
  ➢ C2C 网站（Consumer to Consumer，即消费者——消费者，主要是拍卖网站。
- 搜索引擎网站——以提供强大的搜索引擎和其他各种网络服务为主要目标的网站，方便用户快速查找并进入所需的网站。
- 社区网站——以交流信息、交友为主的社区性论坛网站。
- 电子邮件网站。
- 游戏类网站。

（4）依据网站开发特点，可分为：

- 静态网站；
- 动态网站。

11.2 网页开发的相关技术

11.2.1 Web 技术简介

1. 相关技术概述

随着互联网应用的普及与相关技术的迅猛发展，目前将开发互联网应用的技术统称为 Web 技术，这当中涉及了方方面面的很多技术内容，如图 11-2 所示。Web 技术一般包括 Web 服务器端技术和 Web 客户端技术，现就网站开发与网页制作过程中所需运用的这两方面技术加以简要说明。

网页技术与标准				
文档呈现语言	· HTML · DHTML	· XHTML · HTML 5	· XML	· XForms
样式格式描述语言	· 层叠样式表	· XSL		
动态网页技术	· CGI · ColdFusion	· FastCGI · JSP	· ASP · PHP	· ASP.NET
客户端交互技术	· ActiveX · Silverlight	· Java Applet · ActionScript	· JavaFX · Flex	· AJAX · AIR
客户端脚本语言	· JavaScript	· JScript	· VBScript	· ECMAScript
多媒体技术	· SMIL	· SVG		
Web Service	· WSDL	· SOAP	· RSS	· RDF
标识定位语言	· URL	· URI	· XPath	· URL 重写
文档纲要语言	· DTD	· XML Schema		

图 11-2 网页技术与标准

（1）Web 客户端技术

Web 客户端主要是以展现网站信息内容为主，因此其相关技术涉及了内容架构、界面修饰、动画显示和多媒体展现等多方面。涉及的技术主要包括：HTML、Java Applets（Java 小应用程序）、脚本程序、CSS（Cascading Style Sheets，层叠样式表）、DHTML（Dynamic HTML，动态 HTML）、插件技术以及 VRML（Virtual Reality Modeling Language，虚拟现实建模语言）等技术。

（2）Web 服务端技术

Web 服务器端则以响应浏览器请求，实现信息交互处理为主，因而其相关的技术涉及了服务器构建与策略、各类信息处理服务功能。涉及的技术主要包括服务器技术、CGI（Common Gateway Interface，通用网关接口）、PHP（是早期 Personal Home Page 的缩写，现已更名为 PHP: Hypertext Preprocessor，超文本预处理器）、ASP（Active Server Page，动态服务器页面）、ASP.NET、Servlet 和 JSP（Java Server Pages，Java 服务器页面）等技术。

2. 网页制作的基本技术

一个结构全面、功能强大的网站，在开发上离不开上述众多技术的支持，但如何根据网站特点运用相关一组技术进行开发制作，则是开发者所要综合衡量与考虑的工作。而对于非计算机专业的人员而言，则无须掌握上述众多的网站开发与网页制作技术，只要大致了解并重点掌握其最基本的 HTML 技术，以及一两种功能全面易学易用的网页制作工具软件即可。在此，将对 HTML 的概念、基本结构与标记写法进行详细介绍。

（1）HTML 的概念

HTML 是为网页创建与显示而设计的一种标记语言，也是标准通用标记语言（Standard Generalized Markup language，SGML）的一个应用，同时也是一种规范与标准。它具有一定的结构化思路，通过标记符号来标记要显示的网页信息和外观语义，并借助浏览器解释来展现所标记描述的网页。

由于 HTML 具有简单灵活、平台无关、通用且可扩展等特性，因此自发布之日起，就得到了大力推广与普及应用。目前发展的最新版本为 HTML5，它不仅支持传统的 Web 网页开发，而且已成为移动端网页开发的主要技术之一。

（2）HTML 的基本结构与基本标记符号

一个标准的 HTML 文件都具备一个基本结构，即由头部（head）与主体（body）两部分组成。其中，头部主要用于提供网页的信息与特殊处理，主体部分则提供网页所展示的具体内容。HTML 文件的编写并不复杂，但功能较强，能够支持多种数据格式的文件嵌入，如文字、图片、音乐、程序和链接等，其标记符号一般都是成对出现的。主要的几组基本标记符号如下：

<html>与</html>：分别表示超文本标记语言文件的开头标记和结尾标记。

<head>与</head>：分别表示头部信息的开始和结尾。一个 HTML 文件头部包含了网页的标题、语言代码、指定字典的元数据信息和说明等内容，头部中的内容不会显示在网页上，但会用于文件的特殊处理。

<title>与</title>：分别表示网页标题信息的开始和结尾。其作用在于定义网页的标题，以便被浏览器用作书签和收藏清单。

<body>与</body>：分别表示主体部分信息的开始和结尾。网页中所显示的具体内容都包含在这两个标记符中。

一个最简单的 HTML 文件示例：

```
<html>
    <head>
        <title>网页标题</title>
    </head>
    <body>
        <p>这是一个网页内容的显示</p>
    </body>
</html>
```

这个示例文件在浏览器上看到的效果如图 11-3 所示。

图 11-3 简单的 HTML 文件示例效果图

11.2.2 网页制作工具软件

在了解并掌握了网页的最基本技术 HTML 后，为了使网页能够表现示出更多的动画图像、多媒体与特效等功能，需要借助一些功能较强的网页制作工具软件加以实现。以下就简要介绍 4 种常用的网页制作工具软件。

1. Dreamweaver

Dreamweaver 是美国 Macromedia 公司于 1997 年开发的一套集网页制作和站点管理于一身的可视化网页开发工具，具有跨平台限制、跨浏览器限制、网页制作兼容性好、制作效率高，以及所见即所得等特点，2005 年被 Adobe 公司收购。由于 Dreamweaver 与 Flash、Fireworks 两款软件相辅相成，因而被称为网页制作的"三剑客"，是制作网页的最佳组合。

2. Flash

Flash 是 Macromedia 公司推出的用于辅助制作网页动画的工具软件。它以流式控制技术和矢量技术为核心，能将视频、声音、动画等文件融合制作出高品质的网页动态效果，且所占用的存储空间较小，特别适用于创建为 Internet 提供的内容，是当前网页动画设计中最为流行的软件之一。2013 年发布的 Adobe Flash Professional CC 版本，更是提供了手机应用程序开发的功能。

3. Fireworks

Fireworks 是由 Macromedia 公司发布的一款专为网络图形设计的图形编辑与处理的工具软件。它具有强大的动画功能，可轻易完成图像切割、动态按钮制作等功能，是一款创建和优化网络图像、快速构建网站与界面布局的理想工具，极易与 Adobe Photoshop、Adobe Dreamweaver 和 Adobe Flash 软件集成，也可直接置入 Dreamweaver 中轻松地进行开发与部署。

4. Photoshop

Photoshop 是由 Adobe 公司开发的图形处理软件，具备功能完善、性能稳定、使用方便等特性，可涉及图像、图形、文字、视频、出版等各方面，主要处理由像素构成的数字图像，是众多图像处理软件中首选的一款平面制作与绘图处理工具。

11.3　传统工具软件 Dreamweaver 的网页制作

若想制作出一个赏心悦目、引人注意的好网页，就需从页面布局、网页元素组成、网站主题模式、页面色彩样式，以及内容信息上进行精心的构思与设计。本节将着重阐述使用 Dreamweaver CS6 进行静态网页的制作方法，通过相关的操作示例，就 Dreamweaver CS6 中如何进行页面布局、CSS 样式设计、图文编辑、超链接设置、多媒体添加、表单制作交互界面进行说明。

11.3.1　页面布局

页面布局既是一个网站的设计基础，也是一个网页呈现的基本。从其展现的形式结构角度看，网页布局可分为有框架的分区结构和无框架非规律设计。应该说，有框架的分区结构是经常可以看到的网页布局形式，它把页面从左到右分割为几个比较规整的区块，常见的有二分栏式结构和三分栏式结构，具体图形可见后续页面布局中的操作示例。二分栏式结构大都采取左窄右宽的布局形式，一般导航居左，主要内容信息居右。三分栏式结构则较适合于流量大的门户网站，一般将导航横排在页面上部，左右两栏则设置为功能区和辅助区，中间栏是主要内容信息的显示区。此外，国外网站由于英文字比中文字占用区域少，因而还有较多的四分栏式结构。而无框架非规律设计形式，则伴有 Flash 制作的动画场景，一般以个性化风格极强的图片来呈现。

　　页面布局从技术实现角度来说，一般有 4 种实现方式：①使用框架进行布局；②通过表格对网页区域进行划分布局；③使用 DIV+CSS 进行布局；④利用 Photoshop 软件进行切割布局。

　　在给出操作示例前，还须先明确两个基本概念——框架和框架集。框架是指浏览器窗口中的一个区域，即相当于存放网页文档的容器，是用于分割浏览器窗口的，它不是文件，其 HTML 的标记符为<frame>和</frame>。而框架集则是一个定义了一组框架的布局与属性的 HTML 文件，其 HTML 的标记符为<frameset>和</frameset>。从代码角度看，框架集与框架是包含关系，即一个框架集中包含了多个框架，而框架只能存在于框架集中。

　　【操作示例 1】使用框架进行布局。

　　① 启动 Dreamweaver CS6 软件，在初始界面选择新建 HTML。

　　② 在"设计"窗口中，选择"修改→框架集→拆分上框架"命令，如图 11-4 所示。

　　③ 将光标放置在当前两个框架区中的大框架区内，选择"修改→框架集→拆分左框架"命令，如图 11-5 所示。

图 11-4　框架的上下拆分示例　　　　　　图 11-5　框架的左右拆分示例

最终完成一个二分栏式结构的网页布局，如图 11-6 所示。

图 11-6　二分栏式结构的框架布局效果图与代码

　　说明：在框架被选中时，将鼠标放置在框架边缘，按住鼠标左键进行上下或左右拖动，可调整框架上下或左右区域的大小。若鼠标从一个框架边缘拖动到另一个框架边缘并重合，可实现框架合并功能。

保存此框架时共生成四个文件，一个是用以存放框架的框架集文件 index.html，另外三个文件分别对应存放在上框架中的 top.html、存放在左框架中的 left.html 和存放在主框架中的 main.html。这三个文件彼此是独立的。

【操作示例 2】表格布局。

在早期的 HTML 版本中，还没有框架、层这样的概念与标识符，为了做到网页布局的规整美观，一般就采用表格进行区域划分，并在表格项中添加不同的网页元素。这样布局的优势是灵活，能够实现较为复杂的布局划分，而且得到浏览器的广泛支持；但缺点是不好的设计会影响网页的

打开速度，这主要是由于浏览器需要等待表格中所有内容全都接收到后才能显示此表格及其内容，因而若只用一个大表格布局整个页面，或者大表格中还多层嵌套了其他表格，这样的布局设计都会大大影响网页打开的速度。好的表格布局应是由多个无嵌套或少嵌套的表格共同完成排版划分。

图 11-7　"表格"对话框

表格布局的具体操作如下：

① 在"设计"窗口中，选择"插入→表格"命令。

② 在弹出图 11-7 所示的"表格"对话框中，设置表格相应的行列数、表格宽度、边框粗细、单元格边距和间距等属性。

③ 如需设计较为复杂的版面，可通过"拆分单元格"或"合并单元格"的操作实现，如图 11-8 所示。

说明："合并单元格"只有在将多个表格单元格选中后才可操作。

图 11-8　表格中拆分单元格选项

【操作示例 3】DIV+CSS 布局。

由于 DIV+CSS 布局实现了网页页面内容与外观表现相分离的特性，因而越来越成为网页设计布局的主流。在 Dreamweaver CS6 中，已将 DIV+CSS 布局作为预设布局方式。具体操作如下：

① 选择"文件→新建"命令，打开"新建文档"对话框。

② 在"新建文档"对话框中，选择"页面类型"中的"HTML"，选择"布局"中的"3 列固定，标题和脚注"，如图 11-9 所示。

③ 单击"创建"按钮，将自动生成一个三分栏式结构的网页布局，如图 11-10 所示。

说明： 过多的 DIV+CSS 嵌套同样会影响网页的响应速度。

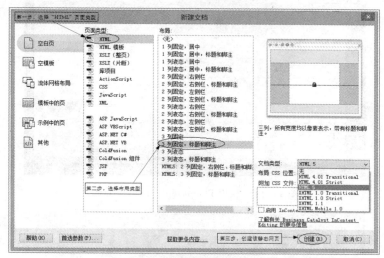

图 11-9　"新建文档"对话框

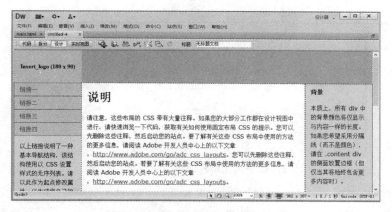

图 11-10　三分栏式结构的网页布局

【操作示例 4】 利用 Photoshop 进行切割布局。

① 使用 Photoshop CS6 打开一个图片文件，利用其编辑窗口里的各种图像处理工具，为该背景图片增添其他所需图片元素或文字，并保存成为.jpg 格式的图片文件。

② 选择屏幕左侧图片工具栏中的"切片工具"，在图片上进行切割分区，切分完成后可看到每个分割区左上方都有一个带数字的标签，如图 11-11 所示。

③ 选择"文件→存储为 Web 所用格式"命令，在弹出的"存储为 Web 所用格式"对话框中，对整体图像进行优化与文件格式设置，单击"存储"保存该文件，如图 11-12 所示。

图 11-11　利用 Photoshop 进行切割分区

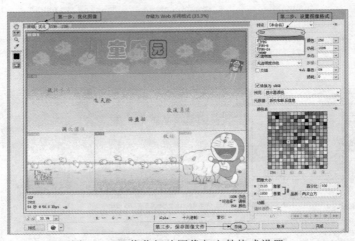

图 11-12　优化切片图像与文件格式设置

④ 在"将优化结果存储为"对话框中，设置保存的文件名、文件格式与文件存储路径，如图 11-13 所示。以选择保存文件格式"HTML 和图像"为例，所保存的 HTML 文件会存放在当前选择的路径下，而图像文件则默认保存在当前路径下的 images 文件夹下。单击"保存"按钮后就完成了利用 Photoshop 进行切割布局的任务，之后只要将刚才所存的 HTML 文件打开，就可看到所有切分图片都放在设计好的位置上，而且网页的打开速度比之前未切分时提速很多。

图 11-13　存储优化后的文件

11.3.2　CSS 样式设计

CSS（Cascading Style Sheets，层叠样式表，也称级联样式表）是用于控制网页中某一元素外观的一组格式属性。它可使结构与格式分离，能制作体积小、下载速度快的网页，方便站点与网页的更新和维护，具有更好的扩展性。CSS 样式有三种设计声明方式：①行内样式，写在网页主体 body 里，样式声明内嵌在每一个需要进行外观设置的网页元素中；②内页样式，写在网页头部 head 里，可对当前网页中需要外观设置的各元素集中声明；③外部样式，将网页链接到外部样式表，从而可使站点上所有或部分网页应用相同的样式，有利于同一站点下网页风格的统一。这三种 CSS 样式声明的优先级顺序从高到低为：行内样式→内页样式→外部样式。此外，内页样式和外部样式比较便于网页的整体更新与维护，因此 CSS 已成为当前网页样式设计的主流技术。

下面具体介绍在 Dreamweaver CS6 中是如何进行 CSS 样式设计操作的。

【操作示例 5】行内样式的设计。

① 选择"窗口→属性"命令，使网页属性显示在屏幕下方。

② 选中需要进行行内样式设计的网页元素，单击"属性"对话框中"目标规则"旁的下箭头，选择其中的"新内联样式"，如图 11-14 所示。

图 11-14　设置行内样式

③ 单击"属性"对话框中的"编辑规则"，进入"<内联样式>的 CSS 规则定义"对话框，选择左栏"分类"下的"类型"，为当前元素设置字体颜色和背景色，如图 11-15 所示。

④ 设置好 CSS 样式后，单击图 11-15 所示的"应用"按钮，网页会立即呈现所设计的样式效果，如不满意可在"<内联样式>的 CSS 规则定义"对话框中继续修改选择；若符合设计效果，单击"确定"按钮回到网页的"设计"窗口中。

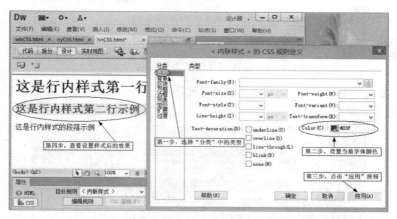

图 11-15　行内样式中 CSS 规则定义

⑤ 选择"窗口→CSS 样式"命令，此时，可以看到在屏幕右侧 CSS 样式窗口中的"属性"已不再是灰色不可用状态，且"属性"名称已变为"内嵌样式的属性"，单击其中的"添加属性"，仍可对当前元素继续设置 CSS 样式。若想删除某个样式属性，则只要选中该样式属性，之后按键盘上的【Delete】键删除即可。打开"拆分"窗口，可在屏幕左侧查看行内样式的代码，这里可以看到对标题 2 的 CSS 样式就写在<body>主体里的<h2>标识符内，如图 11-16 所示。

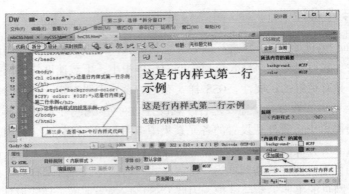

图 11-16　行内样式效果与代码图

【操作示例 6】内页样式的设计。

① 打开某一网页文件，选择"窗口→属性"命令，使网页属性显示在屏幕下方。

② 单击"属性"对话框中的"页面属性"按钮，打开可对整个网页进行样式设计的"页面属性"对话框。

③ 选择"分类"中的"外观（CSS）"，对"文本颜色"和"背景颜色"进行设置，如图 11-17 所示。

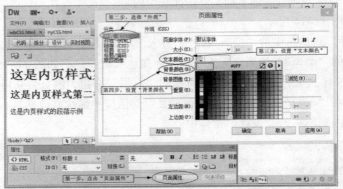

图 11-17　设置网页的文本颜色与背景颜色

④ 选择"分类"中的"标题（CSS）"，对"标题 1"与"标题 2"的字体颜色进行设置，并单击"确定"按钮，如图 11-18 所示。

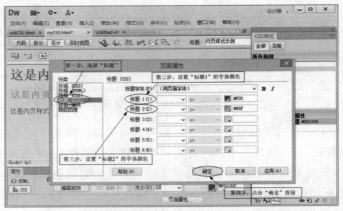

图 11-18　设置标题 1 与标题 2 的字体颜色

⑤ 打开"拆分"窗口，在屏幕左侧看到所设计的 CSS 样式代码写在了<head>头部中，而网页的<body>主体内没有任何一个 CSS 样式的声明，这就为网页整体外观的变更带来了极大的方便。内页样式设计的效果与代码如图 11-19 所示。

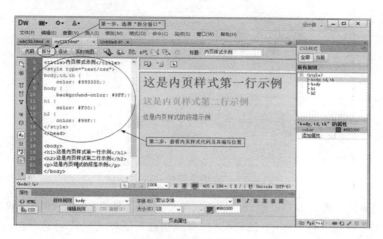

图 11-19　内页样式设计的效果与代码图

【操作示例 7】外部样式的设计。

① 打开某一网页，选择"窗口→CSS 样式"命令，使 CSS 样式显示在屏幕的右侧。

② 选中屏幕右侧"CSS 样式"下的"全部"按钮并右击，出现图 11-20 所示的快捷菜单，选择"附加样式表"命令。

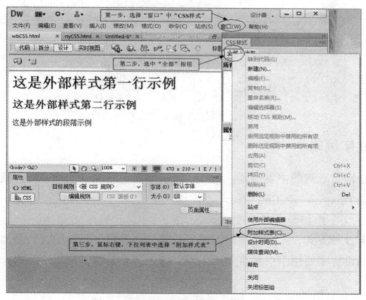

图 11-20　选择"附加样式表"命令

③ 在"链接外部样式表"对话框中，填写要链接的 CSS 文件名称，或单击"浏览"按钮，在打开的"选择样式表文件"对话框中，将当前文件夹内已编写好的 CSS 文件选中，并单击"确定"按钮即可，如图 11-21 所示。

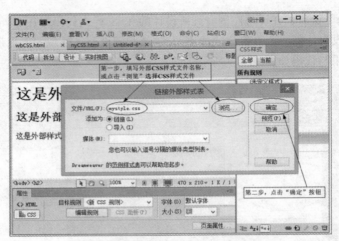

图 11-21　链接外部样式表对话框

④ 在返回网页的"设计窗口"后，立即就可看到加载了外部样式后的网页效果，如图 11-22 所示。选择"拆分"窗口，在左侧的代码区可以看到加载外部样式的代码是写在<head>头部里的，使用了<link href="···">来加载定义，这与内页样式的设计是不相同的。

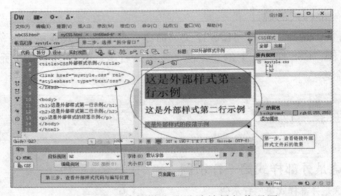

图 11-22　外部样式的设计效果与代码图

11.3.3　图表文字编辑

文字与图片是网页承载的主要内容，而数据的清晰展现则大多依赖表格为载体，因而图表文字的添加、编辑是 Dreamweaver CS6 中的基本操作。

【操作示例 8】文字添加与格式设置。

文字的添加有 3 种方式，第一直接输入文字；第二通过粘贴复制的方式添加文字；第三导入文字。文字格式的设置主要用于页面排版。下面以导入方式为例，说明文字的添加与格式设置。具体操作如下：

① 在"设计"窗口中，选择"文件→导入→Word 文档"，如图 11-23 所示。在打开的"导入 Word 文档"对话框中，选择已有的 Word 文件即可。

② 在"设计"窗口中，选择"格式"，就可对当前光标所在文字段落或所选中的文本进行段落首行缩进、凸出设置，还可进行列表和对齐设置，以及段落格式、标题等设置。

③ 选中文本后右击，除了有上述②中的操作外，还可对选中的文本进行环绕标签、创建链接等设置。

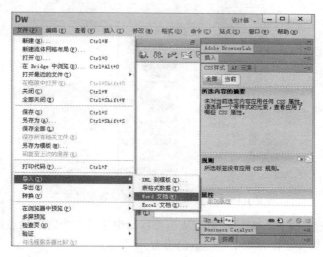

图 11-23 文字导入方式

【操作示例 9】图片添加与热点设置。

① 图片添加操作非常简单。将光标放置到要添加的位置上，选择"插入→图像"命令，在打开的"选择图像源文件"对话框中选取一个图像文件即可。

② 图片热点设置。选中图片，选择属性对话框中"地图"右下方的任一图形热点工具，如"圆形热点工具"，如图 11-24 所示。

图 11-24 选择某种形状的热点工具

③ 将鼠标移至图片上，鼠标形状由箭头改为十字，此时点住鼠标左键并拖动鼠标，图片上就会产生一个圆形的热点区。

④ 将圆形热点区套在图片的文字上，并右击，在出现的快捷菜单中选择"链接"命令，如图 11-25 所示。

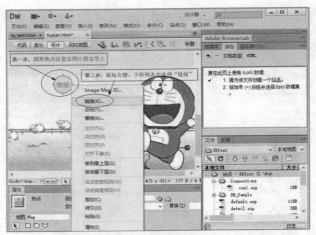

图 11-25   为图片上的热区设置超链接

⑤ 在弹出的"选择文件"对话框中，从当前目录中选择一个需要热点链接的网页文件，并单击"确定"按钮，即完成图片中一个热点的设置。

⑥ 保存该文件，按键盘上的功能键【F11】进行浏览器预览，当鼠标放置在设有热点的图片位置时，则鼠标形状由箭头改手指形。单击热点区后，网页实现链接跳转功能，如图 11-26 所示。

图 11-26   热点设置后的浏览效果

由此，可以看到图片的热点设置，为地图、景区游览图等以图片为主的网页提供了制作多点、多区域链接的功能便利。此外，Dreamweaver CS6 还支持一些图像对象的插入，如鼠标经过图像、Fireworks HTML 等。

11.3.4   超链接设置与多媒体添加

超链接是指从一个网页指向另一个网页，或指向当前页面上的不同位置，或指向一个电子邮件地址等目标的连接关系。网页中用于设置超链接的对象，一般可以是一段文字，也可以是一张图片等。

超链接按不同标准有两种分类，具体如下：

第一种分类标准：按照链接路径的不同，超链接可分为内部链接、外部链接和锚点链接三种。其中：

内部链接是指同一网站域名下的网页之间相互链接，也称为站内链接。一般采用相对的 URL（Uniform Resource Locator，统一资源定位符）路径进行链接，如/admin/login.asp。

外部链接是指不同网站之间的跨域名链接。也称反向链接或导入链接。一般采用绝对的 URL 路径进行链接，如 http://www.w3school.com.cn/css/index.asp。

锚点链接是指 HTML 中的链接，一般通过命名锚点来指向某一文档，或指向页面内的某个特定段落，也称书签链接。

第二种分类标准：依据不同的使用对象，超链接又可分为文本链接、图像链接、E-mail 链接、多媒体文件链接、空链接等。

下面以设置文本超链接为操作示例进行说明。

【操作示例 10】设置超级链接。

方法一：

① 光标放置在希望设置超链接的位置上，或选中需要设置超链接的一段文字，选择"插入→超级链接"命令。

② 在弹出的"超级链接"对话框中，设置需要链接的目标网页文件名，选择目标网页打开窗口的方式。如图 11-27 所示。

③ 单击"确定"按钮，完成文本的超链接设置。

说明：若未选中设置超链接的文字，那么在"文本"中须填写链接文字；目标网页打开方式有四种：_blank 显示在新窗口；_parent 显示在父级窗口；_self 显示在当前窗口；_top 显示在顶级窗口。

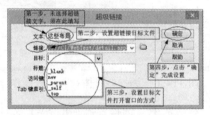

图 11-27　"超级链接"对话框

方法二：

① 光标放置在希望设置超链接的位置上，或选中需要设置超链接的一段文字，选择屏幕下方"属性"框内的"链接"，进行目标网页文件设置，如图 11-28 所示。

② 选择"属性"框内的"目标"，进行网页打开窗口方式的选择，如图 11-28 所示。

图 11-28　属性框内超级链接设置

上述两种方法中，还要特别说明的是：当"链接"中设置的目标文件为浏览器所不支持的文件格式时，浏览器不能打开显示此文件，而是自动弹出"文件下载"对话框，如图 11-29 所示，并提示用户将此文件下载到本地计算机，之后再使用可支持该格式的应用程序将其打开。

图 11-29　Windows 8.1 中的文件下载对话框

　　图像的超链接设置须采用上述方法二。需要特别说明的是图像的热点设置与图像超链接是不同的两个概念，图像超链接是对整个图像进行链接设置，而图像的热点设置则只对图像中某一区域，或某几个区域进行链接设置。

　　【操作示例 11】添加多媒体。

　　为了增添网页的丰富性，Dreamweaver CS6 还支持包括 Flash SWF 动画文件、Flash Video 视频文件（FLV）、Shockwave 影片、Java 小应用程序（Applet）以及 ActiveX 控件等媒体文件。添加方式如下：

　　① 光标放置在当前需要增加多媒体效果的网页位置，选择"插入→媒体→SWF"命令，如图 11-30 所示。

图 11-30　添加多媒体动画文件操作

　　② 在打开的"选择 SWF"对话框中，选择要添加的 SWF 文件。

　　③ 按键盘上的功能键【F11】进行预览，可在浏览器中观看到播放的 Flash SWF 动画，如图 11-31 所示。

图 11-31　浏览器中正在播放的 Flash 动画

11.3.5　JavaScript 行为设置与表单项添加

JavaScript 是客户端的网络脚本语言，其编程代码可嵌入在 HTML 网页中，主要用于增添动态功能、与浏览者的交互功能，以及对提交到服务器之前的数据进行有效性验证功能。在早期的 Dreamweaver 版本中，JavaScript 的事件响应是需要开发者手动编码完成，而在 Dreamweaver CS6 中则为某些简单的 JavaScript 功能事件提供了不用编程，只需鼠标单击的行为设置，如网页中弹出信息、打开浏览器窗口、交换图像、检查表单等。下面的操作示例以表单检查为例，感兴趣的读者可尝试其他的 JavaScript 行为设置。

【操作示例 12】添加 JavaScript 行为与表单项。

① 选择"窗口→行为"命令，屏幕右侧出现一个"行为"对话框。

② 单击"行为"对话框中的"+"号，出现如图 11-32 所示的行为列表。若当前页面放置了图像、表单等网页元素，则行为列表中相应的选项会由不可用的灰色变为可用的黑色，如图 11-33 所示。

图 11-32　无网页元素时的行为列表

图 11-33　添加网页元素后的行为列表

③ 选择"插入→表单→文本域"命令，在打开的"输入标签辅助功能属性"对话框中，设置文本域 ID，以及文本域前面的标签内容，如图 11-34 所示。

④ 选中刚设置的文本域，单击屏幕右侧"行为"对话框中"+"号，选择列表中的"检查表单"。

⑤ 在"检查表单"对话框中，为当前网页中的文本域设置检查属性，如图 11-35 所示。

图 11-34　添加表单文本域时打开的对话框

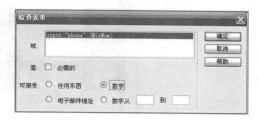
图 11-35　为表单文本域设置 JavaScript 的检查表单行为

其中："值"旁的复选框选中时，表示当前文本域值不能为空。"可接受"项中有 4 种单选的
检查方式："任何东西"——文本域中可接受任何字符，包括字
母、数字和特殊字符；"电子邮件地址"——文本域中内容须符
合电子邮箱格式，须带有@字符；"数字"——文本域只接受数
字字符；"数字从…到"……——允许设置文本域中数字的区间范
围。

图 11-36 设置 JavaScript 行为
后的运行效果图

⑥ 按键盘上的功能键【F11】进行预览，输入了非数字内
容，运行结果如图 11-36 所示。

说明：表单在网页中主要用于数据的交互功能，即可采集浏览者输入的数据，也可将服务器
端的数据信息展示给浏览者。在网页制作中，一般会将放置了表单项的网页定义为动态网页，即
该网页后缀设置为.asp、.aspx、.jsp 或.php。

11.4　手机移动端的网页制作

随着智能手机的广泛普及和应用，移动互联网的发展已成为 Web 领域的热点与趋势，并越来
越多地成为访问 Internet 的常见终端设备，而基于手机移动端的网页制作技术目前也得以迅猛发展。

11.4.1　手机网页设计与制作概述

当前，在手机移动端的市场上因各厂商的产品种类、功能、屏幕尺寸大小等因素，而存在着
五花八门的各式各样手机设备，因此，手机网页制作的设计师们必须面临一个问题：如何依据手
机移动端的特性，在符合并满足人们阅读习惯的基础上，更好地呈现手机网页。对此，在掌握手
机网页设计与制作方法之前，需要先了解以下 5 方面内容。

1. 无线应用通信协议

无线应用通信协议（WAP）是移动终端访问无线信息服务的一个全球性开放标准，也是实现
移动数据及其增值业务的技术基础。它可广泛地应用于 GSM、CDMA、TDMA、3G、GPRS、PDC
等多种移动网络，从而使移动 Internet 有了通行的标准，其目的是将互联网上大量的信息和各种
业务引入到移动电话等无线终端上，便于人们随时随地享有丰富的网上信息与资源。WAP 能够将
Internet 上 HTML 的信息转换为移动端设备可以识别的描述语言信息，并显示在手机屏幕上，其基
本原理如图 11-37 所示。

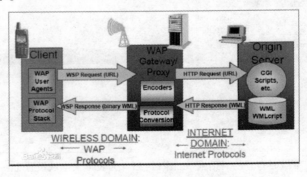

图 11-37　WAP 基本原理

在手机网页设计制作方面，WAP 有两个常见的开发设计版本：WAP 1.2 和 WAP 2.0。其中 WAP 1.2 采用 WML 语言；WAP 2.0 采用 XHTML 语言。

2．手机网页制作的标记语言

（1）无线标记语言（WML）

在早期，手机上网只能通过专门设计制作的 WAP 网站，而无线标记语言（Wireless Markup Language，WML）是当时用于设计制作手机网页的主要标记语言，它基于 XML，与 HTML 相类似但语法上更严格，其性能优势在于通过它所设计制作的网页可比依据 HTML 开发的网页占用和消耗更少的手机内存与 CPU；缺点是 WML 只能手机访问，不能计算机访问。随着智能手机各项性能的迅速提高，目前已逐步被其他技术所取代。需要说明的是，若使用功能手机上网，则一般采用 WML 进行手机网页设计与制作。

（2）可扩展标记语言移动概要（XHTML MP）

由于智能手机的广泛应用与发展，当前大部分智能手机的浏览器都可以正确处理 XHTML 语言，因此现在大多数的手机网页都采用 WAP 2.0 和 XHTML MP 制作完成。

XHTML MP（XHTML Mobile Profile）是 WAP 2.0 中定义的标记语言，它是 XHTML 的子集，其优点是：使无线版移动互联网可以采用与计算机 Web 版相同的技术开发；包含了较少的要素和相对宽松的限制，能更好地适合手机平台渲染；开发出的手机网页更简单、美观。若结合 WAP CSS，则可以达到与计算机网页浏览器相近的浏览效果，从而为无线移动互联网应用开发人员提供更多、更好的手机网页展现控制。

此外，需要注意的是：采用 XHTML MP 编写的网页是以 .wml 为扩展名，而非 *.html 扩展名。Dreamweaver CS6 支持使用 XHTML MP 语言制作手机网页，方法是：在新建页面时将文档类型选为 xhtml-mobile1.0，其他制作方法与 Web 网页制作相类似，如图 11-38 所示。

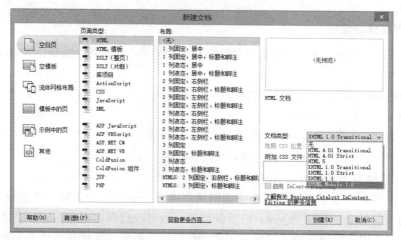

图 11-38　Dreamweaver CS6 支持手机网页制作

（3）HTML5

HTML5 是基于 HTML 对 Web 开发标准所做出的第五次重大修订，它使互联网应用开发有了巨大飞跃，目前已成为 Web 应用开发的主流网络技术标准之一。

HTML5 的主要优势是：

- 可支持移动设备上的应用开发。
- 具有本地存储功能，拥有更短的响应时间，更快的联网速度和持续的工作效率。
- 为开发者提供了前所未有的数据与应用接入开放接口、更多的功能优化选择。
- 增强了视频、音频、图像、动画及 3D 等多媒体功能，解决了移动端对 Flash 的支持问题，可为浏览者呈现更好的视觉效果与更多的功能体验。
- 通过 XMLHttpRequest Level 2 等技术，使 Web 应用网站能够在跨域及多样化的环境中更快速地工作。
- 支持多设备跨平台，无论是笔记本、台式机，还是智能手机，都可方便地浏览基于 HTML5 的网站。
- 提供自适应网页设计支持，即"一次设计，普遍适用"——使同一张网页自动适应不同大小的设备屏幕，根据屏幕宽度，自动调整布局。

总之，HTML5 扩展了网页功能的开发，赋予网页优良的结构，语言简单易学，能够带给用户更好的体验，更简便的操作和更强的视觉效果。

（4）WAP 2.0 与 HTML5 的区别

WAP 2.0 开发的手机网页可支持任意移动端的访问，网页的呈现性能简单、美观，能够无线传送流媒体服务内容，更适合移动端浏览。

HTML5 所开发制作出的手机网页能给用户呈现更加丰富亮丽的视觉效果，具有更短的响应时间，可实现多终端跨平台浏览，还能依据终端设备屏幕大小自动调整网页布局，是触屏版高端智能手机网页开发的利器。

总之，两者可以相互补充。在实际开发制作手机网页时，一般需要根据用户与项目需求进行相适应的选择。

3. 手机网站建设流程

在设计制作手机网页之前，首先要规划手机网站的建设，其流程与传统的 Web 网站建设相类似，具体流程如下：

① 依据项目开发需求，确定网站类型。

② 注册网站域名、购买空间。

③ 配置网站服务器，编写制作手机网页。

④ 上传手机网页到所申请的域名空间，进行测试。

⑤ 全部手机网页测试成功，则网站建设完成。

其中，网站域名有很多种类，对于手机网站而言，一般有两种类型可供选择，第一种是为手机网页使用独立域名，可注册.mobi 的顶级域名，也可注册带"mobile"字样以.com、.net 等为后缀的域名。采用独立域名的手机网站，其内容信息一般需与手机移动服务有更高的契合度。若是企业网站开发针对手机用户的网页，则一般不采用独立域名方式，以免降低网站品牌度，给用户带来困扰。这种情况下，则采用第二种类型——为手机网页使用子域名，如"m.test.com"或"www.test.com/mobile/"。使用手机网页子域名的方式，既不影响企业网站的品牌度，也不会给用户带来困扰，还省去了服务器的设置，也无须购买空间，是目前最流行、最简单、最廉价的方式。

购买手机空间可考虑两个步骤：

第一步，根据项目需求测算一个大小适中的空间进行购买。

第二步，依据网站上线运行情况和需求，进行相应的空间扩容。

4．手机网页的设计原则

对于手机网页设计开发者而言，传统的 Web 页并不是只通过简单的设置，就可变成能够通过手机浏览的网页，传统网页中的一些功能属性有时无法在手机上正常呈现出来。因此，需要依据手机性能、带宽等特性进行差异化设计，其设计原则如下：

（1）以人为本，发挥手机特性优势

手机网页设计方式应采取基于用户使用情景的心理思维模式，设计出的界面与功能须符合用户日常生活中的浏览、操作习惯；同时，在网页内容上须充分把握手机移动特性，发挥出移动定位、邻近位置发现、商业信息推送等移动功能的优势。

（2）简化、突出手机网页内容

由于受到手机屏幕大小的制约，手机网页一般不易容纳庞杂丰富、纷繁缭乱的资讯，因此在手机网页设计时，无论是文字、图片或影音都需讲求主题内容突出、精练简洁、一目了然的特质，从而符合小屏幕的设计特点。

（3）尽量减少手机网页的文字输入交互

对于使用移动端上网的用户而言，其主要行为是阅读、查找、搜索、娱乐等，而作为以拨打电话为主要功能的手机，其常用键盘按键一般只有 11 个，远低于键盘上的个数，这就为文字快速输入造成了不便。因此，在手机网页设计时，除了必需的账户登录、搜索查找等功能，应尽量减少其他不必要的输入功能与交互操作。

（4）手机网页导航应明确突出，触屏滑动须便捷

受手机屏幕的局限，在手机网页设计时，有必要突出能够返回首页、跳转关键功能页面的导航功能，以利于浏览者的阅读使用和页面跳转。需要注意的是：导航的主要目的是为浏览者提供阅读使用的便利，是以服务手机内容为主，因此导航的设计应在数量上少而精，在网页上明确突出。

（5）加载响应速度要快

通过手机浏览的网页，其响应速度一般受所使用手机的网络制式影响。当前手机的网络制式主要有 3 种：2G、3G 和 4G，而它们的网络响应速度从慢到快的顺序是：2G<3G<4G。另外，现在绝大部分智能手机还支持无线传输功能 Wi-Fi，在有 Wi-Fi 无线信号的地方就可不通过电信商提供的网络上网，从而节省手机流量费。由于 Wi-Fi 信号是由有线网提供的，其网速的大小则取决于所使用的带宽和信号强度，因此，与手机网络制式的网速快慢比较是：2G<3G< Wi-Fi。

在了解了手机上网的速度快慢后，对于手机网页的设计就应做到 3 点：一是只加载必要信息；二是不滥用图片；三是减少非必需的交互操作。

5．手机网站与网页的制作分类

根据不同的标准，手机网站制作可有以下 3 种分类。

（1）从浏览者使用角度，依据网站的制作内容与类型，可分为：

① 以购物为主的手机商城类；

② 以内容资讯为主的手机信息类；

③ 以游戏或工具为主的手机软件类。

（2）从技术开发者角度，根据手机网页的开发方法，可分为：

① 手机专用网页开发。在早期的手机网页制作时，常采用此种开发方法。其优势在于：以这种方法开发的手机网页能够正常显示到所有具备上网功能的手机上；缺点则是：不利于同时维护计算机版与手机版网页，易造成与计算机版 Web 网页不同步的状况。

② 相同网页共用。随着手机网页开发技术 WAP 2.0 的出现，手机浏览器也能正确处理 XHTML 语言，此时将已有的电脑版 Web 网页不经修改，直接使用手机浏览也成为一种可能。但此种开发方法有一个前提，即：网页布局要简洁，网页元素要足够简单。

③ 浏览者自选网页。由于计算机版 Web 网页与手机版网页在某些功能上还是存在着差异性，同时随着移动端设备品种的增多，开发者开始考虑将不同种类设备的网页链接选项列在首页面中，供浏览者根据自身所用设备选择相应的版本页面。

④ 自适应网页开发。随着 HTML5 和 CSS3 的发布，自适应网页开发技术成为可能。自适应网页开发是指：所开发的网页只通过一次设计制作，就可依据浏览设备的屏幕大小自动调整布局，同一页面能够同时正常地显现在计算机和手机上。

（3）从网站建设提供者角度，按照手机网站的制作模式，可分为：

① 专业型手机建站。针对技术要求较为复杂，或有个性化需求的大型企业和公司，这种手机建站是量身定制型的，一般成本较高，但具备明确行业性与专业性。

② 自助型手机建站。针对中小型企业、公司和个人，这种手机建站操作简便、容易维护，而且成本低廉、使用方便、应用较为广泛。

11.4.2　基于自助建设平台的手机网页快速制作开发

从上述手机网站与网页的制作分类描述，可以看到对于非计算机专业的初学者而言，采用自助型建站方式是入门最快、操作管理最便捷的方式。而随着云存储（云空间）、云计算、互联网+等概念的提出，当前百度、阿里巴巴等网站都为中小企业、公司或个人提供了自助建站的服务，当然一些大的网络公司提供的是完全有偿服务。本节将详细介绍以凡科网站所提供的自助建设平台为主的快速手机网站、网页制作开发方法。需要注意的是，该在线自助建站平台对浏览器版本有要求，须是 Chrome 浏览器或 IE 9.0 以上版本。

在此，先着重说明凡科网站的自助建站流程，具体步骤如下：

① 免费注册凡科网站账号（即创建一个 DNS 域名）。

② 通过在线平台提供的模板，快速搭建网站。

③ 选择网站主题风格，进行网站设计。

④ 添加网站标题；修改网页栏目、内容等信息，进行网站管理。

⑤ 单击转换为手机网页

⑥ 通过手机进行测试

⑦ 完成手机网页制作，如后续需要还可购买凡科网站上的推广服务。

从上述的建站流程步骤可以看出：凡科网站提供的手机网页制作方法是基于 Web 创建，即其创建的手机网页不仅可以在手机上浏览，也可在计算机上浏览。特别说明：凡科网站提供了一站式的在线建站服务平台，无须代码、无须租用空间，就可轻松、快速地创建企业官网、电商网站、手机网站和微网站。下面就相关的流程步骤进行操作示例说明。

【操作示例 13】在凡科网站上注册一个个人网站。

① 在浏览器中输入凡科网站的地址 http://www.faisco.com，进入凡科官网，单击凡科官网首页面左下角的"免费建站"按钮，或者直接输入网址 http://jz.faisco.com，进入凡科建站。

② 单击当前网页左下角的"马上建站"按钮，或单击右上方的"免费注册"，进入注册页面填写个人网站的账号、密码、邮箱等信息，如图 11-39 所示。

③ 全部信息填写完成后，单击"免费注册"按钮，即完成注册，至此初学者将拥有一个个人网站的地址。之后可单击"登录"按钮，如果是第一次登录，将自动进入快速建站页面；若是已有建好的网站，则进入网站管理页面。

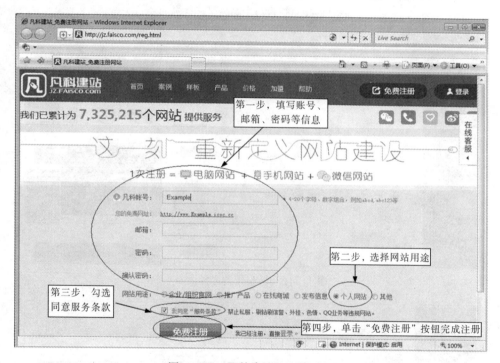

图 11-39　凡科建站的注册页面

【操作示例 14】快速建站之主题与模板风格选择。

① 进入快速建站页面后，在线自助平台首先将建站的主要流程步骤逐一展现给用户，之后进入模板与主题风格的选择页面，如图 11-40 所示。

② 单击"行业分类"，选择某一领域主题，如图 11-41 所示。

③ 选择某主题下的一个模板，单击"查看"按钮，如图 11-42 所示。

④ 查看所进入的模板页，如果对模板风格满意，单击"复制样板"按钮，可实现一键复制所选网站的整体功能，如图 11-43 所示。如果对当前模板风格不满意，可单击"返回"按钮，继续查看、选择其他模板。

图 11-40　模板与主题风格选择页面

图 11-41　行业分类选择页面

图 11-42　某行业主题下模板选择页面

图 11-43　复制样板操作

【操作示例 15】网站设计之标题设置。

① 单击"请编辑网站标题",如图 11-44 所示。进入"编辑网站标题"对话框。

图 11-44　编辑网站标题

② 在"编辑网站标题"对话框中,分别单击"主标题""副标题""LOGO"和"高级"选项卡,即可编辑、添加相应的网站标题、副标题、标识图片,设置网站标题的跳转链接地址等操作,如图 11-45、图 11-46 和图 11-47 所示。

图 11-45　设置网站主标题

图 11-46　设置网站 LOGO

图 11-47　网站标题与 LOGO 的高级设置

【操作示例 16】网站管理之网页版面重置、模块编辑与样式设置。

选择自助平台页面上端的"网站管理"选项，则可对所创建的网站进行版面布局的重置、栏目模块的添加或删除、样式的重新设置、图文模块的内容重写或修改等操作。除了图文模块的内容重写之外，上述这些功能操作只需通过鼠标的拖动或右击即可进行。具体操作如下：

① 选择"网站管理"选项后，单击当前页面上方的"页面版式"，进入版面布局界面，如图 11-48 所示。

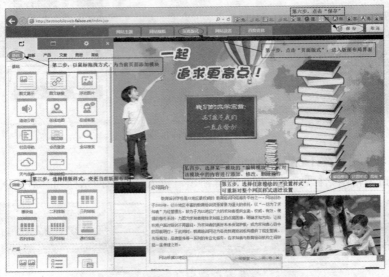

图 11-48　版面布局设置

② 在"基础"选项中，通过鼠标拖动方式，可将要添加的模块放置到版面中，进行版面重置、更新。单击"排版"选项，选择排版样式可改变版面布局。其他选项与之类似。

③ 以版面中教育服务栏目模块为例，单击该模块右上角的"编辑模块"，进入其编辑对话框，就可对该模块标题进行修改，还可添加、修改、删除该模块中的栏目名称，如图 11-49 所示。

图 11-49　栏目模块编辑

④ 以版面中某一文章内容模块为例，单击"编辑模块"，进入该文章的图文编辑对话框，可对文章进行修改编辑，如图 11-50 所示。

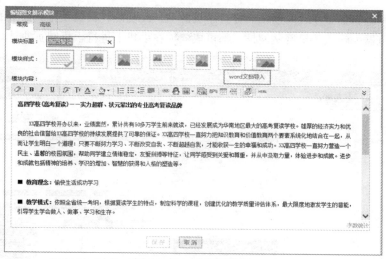

图 11-50　图文编辑框

⑤ 单击任意模块的"设置样式",可进入对当前网页的背景、顶部、横隔区、内容区和底部的样式重置界面,设计者完全可依照设计意图重新设置网页的样式,如图 11-51 所示。

图 11-51　网站样式设置

⑥ 全部设置完成后,单击屏幕右上角的"保存"按钮。

【操作示例 17】手机网页生成与测试。

① 选择自助平台页面上端的"手机版"选项,就可将当前所设计的网站一键复制为手机网站,如图 11-52 所示。

图 11-52　选择手机版选项

② 在手机版网页中,设计者仍然可对手机网站进行二次设计,如模块的增添、删除操作;重新设置主题风格、横幅、背景、栏目等,如图 11-53 所示。

③ 单击图 11-53 中的"预览"按钮,可预览手机版网页,同时预览页面提供了手机网站的

网址和二维码网址，如图 11-54 所示。打开手机的 Wi-Fi 功能，扫描预览页面上的二维码，或打开手机中的浏览器，输入手机网站网址，都可成功地在手机上进行手机网页测试。

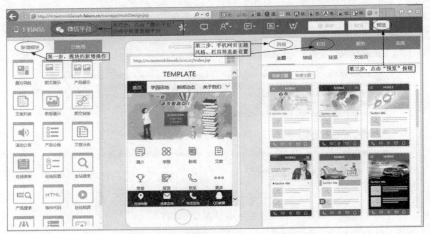

图 11-53　自助平台生成的手机网站界面

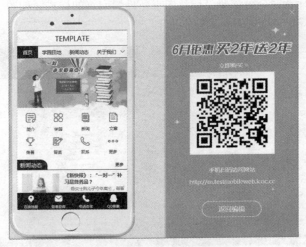

图 11-54　手机网址与二维码网址

④ 单击图 11-53 上的"微信平台"选项，进入凡科网站提供的微营销平台。若要使用该平台，设计者须开通微信公众号，或登录授权第三方平台后才可使用，如图 11-55 所示。

图 11-55　自助平台提供的微营销平台

　　至此，通过上述 4 个操作示例，较为完整地介绍了运用凡科网站的自助建站平台创建手机网页的全过程。此外，基于 HTML5 技术，提供网络在线自助创建手机网站的公司还有：码卡（maka.im）、麦片网（www.bluemp.cn）、帝国网（www.phome.net）、百度（developer.baidu.com）、阿里巴巴（market.aliyun.com）等，其手机网站、网页的制作流程与凡科建站相类似。其中，百度开发者中心还提供了一个可将现有网站快速移动化的工具——SiteApp，只须通过添加站点→定制效果→验证权限→完成手机版 WebApp 等步骤，即可快速、轻松地实现，如图 11-56、图 11-57 所示。有兴趣的读者可尝试一下，网址为 developer.baidu.com/platform/s6。

图 11-56　百度开发者中心提供的 SiteApp 首页面

图 11-57　现有 Web 网站转化为移动网站的操作页面

11.5　基于模板的网站快速开发

11.5.1　网站与网页制作开发方式概述

　　从上一节所介绍的基于自助平台的手机网页快速开发中，可以看到开发流程的第 2 步至第 4 步都是基于模板的网站开发，而手机网站与网页的生成是从第 5 步才开始，因此可以说基于自助平台的手机网页快速开发也是基于模板与网站设计的开发。结合第三节所介绍的 Dreamweaver CS6 网页制作开发内容，可以明确当前网站开发与网页制作的方式主要有两种：第一种是利用传统工具软件进行开发制作，第二种是利用模板进行快速开发。

传统工具软件制作网页的优势在于：可根据用户自身需求制作出个性化显著、符合特别要求的网页与网站，并且用户能够按需求自行创建和维护数据库。但相对劣势在于：用户需充分学习并掌握传统工具软件的使用方法，以及网页制作的相关技术，从而增加了初学者制作开发网站的难度与周期。

而基于模板的网站快速开发优势在于：容易学习、操作简单、开发周期短、网站维护便捷，非常适于初学者进行网站与网页制作开发的需求。但该方式的相对劣势在于不能按需自行创建数据库，因此，对于有需要管理维护数据库的用户而言可能不适合。

11.5.2 基于模板的网站快速开发分类

根据不同的标准，基于模板的网站快速开发可有以下两种分类。

（1）从开发制作平台角度分类

① 实时网络在线自助开发平台。

顾名思义，该开发模式要求全程在线连网，用户依据网上提示步骤进行网站与网页的设计制作与开发。如上一节所介绍的凡科网站，其网站设计与手机网页开发全部都是在网上进行的，用户所做的只是版面布局、模块添加、内容维护，不涉及任何数据库。这样的平台提供了高效、快速的开发模式。

② 本地计算机设计开发平台。

此种开发不同于传统工具软件开发，其特点是：有一套通用模板网站的源代码。具体开发流程是：用户通过下载此模板代码，并在本地计算机上进行 Web 服务器配置，之后通过浏览器将此网站安装，安装后的网站是一个无内容但有布局架构的网站。用户在浏览器中通过登录其后台管理页面，利用所提供的各种功能模块对网站进行版面布局修改、模块添加、内容填写等操作。初步设计完成后可通过登录前台页面进行浏览测试，全部开发完成再上传至网上即可使用。这种开发平台还为用户提供了数据库，对于初学者而言，不仅容易快速制作开发网站，而且利于深入学习网页开发的技术知识。

（2）从模板提供类型角度分类：

- 基于门户网站模板的快速开发；
- 基于社区论坛模板的快速开发；
- 基于网络商城模板的快速开发；
- 基于内容管理系统模板的快速开发。

由于当前网站的类别众多，各类网站的特点和侧重面也是不一样的，因此即使是基于通用模板的网站开发，也无法做到面面俱到。对此，只有分别制作出不同类型网站的模板，才能满足各类型网站快速开发的需求。

11.5.3 基于 CMS 的网站快速开发方法

内容管理系统（Content Management System，CMS）是一种基于众多优秀设计模板的网站快速开发系统软件，它在提高网站开发速度、减少开发成本方面具有显著优势，因此，从 2000 年开始成为一个重要的应用领域。其"内容"包含：文件、图片、表格、视频，以及数据库中的数据等一切想要发布的网站内容信息，它着重解决网页制作无序、网站风格不一、网页内容维护工作繁杂、网站改版工作量大、系统扩展性与灵活性差等问题。利用 CMS 的"模板方案"与"内容管理和表现相分离"这两个设计特性，用户可轻松便捷地开发制作出极具个性化的网站。

　　本节将重点介绍如何在本地计算机平台上配置安装 CMS 系统软件流程，以及使用基于 CMS 模板的网站快速制作方法。所用软件为动易 SiteWeaver CMS 6.8 系统软件。该软件是动易公司提供的开源免费软件，用户可免费下载、使用和升级，且无使用时间与功能的限制，非常适宜初学者个人用于学习和掌握网站快速开发方法。该软件的下载地址为 http://www.powereasy.net/Soft/SiteWeaver/5518.html。

　　由于动易 SiteWeaver CMS 6.8 系统软件是基于 ASP 语言和 MSSQL/ACCESS 数据库开发，因此，本节所有操作示例的运行环境是：操作系统为 Window XP；Web 服务器启用 WindowsXP 中的 IIS 5.1；所用的数据库文件为动易 SiteWeaver CMS 6.8 系统软件提供的 Access 数据库。

1. 动易 SiteWeaver CMS 6.8 系统软件配置安装与使用流程

　　在使用动易 SiteWeaver CMS 6.8 系统软件进行网站开发前，首先需要了解一下其配置安装与使用流程的步骤，具体如下：

　　第 1 步：从动易网站上下载免费的 SiteWeaver CMS 6.8 系统软件，并将压缩文件解压到本地计算机中。

　　第 2 步：配置本地计算机的 Web 服务器。

　　第 3 步：在浏览器中安装网站系统。

　　第 4 步：选择后台管理网站的登录页面，进行登录。

　　第 5 步：在后台管理页面中，进行网页设置、版面栏目布局、模块添加、内容信息填写与系统设置等操作。

　　第 6 步：打开前台页面，进行浏览查看。

　　第 7 步：开发设计全部完成后，可上传到互联网上（此步骤非免费使用）。

2. 动易 SiteWeaver CMS 6.8 系统软件配置安装与登录的操作示例

　　在此，重点介绍上述流程的第 2、3、4 步，第 5 步骤放在后续介绍。

　　【操作示例 18】为动易 CMS 系统软件配置本地 Web 服务器。

　　由于动易 SiteWeaver CMS 6.8 系统软件是基于模板的，因此它无须进行数据库或数据源的配置，只需在本地计算机上配置好 Web 服务器，即可安装使用。具体操作如下：

　　① 打开"控制面板→管理工具→Internet 信息服务"。如发现"管理工具"下没有"Internet 信息服务"，则打开"控制面板→添加或删除程序"，单击对话框左侧的"添加/删除 Windows 组件"，在"Windows 组件向导"对话框中选中"Internet 信息服务（IIS）"，单击"确定"按钮后安装该服务。

　　② 在"Internet 信息服务"对话框中，单击"网站"旁的"+"号，并选中"默认网站"，右击，选择快捷菜单中的"属性"。

　　③ 在"属性"对话框中，选择"主目录"标签，更改其中的"本地路径"内容，即将解压缩后的动易 SiteWeaver CMS 6.8 系统软件所存放的路径填写其中，如图 11-58 所示。

　　④ 选中"脚本资源访问"与"写入"项，选择"执行权限"为纯脚本，以用于支持 ASP 技术，以及允许数据写入功能。

　　⑤ 配置完成，单击"确定"按钮。

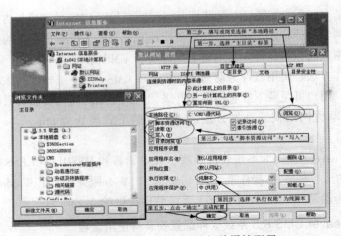

图 11-58　IIS 5.1 默认网站相关属性配置

　　说明：必须将动易软件中的"源代码"文件夹作为网站的根目录。例如：动易 SiteWeaver CMS
6.8 系统软件解压缩到当前 C 盘的 CMS 文件夹下，那么在设置"主目录"时，应选择"C:\CMS\
源代码"作为主目录中的"本地路径"，否则系统软件将不能正确安装使用。

　　【操作示例 19】浏览器中安装动易 CMS 系统软件。

　　① 打开 IE 浏览器，在地址栏中输入"http://localhost/Install.asp"，或者在"Internet 信息服务"
对话框中，选中"默认网站"右侧的"Install.asp"文件，右击，选择"浏览"命令，就可在浏览
器中看到安装信息的首页面。

　　② 在首页面中，选中"我已阅读并同意此协议"，单击"下一步"按钮，进入登录页面。

　　③ 按照登录页面中提示的内容，填写相应的用户名、密码和验证码。注意：请记住所提示
的用户名与密码，后续的网站后台管理登录与前台登录还会用到此用户名和密码。

　　④ 单击"登录"按钮，进入网站信息配置页面，如图 11-59 所示。全部信息配置完成，单
击"保存设置"，就进入安装完成页面。

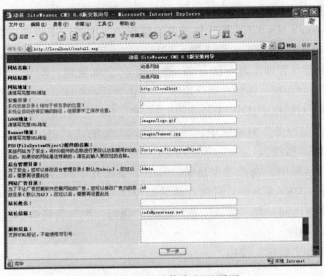

图 11-59　网站信息配置页面

说明： 在配置好本地计算机的 Web 服务器后，可在当前的"默认网站"右侧栏中看到如下 3 个重要的网页：

Install.asp——用于安装动易 SiteWeaver CMS 6.8 网站系统；

Index.html——用于登录网站的后台管理页面；

Index.asp——用于浏览和登录网站的前台页面。

【操作示例 20】 登录动易 CMS 系统软件的后台管理页面。

① CMS 系统安装完成后，在浏览器的地址栏中输入"http://localhost/Index.html"，或输入"http://localhost/admin/admin_login.asp"，就进入后台管理登录页面。

② 输入之前安装时所给的用户名和密码，并按照当前页面提示输入管理认证码与验证码，单击网页右上方的"ENTER"按钮，进入后台管理首页面，如图 11-60 所示。

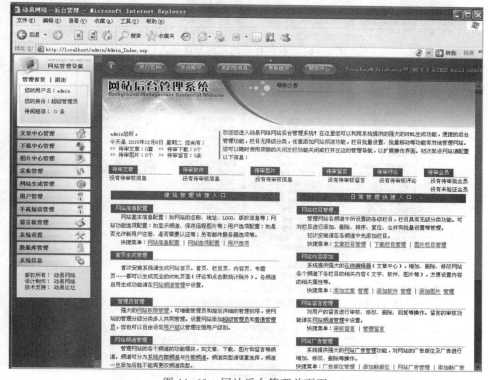

图 11-60　网站后台管理首页面

3. 了解 CMS 系统后台管理提供的主要功能

使用流程的第 5 步就是系统后台管理的各项操作，由于操作功能十分繁杂，因此首先需要了解一下 CMS 系统的后台管理都有哪些主要功能。从图 11-60 所示的首页面可看到：后台管理提供了建站管理与日常管理两部分快捷入口，其中建站管理中包含：网站信息配置、首页生成管理、管理员管理和网站频道管理这四项以设置为主的常用功能；而日常管理中则包含：网站栏目管理、网站内容添加、网站留言管理和网站广告管理这四项以内容为主的常用操作，如图 11-61 所示。

在页面左侧，依照类别还分别列出了文章中心管理、下载中心管理、图片中心管理、采集管理、用户管理、手机短信管理、留言板管理、数据库管理等各项管理模块及其功能项，如图 11-62、

图 11-63 所示。由此可见，动易 SiteWeaver CMS 6.8 网站系统提供了非常丰富、强大且功能完备的各类模板及其操作管理，以用于制作用户所需的网站与网页。

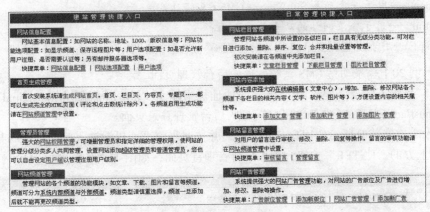

图 11-61　后台管理的两部分快捷入口

图 11-62　后台管理系统中的各项管理模块及其功能项（1）

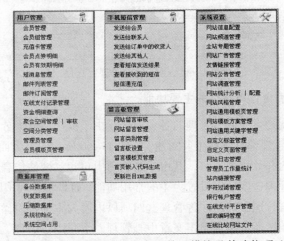

图 11-63　后台管理系统中的各项管理模块及其功能项（2）

此外，页面上部列出了图 11-64 所示的 5 项功能，其中"修改密码""发送邮件"和"我的短消息"为当前用户的个人设置与操作，"更新缓存"是对本地计算机的性能优化操作，而"帮助中心"则是动易公司为初学者提供的联网帮助功能。

图 11-64　后台管理页面中当前用户的个人设置与操作

上述各管理模块当中的文章中心管理、下载中心管理和图片中心管理是 CMS 的核心功能——均以内容为主，因此，这 3 个管理模块又都拥有一个共同的快捷管理模板，如图 11-65 所示。

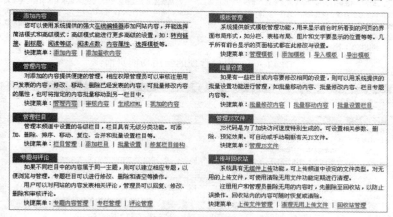

图 11-65　以内容为主的通用快捷管理模板

用户管理与系统设置是 CMS 网站系统的控制操作核心，其系统设置的快捷管理页面如图 11-66 所示。一个功能完备的网站必然在用户级别、操作权限等方面具有严格的管理设置，图 11-67～图 11-69 就充分体现了动易 CMS 网站系统对超级管理员、普通管理员以及各等级会员的强大管理设置功能。

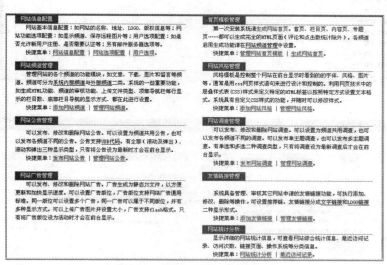

图 11-66　系统设置的快捷管理页面

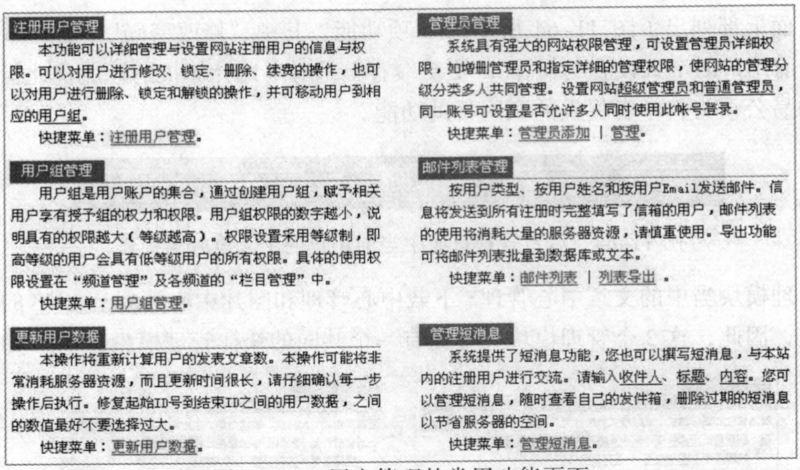

注册用户管理

本功能可以详细管理与设置网站注册用户的信息与权限。可以对用户进行修改、锁定、删除、续费的操作，也可以对用户进行删除、锁定和解锁的操作，并可移动用户到相应的用户组。

快捷菜单：注册用户管理。

用户组管理

用户组是用户账户的集合，通过创建用户组，赋予相关用户享有授予组的权力和权限。用户组权限的数字越小，说明具有的权限越大（等级越高）。权限设置采用等级制，即高等级的用户会具有低等级用户的所有权限。具体的使用权限设置在“频道管理”及各频道的“栏目管理”中。

快捷菜单：用户组管理。

更新用户数据

本操作将重新计算用户的发表文章数。本操作可能将非常消耗服务器资源，而且更新时间很长，请仔细确认每一步操作后执行。修复起始ID号到结束ID之间的用户数据，之间的数值最好不要选择过大。

快捷菜单：更新用户数据。

管理员管理

系统具有强大的网站权限管理，可设置管理员详细权限，如增删管理员和指定详细的管理权限，使网站的管理分级分类多人共同管理。设置网站超级管理员和普通管理员，同一账号可设置是否允许多人同时使用此帐号登录。

快捷菜单：管理员添加 | 管理。

邮件列表管理

按用户类型、按用户姓名和按用户Email发送邮件。信息将发送到所有注册时完整填写了信箱的用户，邮件列表的使用将消耗大量的服务器资源，请慎重使用。导出功能可将邮件列表批量到数据库或文本。

快捷菜单：邮件列表 | 列表导出 。

管理短消息

系统提供了短消息功能，您也可以撰写短消息，与本站内的注册用户进行交流。请输入收件人、标题、内容。您可以管理短消息，随时查看自己的发件箱，删除过期的短消息以节省服务器的空间。

快捷菜单：管理短消息。

图 11-67　用户管理的常用功能页面

管 理 员 管 理　　②帮助

管理导航：　管理员管理首页 | 新增管理员

修 改 管 理 员 权 限

管理员名：　admin

前台会员名：　admin

权限设置：
☐允许多人同时使用此帐号登录
⊙超级管理员：拥有所有权限。某些权限（如管理员管理、网站信息配置、网站选项配置等管理权限）只有超级管理员才有
○普通管理员：需要详细指定每一项管理权限

保存修改结果　取 消

频道权限说明：

操作项目	频道管理员权限	栏目总编权限	栏目管理员权限
添加信息	可以在所有栏目添加信息	可以在所有栏目添加信息	只能在有录入权限的栏目添加信息
修改信息	可以修改所有栏目的信息	可以修改所有栏目的信息	只能修改有管理权限的栏目中的信息，或者自己添加的信息
删除信息	可以删除所有栏目的信息	可以删除所有栏目的信息	只能在有管理权限的栏目中删除信息，或者自己添加的信息
审核信息	可以审核所有栏目的信息	可以审核所有栏目的信息	只能在有审核权限的栏目中移动信息
管理信息（固顶、推荐）	可以管理所有栏目的信息	可以管理所有栏目的信息	只能在有管理权限的栏目中管理信息
生成HTML（批量）	可以生成所有栏目的信息	可以生成所有栏目的信息	只能在有管理权限的栏目中生成信息
生成HTML（自动）	保存信息时自动生成HTML	保存信息时自动生成HTML	保存信息时自动生成HTML
移动信息	可以	可以	不能
批量设置属性	可以	可以	不能
专题信息管理	可以	可以	不能
评论管理	可以	不能	不能
回收站管理	可以	不能	不能
栏目管理	可以	不能	不能
专题管理	可以	不能	不能
上传文件管理	可以	不能	不能
模板管理	另行指定	不能	不能

完毕　　本地 Intranet

图 11-68　管理员管理页面

会 员 组 管 理　　②帮助

管理导航：会员组管理首页 | 新增会员组

ID	会员组名	会员组简介	会员组类型	会员数量	操作
8	未验证会员	在网站配置中设定会员注册需要邮件验证，则会员注册时会自动添加到此会员组中。	等待邮件验证会员	0	修改 | 删除 | 列出会员
7	待审批会员	如果在网站配置中设置了会员注册时需要管理员审核，则新会员注册后，会自动加入到此会员组中	等待管理员审核会员	0	修改 | 删除 | 列出会员
1	注册会员	普通注册会员。当新注册的会员通过邮件验证及管理员审核后，就会自动转入到此会员组中	默认会员组	1	修改 | 删除 | 列出会员
2	商业客户	当会员在网站上购买了商品，可以将之移到此会员组，以给某些特别权限	注册会员	0	修改 | 删除 | 列出会员
3	VIP客户	特别重要的一些会员，可以指定更多特权	注册会员	0	修改 | 删除 | 列出会员
4	普通代理	本站的代理商，拥有代理接口	代 理 商	0	修改 | 删除 | 列出会员
5	金牌代理	更高级别的代理，享受更多折扣	代 理 商	0	修改 | 删除 | 列出会员
6	钻石代理	最高级别的代理商，可以享受最多的权限及优惠	代 理 商	0	修改 | 删除 | 列出会员
-1	匿名投稿	匿名投稿用户权限设置	匿名投稿	0	修改 | 删除 | 列出会员

共 9 个会员组　首页 | 上一页 | 1 | 下一页 | 尾页　20 个会员组/页　转到第 1 页

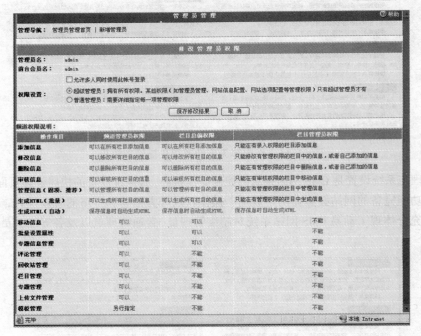

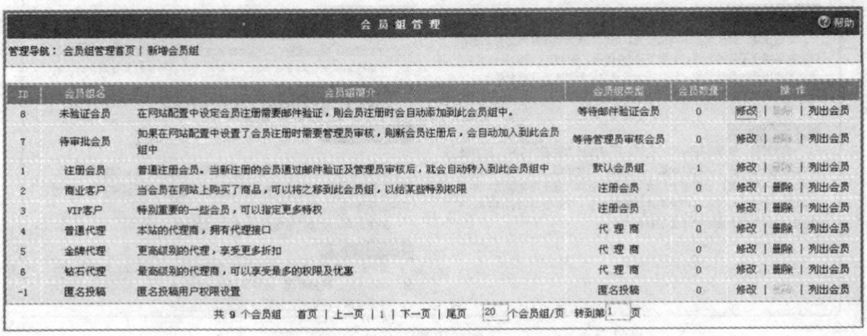

图 11-69　会员组管理页面

此外，动易 CMS 网站系统还提供了许多强大的辅助功能，如留言板管理、手机短信管理、数据库管理、采集管理、网站生成管理等。这些辅助功能既丰富了网站的内容，也为网站数据维护、信息采集、HTML 网页生成带来了便利的操作。

在介绍了 CMS 系统中的众多功能后，下面以栏目管理、文章添加和频道管理为例，通过相关的操作示例进一步说明 CMS 系统的具体使用方法。

【操作示例 21】文章栏目管理。

① 在后台管理首页面中（见图 11-60），单击网页右侧"网站栏目管理→文章栏目管理"，进入"文章中心管理——栏目管理"界面。

② 单击管理导航中的"添加文章栏目"，出现图 11-70 所示的栏目添加与设置页面，其中栏目名称为必填项；栏目类型中的外部栏目只代表所添加的栏目可链接到本系统以外的网页，一旦选择为外部栏目，那么该栏目中将无法再添加任何文章与子栏目。

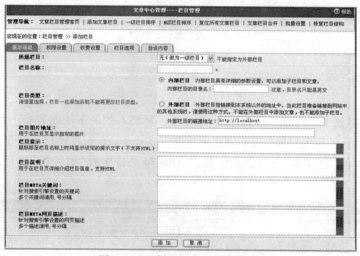

图 11-70　栏目添加与设置页面

③ 单击"权限设置"标签，可设置新添加栏目的各项权限，如图 11-71 所示。选择"栏目选项"标签，还可对栏目的配色风格、显示方式进行设置，如图 11-72 所示。

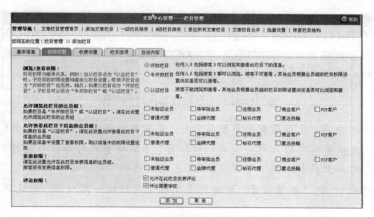

图 11-71．栏目权限设置页面

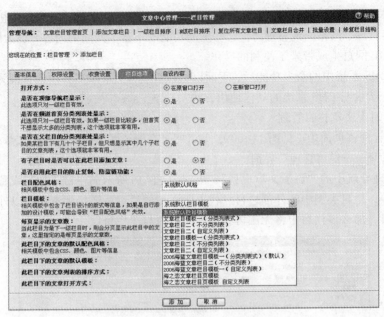

图 11-72　栏目选项页面

④ 单击管理导航中"一级栏目排序"，单击某一栏目右侧的下拉框箭头，选择其中的数字，即可将相邻两个栏目的位置对换。若不满意可重复上述操作，直至将栏目放到想要调整的位置处。图 11-73 为一级栏目"财经类"排序前的位置，图 11-74 为排序后"财经类"栏目的位置，图 11-75 为前台浏览效果。

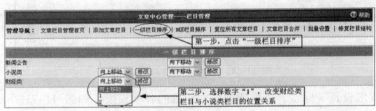

图 11-73　一级栏目排序前页面

图 11-74　一级栏目排序后的页面

说明：栏目管理中的"复位所有文章栏目"与"文章栏目合并"操作须慎重！其中，选择"复位所有文章栏目"意味着所有栏目都将设为一级栏目，并需要重新对各栏目进行归属设置。而"文章栏目合并"的操作一旦执行，则不可恢复。"修复栏目结构"是个安全的操作，主要用于修复栏目的排序错误与串位情况。"批量设置"则可对多个栏目进行统一的权限、配色风格、显示方式等方面的设置。

图 11-75　栏目添加设置后的前台页面效果

【操作示例 22】文章添加。

① 后台管理首页面中（见图 11-60）单击网页右侧"网站内容添加→添加文章"，或单击网页左侧"文章中心管理"中的"添加文章"，都可进入图 11-76 所示的添加文章页面。注意：文章标题中的"简短标题""完整标题"，以及"关键字""文章内容"为必填项。

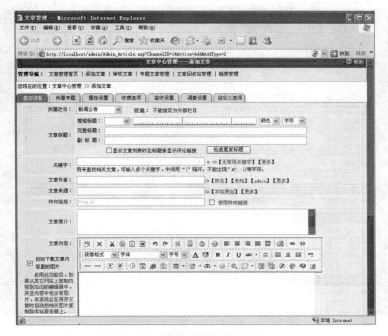

图 11-76　添加文章页面

② 在添加文章页面中，单击"属性设置"标签，可将文章设置为热门文章、推荐文章或置顶文章等，如图 11-77 所示。

③ 单击"调查设置"标签，可对指定文章设置启用调查方式，从而了解文章阅读者的情况，如图 11-78 所示。

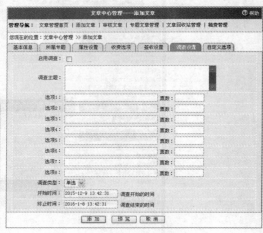

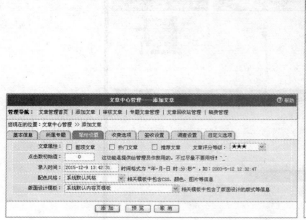

图 11-77　文章属性设置页面　　　　　　　图 11-78　文章调查设置页面

④ 文章内容与设置全部完成后，单击"添加"按钮，可保存新文章及其各项设置功能，同时系统将自动出现添加文章成功的页面。

⑤ 打开前台页面，单击"文章中心"后，就可看到新添的文章不仅出现在自身所属的"新闻公告"栏目下，同时，也被默认设置到"最新推荐"栏目中，如图 11-79 所示。

图 11-79　文章添加后的前台页面效果

【操作示例 23】频道管理。

任何一个网站都会设有一组导航条，以方便用户对网页的浏览。在动易 CMS 系统中，"频道"这一概念就起到导航条的作用，因此，频道管理的主要作用就是设置导航。操作如下：

① 在后台管理首页页面中（见图 11-60 所示），单击网页右侧"首页生成管理→网站频道管理"，或单击网页左侧"系统设置"中的"网站频道管理"，都可进入图 11-80 所示的频道管理页面。

图 11-80　频道管理页面

② 单击管理导航中的"添加新频道"，在出现的添加频道页面中填写相关信息，其中，频道名称与频道类型为必填项。频道类型中，包含了外部频道和系统内部频道两种类型，外部频道用于链接到本网站之外的其他网页，而系统内部频道则主要链接本网站内的网页，相比外部频道需要多些设置，图 11-81 为添加一个外部频道的示例。

图 11-81　添加新频道页面

③ 频道信息设置完成，单击"添加"按钮，返回频道管理页面，此时即可在列表中看到新添加的频道信息，如图 11-82 所示。

图 11-82　添加了新频道的频道管理页面

④ 打开前台首页面，可看到新添加的频道已显示在当前网页中，如图 11-83 所示。

图 11-83　添加了新频道后的前台页面效果

　　总之，动易 SiteWeaver CMS 6.8 系统为网站建设提供了一套非常强大的后台管理操作，借助其后台管理的各项功能，开发者可以依据自身需求方便而快捷地制作出以内容为主的个性化网站。此外，动易公司还面向中小企业和个人提供了快速构建个性化网上商店的 B2C 网店系统——SiteWeavereShop 网店管理系统，其安装使用、网站建设和网页制作方法与动易 SiteWeaver CMS 6.8 系统相类似。动易 SiteWeavereShop 网店管理系统软件的下载网址是：http://www.powereasy.net/Soft/SiteWeaver/5519.html。感兴趣的读者可下载这两个软件进行学习试用。

　　在互联网加速发展的今天，越来越多的企业和个人都投身于"互联网+"的创业热潮中，而基于模板进行网站快速开发也必将越来越受到企业与个人的欢迎。

习　题

1. 什么是静态网页？什么是动态网页？它们的工作原理分别是什么？
2. 网页的基本组成有哪些？
3. 一个 HTML 文件包含哪些最基本的标记符？它们的作用是什么？
4. 网页布局有哪些形式？Dreamweaver 中设置网页布局的方法有哪些？
5. 请简述框架与框架集的定义，以及两者的区别与联系。
6. 手机网页设计原则有哪些？
7. 请简述手机网站建设流程。
8. 请简述基于模板的网站快速开发流程

本章实训环境和条件

（1）网络环境：具有能够与 Internet 连接的网络。

（2）操作系统要求：Windows XP 及其以上版本。

（3）软件需求：Dreamweaver CS6 或其他版本；其他网页制作辅助软件（Photoshop、Flash、Fireworks 等）；Access 2007 或其他数据库产品；IE 9.0 及其以上版本浏览器（或 Chrome 浏览器）。

实 训 项 目

实训 1：网页布局与元素添加

（1）实训目标

① 熟练并掌握网页版面布局的基本方法。

② 熟悉各种网页元素的添加和编辑。

（2）实训内容

① 自行设计多个不同版面布局结构的网页，选择相关布局技术方法加以实现。

② 为这些网页添加文字、图片、表格、视频等多种元素。

③ 测试预览所设计的网页。

实训 2：CSS 样式设计与链接设置

（1）实训目标

① 熟悉 CSS 样式设计方法。

② 掌握超级链接与图片热点设置方法。

（2）实训内容

① 利用 CSS 样式为实训 1 中所创建的网页及其各元素设置相应属性。

② 在上述网页中设置超级链接。

③ 为网页上的图片添加多个热点，并进行相关设置。

④ 测试所制作的网页。

实训 3：表单添加与 JavaScript 行为设置

（1）实训目标

① 熟悉表单添加方法。

② 熟悉并掌握 JavaScript 行为设置方法。

（2）实训内容

① 在网页中添加各类表单项，设置其相应属性。

② 在网页中添加 JavaScript 行为，并进行相关设置。

③ 测试所制作的网页。

实训 4：利用凡科自助建设平台在线创建手机网站

（1）实训目标

① 熟悉手机网站建设流程。

② 熟悉并掌握在线快速开发制作手机网站的方法。

（2）实训内容

① 使用凡科建站创建个人网站地址。

② 规划确定网站主题和风格。网站主题可以是：行业门户类、教育类、旅游类、生活服务类等。

③ 在模板基础上，对网站进行再设计与管理。如添加或修改相应的模块、内容，重新设置版面布局与样式等。

④ 自动生成手机网站。可根据需要对手机网页进行二次规划与设计。

⑤ 在个人手机上进行测试浏览。

实训 5：利用动易 CMS 系统在本地计算机上快速开发 Web 网站

（1）实训目标

① 熟悉动易 CMS 系统软件的配置安装与使用流程。

② 熟悉并掌握基于模板的 Web 网站快速开发方法。

（2）实训内容

① 为动易 CMS 系统软件配置本地 Web 服务器。

② 安装动易 CMS 系统软件，并配置网站信息。

③ 规划确定网站主题。主题可以是：新闻资讯类、各行业信息发布类等。

④ 登录后台管理系统，依据所提供的各项功能模板，设计制作以内容管理为主的前台客户端网站页面。

⑤ 浏览或登录前台网站页面，进行各项功能测试。

参 考 文 献

[1] 尚晓航. Internet 技术与应用[M]. 2 版. 北京：中国铁道出版社，2009.

[2] 尚晓航. 计算机网络技术基础[M]. 4 版. 北京：高等教育出版社，2014.

[3] 尚晓航. Internet 技术与应用基础[M]. 北京：清华大学出版社，2014.

[4] 尚晓航. 计算机网络与应用[M]. 北京：清华大学出版社，2011.

[5] 尚晓航，安继芳. 网络操作系统管理——Windows 篇[M]. 北京：中国铁道出版社，2009.

[6] 尚晓航，郭正昊. 网络管理基础[M]. 2 版. 北京：清华大学出版社，2008.

[7] 李俊民，黄盛奎. HTML 5+CSS 3 网页设计经典范例[M]. 北京：电子工业出版社，2012.

[8] KYRNIN JENNIFER. HTML5 移动应用开发入门经典[M]. 北京：人民邮电出版社，2013.

[9] 贺小霞，汤莉. 网页设计与网站组建标准教程：2013-2015 版[M]. 北京：清华大学出版社，2013.

　　注：在编写过程中还参考了互联网上公布的一些相关资料，由于互联网上的资料较多，引用复杂，无法一一注明原出处，故在此声明，原文版权属于原作者。其他参考文献已在上面列出。